野性の知能

裸の脳から、身体・環境とのつながりへ

ルイーズ・バレット
小松淳子 訳

インターシフト

ギャリーへ

Beyond the Brain
How Body and Environment Shape Animal and Human Minds
by Louise Barrett

Japanese translation published by arrangement with
Princeton University Press through The English Agency(Japan)Ltd.

目次

第1章 人間そっくりは間違いのもと

私個人としては、少なくともチンパンジーは確かに将来のニーズに備えて計画を立てている、「自己参照的な意識」を備えていると確信しています。

――マティアス・ウスヴァト（認知科学者。BBCニュース、二〇〇九年三月九日）[1]

ブッシュしか目に入らなかった。しかも、私の目には何か邪悪なものに映ったのです。

――ムンタゼル・アル・ザイディ（ブッシュ大統領に靴を投げつけたイラク人記者。『ザ・ガーディアン』紙、二〇〇九年三月一三日）[2]

二〇〇九年三月、アメリカの科学誌『カレント・バイオロジー』に掲載された短い研究報告に、世界のマスコミが沸いた。[3] 著者は、スウェーデンはルンド大学の認知科学者マティアス・ウスヴァト。同国北部のフルヴィク動物園で暮らす三一歳のチンパンジー、サンティノを一〇年にわたって観察し、その結果を報告したのである。このサンティノ、毎朝開園を待つ間に、チンパンジー島のぐるりを囲む堀に手を突っ込んで、沈んでいる石を拾い集め、これ見よがしに積み上げておく。来園客を見かけるといきり立って、敵愾心も顕わに石を投げつけるのを午前中の日課にしていたからだ。あり合わせの石が底を突くと、飼育場の床に敷いてあるコンクリートを剥ぎ取って、手製の飛び道具をこしらえることさえあったという。こんな風に、必要になる前から石を備蓄しておく、方法論に適った冷静沈着、用意周到な行動を、ウスヴァトはサンティノが将来に備えて「計画」を立てている紛れもない証拠と解釈した。

「将来の計画」は昔からずっと、人間ならではの形質とされてきた。これには「自己参照的な意識《オートノエティック・コンシャスネス》(想起意識)」が必要と考えられているからだ。自己参照的な意識とは、「自分の経験であることを承知している」ことを意味する。ウスヴァトの定義によれば、「実に特殊な意識——目を閉じてもありありと脳裏に浮かび上がる内的世界」[4]が自己参照的な意識だ。より正確に言うなら、自らを「自己」と理解しているからこそ、自分を第三者の目線でとらえて、先の行動を検討したり、過去の行為を省察したりできるとする考え方である。

サンティノの石集めを将来の計画に基づいた行動と解釈した根拠について、その場限りの衝動や動機ではなく、もうすぐ来園客がやって来ると予測していたからと考えなければ説明がつかないと、ウスヴァトは論じている。しかも、この行動が見られるようになって一〇年ほども経つというのに、サンティノが石集めに精を出すのは動物園がオープンしている夏季に限られていた。まさに人間顔負けの自発的な計画行動ではないか。ウスヴァトの目には、チンパンジーも「我々人間が過去の出来事を思い返したり、先行きを考えたりする時のような〝内的世界〟を持っているに違いない」[5]と映ったのだ。

言うまでもないが、筋骨隆々たる雄の類人猿がお金を落としてくれる来園客目がけて大きな石つぶてを投げつけるのを放っておいては商売に差し支えるので、動物園としては、サンティノの悪ふざけに、科学者たちのように感心してはいられなかった。それでは、どう決着をつけたか？　サンティノには高度に発達した意識と人間並みの「内的世界」があると言うのだから、その優れた認知能力にうまく働きかければ、投石問題くらい解決できそうなものではないか？　先を見越して計画し、自分の行為がどういう結果をもたらすか理解するだけの頭があるのなら、つまり、ものの道理をわきまえているなら、何とか事を分けて説明してやれば、サンティノだって自分の行動がなぜ問題なのか得心するはずだ。そう思うのでは？　しかし、そうは問屋が卸さなかった。飼育員たちがサンティノの攻撃性と馬鹿げた投石を封じるのに一番と判断した策は去勢だった。[6]

奇しくも同じ週、別のかんばしからぬ飛び道具攻撃の顛末が紙面を賑わした。三か月前、記者会見の席上でアメリカ大統領ジョージ・W・ブッシュに靴を投げつけたイラク人記者ムンタゼル・アル・ザイディに、バグダッドの裁判所は禁固三年の刑を言い渡したのだ。[7]　アル・ザイディの行為は、本人の供述によると、サンティノのそれとは違って計画的ではなく、激情に駆られての衝動的犯行だったようだが、彼の場合、靴投げ行動の抑制には去勢が妥当とは判断されずに済んだ（良かったこと）。それではなぜ、チンパンジーだと扱いが違ってくるのだろう？

動物を人間に当てはめて見てはいけない

誰かを批判したくなったら、まず、相手の身になって考えること。その人の靴を履いて一マイル歩いてごらんなさい。それからなら、いくらこき下ろしてもかまわない。一マイル離れているんだし、何しろ相手は裸足だ。

——無名氏

極めて人工的な環境下で飼育されている特定の個体の観察所見が[8]「将来の計画」の、ましてや自己参照的な意識の十分な証拠と言えるものかは、ひとまず措いておこう。それでも、サンティノを人間並みとする位置付けの曖昧さと、チンパンジーである彼と人間であるイラク人記者がとったよく似た行動に対して講じられた措置の相違には、そういうことかとうなずけるところがある。「人間並み」の精神生活を営んでいる証拠とされる行動を見せたにもかかわらず、サンティノは今も堀に囲まれたチンパンジー島で「籠の鳥」の生活を送っている。おまけに、攻撃性を抑えるために、取り返しのつかない手術まで受けさせられた。これが指し示しているところはひとつ。いくら人間並みの認知スキルがあると言っても、自分の行動が人様の迷惑になっている理由を理解したり、人間の行動規範に沿って身を律するようになったりするわけがない——詰まるところ、誰も本気でサンティノを人間並みとは思わなかったのである。第一、彼の「精神生活」がどこまで人間のそれに近いと考えればよいのかも、いまひとつはっきりしない。ひょっとして、サンティノの備蓄行動だけを取り上げて「擬人化」するのはまずいのではないか？　彼が私たちと同じ目で世界を見ている確かな証拠があるわけでもないのに、あまりに人間くさい行動をとるというだけで、人間と同じ思考や感情があるように見てしまってはいないか？　人間本位の独りよがりな世界観のせいで、サンティノのような類人猿がとる行動の真の動機ばかりでなく、他のさまざまな動物種の行動を支配している要因をも見逃していると いうことはないだろうか？

どれも答えはそのとおり。ただし、はっきりさせておきたい点がある。日々の暮らしの中で他の動物をついつい擬人化してしまうのは、けっして悪いことではない。むしろ、その逆だ。うちの犬は本当に私一筋だこと。私があの子を見る時とそっくり同じ、「嬉しい顔」をして私を見るもの。そう思えば、まんざらでもないから、なおさらかわいがりもすれば、せっせと世話もする。犬にとっても確かに良いことずくめだ。それに実際、犬は飼い主に忠実で強い愛着を抱く動物なので、私たちが外出すると、たいていは帰りを待ちわびていてくれる。とは言え、これはどれも、犬と飼い主が同じ目線でお互いを見ている証拠にはならない。動物の行動を科学的な見地から解明しようと思うなら、なんでもかでも擬人化しようとするスタンスをすっぱり捨てることだ。理由は三つ、それも相互に関連している理由である。

脳の進化は人間を目指す？

第一の理由。擬人化のスタンスをとると、科学的に解明すべき疑問も、たいていは自分に都合のよい答えを見つけるだけでよしとしてしまう。大きな脳を持ち、将来の計画を立て、自己を認識し、数を理解して使いこなすことができ、言語を操る能力にも恵まれた動物である私たちは、こうした属性をどれも、紛れもなく素晴らしいものと考えがちだ。すべて大いに役立っているし、ありとあらゆる便利なもの（自動車や印刷機、燃焼機関、コンピュータ、テイクアウトのピザなど）を創り出せるのもそのおかげなのだから、他の動物にとっても同じような属性ないしはその芽生えのようなものは有益に違いないと思いたくなる。そこで、動物を見る時にも人間に似た属性の有無を探し、自分のこだわりを動物に当てはめて、人間の基準で動物を品定めする。こうした人間中心のものの見方が擬人化傾向と相俟って、動物を人間の観点から解釈せずにはいられなくなる。人間並みのスキルが当の動物にとって実用価値があるかなど、二の次だ。

こんな心の有り様が生む悪影響がとりわけ色濃く見て取れるのが、科学研究の結果を伝えるマスコミの報道である。たとえば、先日、ＢＢＣニュースのウェブサイトにこんな記事が載った。[9] いわく、植物にも「思考と記憶」の能力があった。おまけに、人間の神経系で行われる電気信号の伝達と同じように、葉から葉へと情報を伝達していると言う。記事には、「思考力」と「記憶力」という用語を文字どおり受け取られては困ると思ってか、やたらに引用符がつけられているが、隠喩的な意味で使っているにしても、問題はある。サイエンス・ライターのフェリス・ジャブルが指摘しているとおり、[10] この例えはけっして的確ではないし、[11]「神経系」を持たない植物に動物と同じ「神経系」が本当にあるような、まったく誤った印象を植えつけてしまう。ジャブルに言わせれば、植物はさまざまな驚くべき能力を備えた、実に精巧な生命体だ。そんな植物に、持ってもおらず必要ともしない人間のような認知能力を押しつけるのは、失礼千万な話である。有り体に言えば、そういうことをするから、動物の興味深さは知力や能力が人間のそれにどこまで迫るかによって決まるというような考え方がはびこるのだ。

これに輪をかけて腹立たしい例がある。『ミミズに人間のような脳を発見[12]』と題した記事だ（厳密に言うと、ミミズではなく海洋性ゴカイ）。この研究で実際に確認されたのは、他の無脊椎動物の脳のような構造物に存在するある種の細胞群に相当するものが、ゴカイにもあったということだ。この構造物、「キノコ体」として知られており、哺乳類の大脳皮質でも発見されている。要は、無脊椎動物と脊椎動物の脳組織は、両者の最後の共通祖先が六億年以上もの昔に共有していた前駆構造物から進化したに違いない、とする研究なのである。それを、人間のような脳がミミズにもあったと断言してしまうと、論文の真の主旨が百八十度ねじ曲げられて、脳の進化はことごとく、人間のような脳の構築を目指して一路突き進んできたような、誤った印象を与えることになる。私の同僚であるレスブリッジ大学の心理学教授ジョン・ヴォーケイなど、こうした研究結果を人間の脳と結びつけたがるのは、ゴカイの身体が左右対称であることを証明して[13]、人体の形状をゴカイにも認めたと言ってのけるくらい馬鹿げた話だと切って捨てる。もう一度言おう。注目に値する研究が、他の動物の興味深さを人間との類似性だけで測ろうとする私たちの奇妙なこだわりに乗っ取られ、歪められて伝えられているのだ。

映画『アバター』の人間中心主義

何でも擬人化する姿勢には難ありとする第二の理由は、これが諸刃の剣であって、人間、動物、どちらに向けても勘違いの種となりうる点にある。私たちが他の動物に人間の特徴を誤って見いだすのは日常茶飯事だが、逆に、どの形質が「人間ならでは」のものか百も承知しているつもりになると（擬人化の発想に付き物の思い込みだ）、人間に「属する」形質だからという安易な理由で、他の動物にはそれを断固認めようとしないこともある。[14] これも大変な勘違いだ。この場合、「擬人化」という用語自体にそもそも、人間を極めて特別な存在と見ているニュアンスがある。人間は「有り余るほどの比類ない資質に恵まれているから」、そんな資質を「持たされても迷惑なだけの生き物」にも「分け与えずにはいられない」[15] のだ。

ここに挙げた擬人化の問題点はどちらも、人間中心主義一辺倒であることに端を発している。私たちが考える自分は何よりもまず人間であって、動物界の一員ではない。しかも、人間をあらゆる動物の頂点に置いて考えるから、必然的に、他の動物を人間に及ばない存在と見なす。[16] 大ヒットした超大作映画『アバター』がいい例だ。神秘の惑星パンドラに住む穏やかな気性の先住民ナヴィは、すべての動物が相互に結びついた共生関係にあると認識して、自然と見事に調和した暮らしを営んでいる。にもかかわらず、「フィーラー」という巻き毛のような神経の束（神経系の外部器官で、見た目は人間のお下げ髪だ）をパンドラ星の他の動物が持つ触角と絡ませて「ツァヘイル」する時、つまり、相互の神経系間の深い絆を結んだ時に、自分の思い通りに相手の行動をコントロールするのはナヴィであって、ナヴィが動物にコントロールされることはけっしてない。でも、どうして？　どうやら訳は単純で、パンドラに住む生き物の中で一番人間に近いのがナヴィであるかららしい（この映画、説明のナレーションがやたらに多いのに、ナヴィの生活のこの側面に限っては何の説明もない。思うに、ナヴィが主導権を握るのは当たり前すぎて、説明など不要というわけなのだろう。擬人化でよく言う「無標のカテゴリー」、つまり、「何も説明を必要としない、そのまま受け取ればよいこと」なのである)。

この類いの人間中心主義は、私たちが自然界における自分の立ち位置を十分に把握できていないことをも意味する。「特別」と思っている形質のせいで、広い視野を持てずにいるのだ。動物園のサンティノに話を戻そう。彼の行動は将来のために計画を立てている証、ひいては自己参照的な意識がある証拠と解された。おかげでサンティノは、私たちが人間ならではの高尚な能力と自負しているものを備えた存在に格上げされたのだが、逆に言うなら、私たちがサンティノの行動を見て、人間の認知の複雑さは見かけ倒しではないかと露ほども疑わなかったところが問題だ。サンティノが人間の三分の一の大きさしかない脳を駆使して本当に将来の計画を立てることができたのだとすれば、将来計画の能力は人間の特質というより、類人猿並みの能力と言うべきだろう。むしろ、進化論的にはそう考えるほうが妥当だ。単刀直入に言えば、サンティノが人間のように「特別」なのではなく、私たちのほうが自分で思っているより凡庸で類人猿並みということになるのだ。

見せかけの擬人化と志向姿勢

擬人化が問題である理由を最後にもうひとつ。人間の特徴を動物に押しつけてしまうと、動物の行動や心理の説明自体に混乱を来すことが多いのだ。少し詳しい話をしよう。特定の行動が進化した理由(大局的見地から見た行動進化の理由、つまり、当の行動がいかにして動物の生存・繁殖力の向上につながるか）を解き明かすいわゆる「機能的説明」と、今この場で動物に行動を取らせる実際の「至近メカニズム」（当の動物が特定の時点に特定の行動をとるのはなぜか？）の説明とが混同されているのは珍しいことではない。機能的説明を行う場合は、検証可能な仮説を立てる手段として擬人化表現を用いるのも（慎重に使う限りは）、極めて理に適う。ある行動が、個体が遺伝子を次世代に残せるチャンス（「適応度」という）を増大させる方向に作用するのはなぜかについて知りたいと思ったら、「私がネズミかコウモリかボノボだったら、この問題を解決するためにどう行動するだろう？」と考えると参考になる。それと言うのも、幸いなことに、自然選択はまさに、この類いの直感が正解となるように行動を最適化しようとするメカニズムであるからだ。ジョン・ケネディの著書『新しい擬人化[17]（The New Anthropomorphism）』にこんな一節がある。

確かに私たちは、目にするあらゆる行動の最大要因を突き止めるのが嬉しくてたまらない。自分自身、物事に意味を読み取ろうとする志向性を持った生き物で、四六時中、そういう観点から頭を働かせているから、動物が何を「しようとしているか」、その行動に「どんな意味があるか」と、知りたくてうずうずしてしまうのだ。

他者は皆、理由があって行動すると思いたくなる私たちの生まれながらの性向は、自然選択がどう作用して特定の行動をとる動物を生み出したのか、解明するのに役立つ。これ、すなわち「隠喩」だ。自然選択というプロセスそのものを、信念や欲求、計画を持っている人間のように扱うわけである。

ところが、進化論的な行動の説明と、その行動を実際に生み出す生理・心理的な至近メカニズムの説明との間にずれがあると、そこに擬人化がつけ込んで、必ずするりと忍び込んでくる。

たとえば、雄のカエルが池の端に陣取って一晩中鳴き続けるのは、交配相手を惹きつけたいと「思っている」うえに、鳴き声が雌を誘うと「知っている」からという言い方をする。この場合、「思っている」「知っている」という言葉を、私たちは純粋に隠喩の意味合いで使っている。実のところは、鳴き声が交配相手獲得のチャンスを増大させるため、自然選択は鳴かないカエルよりよく鳴くカエルに有利に作用してきた、そう言いたいわけだ。雄ガエルは自分が交配相手を「欲しがっている」と「自覚している」とか、交配相手を呼び寄せるには鳴かねばならないと「理解している」とか、鳴けば間違いなく雌ガエルが現れると「信じている」といった、文字どおりの意味はない。ところが、カエルがそう「思っている」「知っている」「信じている」と思い込むと、実は人間のものである至近メカニズムをカエルに当てはめてしまうことになるので、これはもう擬人化だ。[18] 先に挙げた、よく鳴くカエルは交配相手の獲得率が高いから進化の中で有利な立場を維持してきた、という主張を裏付ける証拠はあっても、それは、ある晩、ある雄ガエルを池の端で鳴かせたメカニズムの具体的な性質を示す証拠ないしはデータとしては、何の役にも立たない。つまり、進化の観点から説明する際に擬人的な表現を隠喩的に用いるような「見せかけの擬人化」と、動物が今抱いている動機は私たちのそれと同じだと何の証拠もないのについ思い込んでしまう「正真正銘の擬人化」とは、きっちりと区別する必要があるのだ。[19]

見せかけの擬人化は哲学で言うところの「志向姿勢（訳注：自律性を示す対象に対して、まるで知識・欲求・意図をもつ存在であるかのように反応する傾向）」と実によく似ている。[20] 具体的に言えば、ある動物が「意図」、つまり、特定の行動をとる気にさせる人間の信念や欲求を持っている「かのように」扱うことで、その動物の行動を極めて正確に予測できるのだ。なぜか？ 今言ったように、交配相手を「欲し」、鳴き声で誘おうと「思っている」と隠喩で表現できるような行動をとる動物を、自然選択が実際に生み出すからである。重要なのは、こうしたパターンが「実在」し、しかも「遍在している」ことだ。[21] だからこそ、私たちは志向姿勢を物の見事に使いこなせる。こう言い換えてもいい。動物に信念と欲求を持たせて進化の道筋を機能的に説明するのは、人間に都合のよいただの希望的観測や素朴な擬人化ではなく、動物の行動パターンの構築に深く関わっている事実を見つけ出すためのうまい方略なのである。いかにも人間的で、あらゆるものに心を持たせようとする実に心理主義的《メンタリスティック》な私たちの世界観が、人間同士に留まらず他の動物の行動の予測まで可能にするのは、繰り返しになるが、その行動が進化の所産とたまたま一致する形で起こるからに過ぎない。「志向姿勢」という概念の生みの親である哲学者ダニエル・デネットはこれを、「母なる自然の計画性とは無縁な行き当たりばったりの巧妙な手法、つまり進化が、こんな自由に浮遊する漠然とした論理的根拠による決着をよしとしたのだ」と表現している。[22]

ただし、当然のことながら、志向姿勢をとると、見せかけの擬人化と同様の問題にぶつかることになる（志向姿勢と見せかけの擬人化は同じなのだから当たり前だ）。つまり、行動を予測することと説明することとは別物という問題である。実を言えばデネットもこの問題点をはっきりと認識していて、「解釈のギャップ」と呼んでいる。すなわち、ある動物が予測可能な行動をとると分かることと、なぜそうなるはずかを説明することとの隔たりである。このギャップの存在を常に頭に入れておかないと、動物に信念もしくは欲求があるものとして行動を予測したら見事に適中したのだから、動物にはまさしく信念や欲求があると証明することができたと、あっけなく思い込んでしまう。そう思いたくなるのも無理はないのだが、実のところは、動物がとる行動を言い当てたに過ぎない。当の動物に特定の条件下で特定の行動をとらせたメカニズムを見極めたわけでもなければ、説明できたわけでもない。[23]そこまでするには、予測の域を超えて説明にまで足を踏み込まねばならず、まったく別のアプローチが必要になる。

別の方法で答えを見つけよう

動物に選好があると仮定するのは便利だが、動物に対する私たちの考え方は動物が思考する証拠にはならない。

——パトリック・ベイトソン（動物行動学者）

こんな問題点があるにせよ、動物の研究で、進化上の意味のある疑問やその答えとおぼしきものを特定するうえで私たちの擬人化傾向が結構役立っているのは確かだから、擬人化を一掃すべきとまでは言わない（と言うより、一掃できるわけがないというのが本音だ）[24]。では、どうすればよいか。疑問の呈し方、言葉遣いによるニュアンスの違いをもっときちんと考えるべきなのだ。人間語しか知らない私たちが他の動物の行動を描写するとなると、擬人化して表現せざるを得ないのだが、言葉を的確に使えば、進化がもたらした解決策について論じているのか、それとも、動物が問題解決のために用いた実際の生理・心理的手段について述べているのか、はっきりさせることができる。たとえば、「ヒヒの群れでは雌の序列順位は母娘継承であるため、自然選択は、順位を確保〝したいと思って〟長女をグルーミング（毛づくろい）しようと〝決める〟雌のヒヒに有利に作用してきた」という一文を読むと、雌のヒヒは意識して判断を下したのだ、さまざまな選択肢を慎重に比較考量したうえで、あえて長女最優先の方略を選択したに違いないと、あっけなく思い込んでしまう。なぜなら、それが人間の意思決定の仕方であるからだし、長いことヒヒの観察を続けていると、ヒヒが本当にそうしているように見えてくることもあるせいだ。しかし、長女に対するグルーミング行動と、その結果である適応度だけを抜き出してみれば、間違いなく言えるのは、自然選択がこの方略をとる雌に有利に作用してきたのは押し並べて他の雌より多くの子孫を残すから、という一事に尽きる。雌のヒヒが何を考えているかなど、私たちに分かるはずはない。「人間」の素朴心理学、つまり心的状態と行動の意味を関連づける常識的な考え方を当てはめて雌のヒヒの行動を予測できても、「ヒヒ同士」が理解しあうための素朴心理学についてまで何か分かったように思い込むのは間違いだ。グルーミングが進化した理由やそれが適応度の向上につながる理由ではなく、目の前にいる雌のヒヒが別の雌のグルーミングをしている訳を知りたければ、別の論点から、別の方法で動物の行動を調査して、答えを見つけ出さなければならない。

「心理」から「生理」へ

ずいぶんこだわると思われるかもしれないが、それもひとえに、ここで述べたような考え方を「アンチ擬人化」だとして批判する人々が、得てして、アンチ擬人化派の見解を実際より極論化してとらえているからだ。たとえば、動物の知的能力を真っ向から否定する主張[25]に対しては、こんなお決まりの反論を展開する。人間以外の動物に思考と感情をいっさい認めないと言うのは、動物を心のない自動人形かロボット、空っぽの箱、さもなければ刺激応答装置扱いしているのも同じだ[26]。藁人形論法である。こんな詭弁を弄して相手を論破したつもりになっても、その舌の根も乾かぬうちに、人間なら誰でも道理をわきまえているはずなのに、そんな見方をするなんて信じられないという言い方をして、たちまち馬脚を現す。なぜ、動物の知的能力を認めたがらない？　自分自身の獣性を露呈するのが怖いんじゃないか？　傲慢にも、人間は動物界で最も優れていると思っているのでは？　そんな調子だ。挙げ句の果てに、人間と動物の心の類似性を否定するなら、その証拠を見せてみろと、立証責任を押しつける。フランス・ドゥ・ヴァールがよい例だ[27]。

動物は機械ではない、自動人形よりもむしろ人間に近い、そう認めたとたんに、「擬人化嫌い［人間と動物の共通する特徴を頭ごなしに拒絶する反応］」を押し通すことができなくなって、結局、擬人化せざるを得なくなる。擬人化もあながち非科学的とは言えないのだ。

しかし、動物を自動人形扱いしているというのは、擬人化一辺倒のスタンスに対する本当の反論を歪曲した、まったくの言いがかりだ。そもそも、「認知プロセス」を「非認知的」な刺激応答装置や「自動人形」と対置させること自体が誤った二分法なのだ。大まかに言えば、感覚入力が行動出力に変換されるプロセスはいかなるものであれ、「認知」と考えることができる。つまり、刺激応答のメカニズムは紛れもない「認知」プロセスである。[28] したがって、動物は人間と同じように思考し、感じるとする考え方に、動物は認知プロセスとは無縁という考え方を対置させるのは間違いだ。むしろ、動物に何らかの行動を取らせるのは認知プロセスではなく、当の動物が持つ神経系ならではの生理的プロセス（これには認知／心理プロセスが含まれる）であって、その生理的プロセスを左右するのが当の動物の身体であり、身体自体はその動物が占めている生態的地位の影響を受ける、と考えるほうが理に適う。これを合理的な命題と認めるなら、擬人化はやはりまずい。ただし、それは、道徳観が歪んでいるからでも、人間中心の傲慢さのせいでもなく、人間以外の動物がそれぞれに異なる身体と神経系を持ち、それぞれに異なる生息環境で生きているからである。つまり、動物たちが何かしら人間に似た行動を取ったとしても、その行動を生んだ根源的なメカニズムまで人間と同じとは限らないということだ（そのメカニズムにしても、心理的メカニズムであるとは限らない。これについては後ほどお話ししよう）。

それに、他の動物を理解しようとして仮説を立てる際に、「自分が猫だったら、コウモリだったら、熊だったらどうするだろう」と擬人化するだけで満足してしまうと、検証できる仮説の範囲がうんと狭まってしまう。擬人化偏重の仮説構築のプロセスには、人間の文化的行動と道徳的な行動規範が影響を及ぼすからだ。子を産み落としたばかりの母ネズミが直面する問題について考えてみよう。たっぷり母乳を出すためには自分もしっかり栄養をつけなければならないのだが、餌探しをしている間に自分が捕食者に食われてしまっては元も子もない。そこで、母ネズミの「身になって」考えてみれば、捕食者が辺りにいないタイミングを見計らって餌探しに出かけるべきだとか、長期間巣にこもれるように餌を溜め込んでおけばいいといった予測は簡単につく。だが、神経生物学者マーク・ブランバーグ[29]は、こういう擬人化による予測ではまず思いつかない仮説があると言う。どんな仮説かって？ 子ネズミの肛門を舐めて排泄を促し、その糞尿を食べて、必要な栄養を回収するという説。自分がネズミならと想像したのでは、とてもそんな発想には至らないけれど、実はこれ、母ネズミが本当に採用する戦略であることが分かっている。[30]

単純な説明のほうがいい？

擬人化擁護派は、こうした反論をもうまくかわす戦術を身につけている。そのひとつが、進化上の関係を強調する手だ。少なくとも人間と他の霊長類を比較する時は、必ずこの戦術を繰り出してくる。たとえば、フランス・ドゥ・ヴァールだ。人間が進化上、類人猿と、それもとりわけチンパンジーと極めて近い関係にあることを考えれば、チンパンジーが人間そっくりの行動を取ったら、人間と同じような認知プロセスが下敷きとなってその行動に至ったと見ても差し支えないはずと主張する。何しろ、「人間が近縁種のチンパンジーと枝分かれしてから、たかだか七〇〇万年しか経っていないのだから、チンパンジーに人間と同じような行動を取らせるのは人間と同じ認知プロセスだと考えるのが〝最節約の原理（訳注：自然は最も効率のいい最短の道をとるという原理）〟に適っている[31]のだそうだ。戦術はもうひとつある。認知の最節約を前面に押し出す作戦だ。認知の観点からすると「連合学習」に基づいた説明（たとえば、行動のそれぞれの構成要素間に刺激 - 反応連合学習の連鎖が生じる）のほうが単純明快なのに、擬人化擁護派に言わせると、最節約の原理を踏まえるならば「表象的」な説明には及ばないのだそうだ。この「表象的」な説明、彼ら擬人化擁護派が反論のために考え出した説明であって、認知的には「連合学習」による説明よりよほど複雑である[32]。

ここでもまず注目すべきは、「連合学習」を「認知」と対置させる二分法が誤りということだ。連合学習は、たいていの、とは言わないまでも、多くの認知メカニズムが持つ特徴のひとつであって、それ自体がメカニズムなのではない。要するに、ある行動を見て、これはⓐ「連合学習」の結果か、それとも、ⓑ「認知」の所産だろうかと首を捻ったところで、論理階型を混同しているに過ぎないから、何の役にも立ちはしないのだ。

ところが、認知最節約の提唱者らは、まず「連合学習」を「認知プロセス」から不当に切り離したうえで、連合学習だけが行動にかかわっているとしたら複雑な行動を説明するにはとてつもなく長い刺激 - 反応連合の連鎖が必要になるではないか、しかも、随伴的な出来事がすべてその連鎖の順番どおりに起こることなどまずあり得ないから、連合学習による説明は結局、複雑な認知メカニズム（つまり、得てしてあからさまに擬人化したメカニズム）を推測して説明するより、はるかに無駄が多くなる、と言いつのる[33]。

ドゥ・ヴァールはこの二つの戦術を駆使して、ならば、「豊かな内的生活」[34]の証拠である行動を示す動物は紛れもなく内的生活を有していると認めるほうが合理的ではないかと主張する。動物園の哀れなサンティノにも、まさにこの論法が適用されたわけだ。さて、ここからが本題である。そう考えるほうが最節約の原理には適っているかもしれないが、それが本当に私たちの目指すところなのだろうか？　ところがどうして、単純な説明でありさえすればすべて良しとはいかないのである。問題は、擬人化のスタンスを取れば、科学的な理解を深めることができるかだ。無理だろう。理由は幾つもある。

ヒトよりチンパンジーのほうが圧倒的に優れている作業記憶

まず、進化最節約について考えてみよう。進化の過程がどういうものか考えれば、認知プロセスは押し並べて、遠縁の種間より近縁種間のほうが似ていると仮定するのは極めて当然だ。ただし、これが検証を要する仮説であることも認めねばならない。鵜呑みにするのは厳禁だ。なぜなら、そもそも自分の心の動きを内観してさえ、そのとおりに心が動くとは限らないからだ。私たちの意思決定は案外、自分で意識して行うセルフ・モニタリング、つまり自己観察の結果が示唆するところより、よほど単純ということもある。[35]だとしたら、擬人化は二重に間違っていることになる。私たちが自分の認知メカニズムを理解しているつもりになることが第一の間違い、そして、その不正確にして不完全なモデルを他の動物種に当てはめるのが第二の間違いだ。行動を心理の指標と見ることに関しては、もうひとつ問題がある。行動を説明するメカニズムが複数考えられる例がいくらでもあるのだ。しかも、たいていの場合、行動だけ観察しても、その時々に作用しているメカニズムがそのうちのどれであるか突き止めるのは容易なことではない。[36]他の動物種に見られる行動が、他者の行動に思考や信念を帰属させたり、将来の計画を立てたりといった、人間ならではのスキルの作用とぴったり一致することはあっても、だからといって、それ以外の心理的メカニズムに基づいた説明を全部除外できるわけではない。こんな風に、自分自身の行動さえ完全には理解できてない私たちが、それを指針として他の動物の行動を正しく解釈したなどと、どうして言えよう？　ましてや、相手が手の代わりにひれを持っていたり、足を手と同じように使えたり、自分の発した音波の反響で周囲の状況を見極める反響定位能力を駆使して自由自在に移動したりする動物だったら、もうお手上げでしょう？

進化最節約を根拠とする主張を真に受けてはならない理由はもうひとつある。四〇億年に及ぶ地球の歴史に照らせばたかだかではあっても、七〇〇万年と言えば進化上、重大な変化が起きてもおかしくないほど長い年月だ。数々の優れた形質が時を超えて保存されているのは確かだが（酵母菌と人間がまったく同じ生化学的メカニズムによって糖質を消化するのもその一例）、進化は多様性を生み出す過程でもある。たとえば、人間とチンパンジーのY染色体に関する研究では、「〔Y染色体の構造は本質的には変化しないというこれまでの一般的な見解とは異なり〕、大規模な改変が本流となって」、両種の塩基配列構造と遺伝子含量に著しい相違をもたらしたと示唆されている。[37]このような知見が多々得られていることを考えれば、七〇〇万年は地球史の長大な流れの中で見ればあっと言う間かもしれないけれど、進化がもたらした種の能力の分岐については、最節約以外の仮説を検討するほうが賢明だ。何と言っても、二五〇〇万年前頃には地球上に影も形もなかったヒヒ属が、現在では少なくとも五種に分かれてアフリカ大陸全土に分布し、それぞれに違いがはっきり分かる行動を示すようになっているのだ。[38] このこととY染色体の相違とを考え合わせれば、人間とチンパンジーとの間に横たわる七〇〇万年という時の流れの中で、両進化系統のさまざまな形質にも多大な量の変化が生じたと考えるのが妥当ではないか。認知にかかわる形質も例外ではない。

作業記憶について考えてみよう。ある研究で、テレビ画面に次々と現れては消える数字の順序を再現する課題に挑戦させたところ、チンパンジーのほうが人間より圧倒的に優れているという結果が出た。人間の被験者を尻目に、チンパンジーたちは驚くほどの速さと見事な正確さで正しい順序を再現してみせたのだ。[39] チンパンジーの進化系統において、作業記憶能力に人間のそれとは異なる自然選択圧がかかったことは明らかだ。ならば、他の心理的メカニズムも同じことが起きたとしてもおかしくはあるまい？

誤解の種

そこで認知最節約の出番が回ってくる。動物心理学の分野では、何が「最節約」の説明と見なされるかは、年ごとに日付が変わる祝祭日のようなものだ。なぜか？　ひとつには、一九世紀の動物心理学者コンウィ・ロイド・モーガンが提唱した有名な「公準」を、研究者がどう解釈するかによって変わってくるからだ。モーガンの公準はこうだ。

心理学的尺度において低次の心的能力がもたらした結果と解釈できる行動を、それより高次の心的能力の所産と解釈してはならない。[40]

額面どおりに受け取ると、「オッカムの剃刀」と呼ばれる原理にとてもよく似ているように思える。この原理、「実体を無用に増殖させてはならない」というもので、通常は、「ある現象を説明するために必要以上に多くの実体を仮定してはならない」、すなわち、最も単純な説明が正しい説明である可能性が高いという意味に解釈されている。モーガンの公準は、「オッカムの剃刀」に類する「思考節約の法則」を動物心理学に当てはめたものとするのが一般的な見方だ。つまり、事実を明らかにできる最も単純な心理学的説明を受け入れるのを常とせよとの提言と目されているわけだ。

世に幅広い支持を得ていることを考えると笑ってしまうのだが、この解釈、誤りである。[41] モーガン自身、単純さを説明の正しさの尺度としてはならないと明言しているではないか。その理由を彼は、「種間に差異がある原因を節約律によって一括りにできるほどの知識は我々にはない」からと述べている。[42] モーガンがこの公準を打ち立てたのはむしろ、動物は人間とはかけ離れた感覚能力を備えていて、人間とはまったく異なる形で世界と向き合っているのだから、動物の行動を人間と同じような心理的メカニズムの所産と見なす前に、考え得る他のあらゆる説明を検討し尽くすべきと強調したかったからである。現に、他の動物に「高次の心的能力」があることを裏付ける独立した証拠がある場合には、彼は何のためらいもなくそれを認めている。[43] 世の人々が最も単純な説明こそ彼の公準の核心であると解釈して、単純一点張りで通すことになるとは夢にも思わなかったに違いない。
このようにモーガンの意図は実に明確なのに、彼の公準は最節約にこだわった考え方を推奨するものにほかならないと曲解されていることが多い。ただし、何をもって最節約と見なすかは、どうも好みの問題であるようだ。先に述べたように、いわゆる連合学習説は、刺激‐反応連合の連鎖が入り組んでいるため、根底にある心理的メカニズムは単純なのに、節約にはほど遠い説明と見なされがちだ。それにひきかえ、「認知能力」を盾にして行動を説明する戦術には、その根拠とされる心理的メカニズムの複雑さのレベルから見ると最節約とはとうてい言い難いにもかかわらず、相手が動物であることを考えれば、随伴的な刺激‐反応連合が長い連鎖を形成するのに比べて、条件を満たすのも実現するのも容易に思えるという強みがある。詰まるところ、「連合派」「認知派」いずれの側も、単純さを錦の御旗に掲げて、自説こそ最節約の原理にかなうと主張しているわけだ。だが、ここではっきりさせておかねばならないことがある。誰にとって単純なのか？ 確かに、人間の素朴心理学に訴えかける言葉を使って動物の行動を説明するほうが、万人受けはする。しかし、そんな説明が本当に、たまたまより複雑な経路を必要とするけれども実はより単純であるメカニズムを支持する主張を凌ぐものだろうか？ どういたしまして。モーガン自身が言っているとおり、彼の公準を擬人化に当てはめると、誤解の種をまき散らすことになるのだ。

問題の節約律にこだわり過ぎると、さまざまな現象の〔本当に〕最も単純な説明からかえって目を背けることになりかねない。動物の高度な行動は、単なる知能や実際の感覚経験がもたらした複雑な結果として説明するより、理性や知的思考が生んだ直接的な結果と説明するほうが楽ではなかろうか？　無論、そう思える場合がほとんどだ。一見、単純明快に思えるから、無邪気になるほどと納得する人も大勢いる。しかし、説明の〈見かけの〉単純さはけっして真理の基準ではない。生命の起源にしても、神が直々に生まれ出でよとお命じになったから誕生したと説明するほうが、進化という間接的な方法の産物として説明するより、はるかに簡単だ。[44]

つまり、刺激 - 反応連合が次から次へと連鎖的に起きたと考えるのはややこしそうだ、擬人化して説明するほうがずっと単純だろうと思えても、それだけの理由で、擬人化による説明こそ正解と判断してはならないということだ。モーガンが言うように、生命界の存在を説明するにも、複雑な進化の過程が長い時をかけてゆっくりと進んだ結果と考えたりせず、神が六日で創造されたと言えば一言で済んでしまう。しかし、それは、進化説より天地創造説を是とする根拠とはなり得ない。泥臭い、不経済だと思えても、連合学習の長い連鎖こそが多くのスキルの習得と複雑な行動につながる道かもしれないのだ。

こう言い換えよう。最節約は論点のすり替えである。最節約が議論の決め手になることは断じてない。あれこれ推測するだけで満足せずに、仮説を立てたら検証すること。単純なメカニズムと複雑なメカニズム、両方の仮説を、曖昧さを残さないよう、徹底的に検証して初めて、実はより複雑な説明のほうが理に適っていると分かるのだ（連合学習説を頭ごなしに否定する人々はたいてい、連合学習の力をひどく見くびっているからなおさらだ。しかし、たとえば、文章読解を可能にする神経回路網も連合学習のプロセスを経て構築されていくことが分かっている[45]。

これに関連してもうひとつ指摘しておきたい点がある。動物の行動のいわゆる認知的解釈に相対するものとして同じ土俵に引っ張り出されるのが、必ずと言ってよいほど、考え得る限りで最も単純な刺激-反応の学習形態であることだ。しかし、既に考察したとおり、高度な認知能力の所産説の対極を成すのは、認知プロセスの全否定ではない。何より、連合学習のプロセス自体が認知プロセスであるからだが、それだけではなく、複雑な行動現象を生じさせるメカニズムは連合学習以外にも存在するからでもある。追々説明していくつもりだが、動物が複雑で賢い行動を取れるのは、単純な刺激-反応連合の「あり得ないほど」長い連鎖だけのおかげではない。ならば、入り組んだ連合学習の連鎖で説明できない心理的メカニズムはすべて、擬人化にべったり頼って説明するほかないとするのは、まったくの誤りだ。認知とは、もっと広い視野でとらえるべきものである。多少なりとも人間に近い内的「思考プロセス」を有すること、それだけが認知ではない。動物が自分の周囲の状況を把握し、それとかみ合うように行動するのもまた認知なのだ。

動物のありのままの姿を理解するには

心はパラシュートみたいなものさ。開かなけりゃ役立たずだ。
——フランク・ザッパ（シンガーソングライター、ギタリスト）

以上が私の思う、動物の認知と行動を「擬人化」する考え方の問題点である。チンパンジーやそのほかの動物が苦痛や苦悩を味わわずに済むよう動物愛護の精神を訴えたいという一念でと言うなら、動物にも私たちと同じように悩み、苦しむ心があると考えるのももっともだし、弁護の余地もある。たとえ、動物が悩み知らずだとしても、さして問題ではない……とにかく、害にはならないわけだし……それに、動物の本当の認知能力がどうだろうと、動物を分け隔てなく人道的に扱うのは、人としてまんざらでもない気分だ。こんな独り善がりな理由でも正当化できてしまうのが擬人化なのである。

ただし、目的が単なる動物愛護ではなく、人間以外の動物種の認知と行動を理解することとなると、この作戦はまずい。と言っても、擬人化がそもそも悪いことだからではない。解釈のギャップによるジレンマに気づいてもなりふりかまわず突っ走って、擬人化肯定派の旗振り役を務めるようでは、どのみち何も解明できないからだ。人間以外の動物も人間とほとんど同じ考え方、感じ方をする、つまり、人間と大差ないのだから、彼らの行動を人間の観点から説明して何が悪いと言い張っている間は、動物自身の声は聞こえてこない。それでは動物のものの見方を知ろうとするどころか(もちろん、正しく理解できる範囲でだけれど)、自分の見方を動物に押しつけているだけだ。私たちが動物を擬人化するのは、動物に人間の特性を持たせて持ち上げて、結局のところ、人間はやはりすごいのだと悦に入りたいからではないか。そんなつもりはなくて、「純粋」な気持ちから、本当に動物に人間の特性が備わっていると信じているにしても、結果は同じだ。動物をあるがままの姿で受け止められなくなるから、この世には別の有り様が存在すると理解する機会まで失ってしまう。ならば、科学者としてなすべきことは何か？　動物が特定の時に特定の行動をとる理由を予測するだけで満足していないで、どれほどの困難があろうと解釈のギャップに自ら飛び込み、どこまで説明できるか試してみることだ。

本書の目的は、人間の性《さが》とも言うべき擬人化バイアスを幾分なりともそぎ落とすことにある。そうして人間と動物を対等な立場に立たせれば、動物の行動と心理を、人間自身のそれをも含めて、新たな視点から眺めるのに役立つのではないか、そう思うからだ。要は、他の動物が人間に似ているかいないかではなく、どんな種類の動物であれ、その動物であるとはどういうことかだ。考えてみれば、私にしても、何が何でも擬人化反対と言い張るつもりはない。動物のどんな行動を説明するにも、早合点して、その行動に必要な心理的メカニズムのレベルを決めつけないようにご用心、それが一番のポイントだ。実を言うと、擬人化はもっと根深い問題の現れに過ぎない。どんな問題か？　複雑な行動は必ず複雑な認知と結びついている、複雑な認知なくしては複雑な行動は取り得ないという思い込みだ。これが大間違いであることをはっきりさせたい。それだけである。

長々とお話ししてきたので、私の意図していないこともうお分かりと思うけれど、一応念のため、きちんと整理しておこう。他の動物には人間と共通する心理的・行動的形質はいっさいないとか、賢いのは人間だけで他の動物は馬鹿だとか言うつもりは、私にはない。人間のある種の優位性とか特殊性を正当化する気もない。人間も所詮動物に過ぎないという考え方や、他の動物種と共通の進化の遺産を受け継いでいる事実に脅威を感じたから、こうして筆を執ったわけでもない。比較認知心理学の視点から大々的な調査を試みるつもりなど毛頭ないし、既報の研究結果を自分の観点で片端から解釈し直そうとも思っていない。せいぜい、新しい取り組みがどんな形で実を結んでいるか、少しばかり覗いてみる程度だ（実を言えば、かなり古い取り組みもいくつか紹介する）。私が目指すところはただひとつ。他の動物種が人間のような素晴らしいスキルを備えているか否かにこだわるのをやめて視野を広く持てば、動物のありのままの姿を正しく認識できること、そして、動物の「精神生活」の性質にばかりに捕らわれずに動物の脳と身体と環境がどう連動しているかに目を向ければ、知的な適応行動がいかにして生み出されるか、いっそう深く理解できるだろうことを証明したいのだ。

さっそく証明に取りかかりたいところだが、その前にまず、擬人化の問題をもう少し掘り下げて、私たちが擬人化好きであるわけを探っておいても良さそうだ。改めて言うまでもないが、物事に対する見方を変えるための第一歩は、何と言っても、当の問題をよく知ることなのだから。それが証明に役立つのはもちろんだが、この擬人化という代物、興味深い研究が山ほど行われているので、少しばかりかじってみても損はない、なかなかに面白いテーマである。

第2章 擬人化って何？

湿気で染みが浮いた壁やまだらの石でも、目を凝らして眺めてみなさい……戦《いくさ》の情景や異形の者たち……顔の表情などが見えてくる……しかも、それぞれの完全なあるべき姿として読み取れるはずだ。

——レオナルド・ダ・ヴィンチ

あの日、海は怒り狂ってたよ。デリカテッセンでスープが温《ぬる》いって突っ返そうとしている爺様みたいにね。

——ジョージ・コスタンザ（TVドラマ『となりのサインフェルド』に登場）

「擬人化（アントロポモルフィズム）」の語源は、ギリシャ語で「人間」を意味する「アントロポス」と「形」を意味する「モルフ」にある。本来は人間の特性を神々に投影することを言ったのだが、現在の定義では投影の対象に動物や無生物、天候までもが含まれている。[1] 何を擬人化するか、なぜ擬人化するのかは文化によって異なるものの、数多の哲学者、心理学者、人類学者が古くから認めているとおり、擬人化と無縁な人間はいない。ただし、擬人化の仕方は大きく二つに分けられる。[2]

ひとつは、まさに文字どおり、人間とはほど遠いものに人間の姿形を認める擬人化だ。哲学者デイヴィッド・ヒュームが記しているように、「月に人間の顔を見、雲を軍隊に見立てる」わけである。[3]私たちが人間の顔や身体を見て取るのは、雲の形や風景などの自然現象だけではない。人間は文化を超え、歴史をまたいで、壺やありとあらゆる容器に、意図して人間の顔や身体を写してきた。[4]今でも、ナイフやフォーク、ワイン・オープナー、塩入れ、コショウ入れ、エッグ・スタンド、フルーツ皿、サラダ・サーバー、鍋つかみなどに擬人的な趣向が凝らされるのは珍しいことではない。こうした「雲に顔を見る」傾向を、広告業界も頻繁に利用している。香水瓶から衣類柔軟剤の容器に至るまで、人間を象って造られた商品があふれている（砂時計のくびれた形など、はっきり言って、女性の体型そのものだ）。たとえば、アルコール飲料の広告にちょくちょく登場するボトルとグラスの組み合わせ。これは男性と女性の象徴だから、見るほうはその相対的な位置関係だけで（時には、気の利いたキャプションの効果もあるけれども）、男女間の複雑な心の機微を読み取ったりする。[5]

この世に芸術というものが誕生して以来、芸術家も自然の植生や景観に人間の姿形、それも特に顔を見出し、描写してきた。わけても面白い例がサルヴァドール・ダリである。ダリが絵葉書の山に目を通していた時のこと、はたと手が止まった。初めて見るピカソの絵だ、女性の横顔じゃないかと思ったのだ。ところが、絵葉書を横にして改めて眺めてみたら、実はアフリカの村の写真だった。[6]人間には擬人化傾向だけでなく、自分の見たいものを見る下地もあることをも示す、分かりやすい例である。[7] ダリはピカソと時代を同じくした芸術家だ。彼が絵葉書に見出したのがただの顔ではなく、ピカソが描いた顔だったことから、彼の創作活動の背景にあったものが鮮明に浮かび上がってくる。ダリにとってはピカソの作品のさまざまな特徴が顕著性の強い刺激、つまり重要度の高い目立つ刺激だったのだ。私たちも同じ絵葉書を見て、ダリの見た顔を見つけることはできても、皆が皆、ピカソが描いた女性だとは思うまい。敬虔なキリスト教徒がフォークいっぱいに巻き取ったスパゲティやトルティーヤ、チャパティ、フィッシュ・フィンガーなどによくキリストの顔を見つけるのも、やはり顕著性の強い刺激で説明できそうだ。グリルド・チーズ・サンドイッチやトウモロコシの粒、フロリダ州南部にあるオフィス・ビルの二階のガラス壁面に浮かび上がった聖母マリアも然り（聞くところによると、マリア様模様のサンドイッチはオークション・サイトeBayで、二万八〇〇〇ドルで売れたらしい）。こうした代物に顔や姿を見て取る傾向は万人に共通しているものの、それを特定の人物の絵姿と受け取るのは、見る者それぞれの背景にある信念や概念の所産であるようだ。

アニマシー（生物性）知覚

よく知られてはいるが説明のつかない本能的な傾向のせいで、人は自分の周囲で行動し反応するものすべてに、自分のそれに似た目的、意志、因果関係を持たせたがる。

——テオデュール・リボー（心理学者）

もうひとつの擬人化は、対象物に人間の姿形を見るのではなく、自分と同じような思考、感情、情動を持たせる擬人化だ。動物だけでなく、無生物もその対象となる。つまり、万物を擬人化するだけでなく、生命まで吹き込んでしまうわけだ。物を命あるものと見なす。しかも、人間に似た姿形をしていない相手にも、そうすることがある。[8] 愛車を生き物のように扱い、その性能を機械用語ではなく生物用語で語ることなど日常茶飯事だ（エンジン音に目を細めて、「子猫ちゃん、喉を鳴らしてご機嫌だねえ」などと言ったりするでしょう）。そこまで自覚していない擬人化もある。たとえば、ロッキー山脈でハイキング中に、大きな岩を熊と勘違いする。あれも擬人化だ。私など、フィールドワークで研究対象としているヒヒの群れを探している最中に小さな藪や岩を見かけて、ああ、いた、いたとぬか喜びすることがしょっちゅうだ。ヒヒに出逢えたらという期待で頭がいっぱいになっているから、そういうことになる。同じような勘違いを人間以外の動物もするらしい。[9] 猫が風に舞う木の葉を追いかけて、獲物を捕まえる時のように飛びかかったり、犬がサイレンの音に合わせて遠吠えをしたりするのは、ペットを飼っている人にはおなじみの光景だろう。遠吠えなら、ロンドン動物園で飼育されているテナガザルたちも負けていない。サイレンを聞きつけると、大声でデュエットを始める。それが、自然の生息環境で他の群れからテリトリーを守るための反応であるからだ。

外界に対するこうした反応はけっして偶然ではない。「疑わしければ、生きているものと見なせ」という知覚の戦略だ。この戦略は二つの事実に起因する。ひとつは、生物と無生物の識別が困難であること。もうひとつは、自然環境の中では生きている動物を見つけるのが総じて難しいことだ。[10] それを踏まえれば、こういう戦略が持つ進化上の利点が見えてくる。生き物を見極めるのが難しいうえに、その居場所もなかなか突き止められないとなれば、知覚の面から言うなら、用心しすぎるほど用心するほうがその逆より適応度ははるかに大きい。何でもかんでも無生物だから安全と思い込むより、大きな岩でも生き物ではないか、ひょっとしたら捕食者かもしれないと疑ってかかるほうが、生き残る確率は高いのだ。

そう考えると、知覚は積極的なパターン認識のプロセスということになりそうだ。つまり、外界からの情報を受動的に受け取るだけでなく、特定のニーズを満たし、特定の行動（たとえば、捕食者を避ける、獲物を、あるいは研究対象の群れを見つけるといった行動）を取れるようにするための情報収集のプロセスと考えられるわけだ。これが本書のもうひとつの主旨である。詳しくは後述するが、知覚と認知を別個の心理的プロセスとしてすっぱり区別するのは独断的であるばかりか、誤りでもある。

ヒヒだ、熊だと錯覚しても、もう一度よく見直せば、たいていはすぐに間違いに気づくし、普通は、そんな思い込みにいつまでも固執したりしない。基本的な形状は熊やヒヒに似ていても、岩も藪も熊やヒヒのように振る舞いはしないからだ。動物は眠っていても、呼吸もすれば、ピクピクと動きもする。岩にはできないことである。ところが、はてと見直しても、この錯覚が後を引く場合がある。相手は無生物だと百も承知しているのに、生き物扱いせずにはいられない。逆に、見間違えているわけではないのに、見る物すべてを生きているように扱うこともある。このように、対象が生物か無生物かにかかわらず、生き物であると感じること、つまりアニマシー（生物性）を感じることを「アニマシー知覚」というのだが、無生物のいったい何が、アニマシー知覚を持続させるのだろう？

生なきものに命を吹き込む

アニマシー知覚に関する古典的研究（それどころか、心理学全体で見ても古典的と言えそうな研究）のひとつに、ハイダーとジンメル（一九四四年）が行った見かけの行動の実験的研究がある。彼らは被験者に短い動画を見せて、何が起きたか描写させた。この動画、三つの幾何学的図形（大きな三角形と小さな三角形と丸）が大きな長方形を巡って画面上を動き回るものなのだが[11]、あなたも自分で試してみるとよい。どうしても、小さな三角形が大きな三角形に「いじめられ」「追いかけ回された」末に、丸に「助けてもらった」ように見えてしまうはずだ。被験者には実験開始前にさまざまな説明をしたのだが、説明の内容にかかわらず、図形の動きを擬人化して、生き物が行動しているように描写する傾向が全員に色濃く認められた。中には、図形の性格を自分にそっくりと評した被験者までいた。ハイダーとジンメルは図形の動きを相関させたことがこういう結果につながったと考えた。

この初期の実験以来、同じような研究が幾つも行われてきたが、ハイダーらの所見は文化を問わず[12]、年齢層をも超えて、年少乳児に至るまで当てはまると確認されている[13]。それどころか、人間以外の霊長類も同じようなアニマシー知覚を備えているらしい。チンパンジーの幼児はコンピュータの画面に表示された図形に目標指向性（訳注：対象物が目標・目的をもっているかのように思うこと）を見て取る[14]。さらにアニマシーに敏感なワタボウシタマリンは、動きの活発なものと不活発なものをきちんと区別したうえで、画面のどこに対象物が表示されるか予測するようだ[15]。

アニマシー知覚を誘発する要因を深く探り、これをもっと人間に近い複雑な情動や欲求の知覚と区別して検討するための取り組みも数多く行われている。とりわけ巧妙な研究をひとつ紹介しよう。[16]アニマシー知覚を誘発する刺激として文字を使用した実験である（これも図形同様、生き物にはとても見えない刺激だ）。被験者に見せたのは、目眩《くら》ましとしてランダムに動く複数の文字の間をターゲットとなる文字が動き回る動画である。ターゲットとなる文字の動きは、生き物の意味のある動作をシミュレートしてデザインした。他の文字に捕食者のように「忍び寄る」か、迷子になったらどうしようと言わんばかりに「ついて回る」ように動かしたのだ。研究者らは動画に含まれる刺激の構成要素をひとつずつ変化させていく方法で、アニマシーの印象を生み出す特徴を絞り込んでいった。動画を見終わった被験者に、他の文字と違って見えた文字はどれか、その文字にはどの程度目的があって行動しているように思えたか、他の文字との間にどれほどの相互作用が認められたか、どれくらい生き物のように見えたかと質問したところ、ハイダーとジンメル（一九四四年）が得た所見同様、ターゲットとなる文字と目眩まし文字の運動の軌道の一致具合と相互作用の程度がアニマシー知覚に影響を及ぼすことが分かった。また、ターゲットとなる文字が描く軌道も、文字に「目標」がある、意図的に行動していると被験者に感じさせる要因だと確認された。ターゲットとなる文字が目眩まし文字（「獲物」または「母親」）に向かって直線的に移動したり、目眩まし文字より速く動いたりするほど、意図の知覚は強まった。

ハイダーとジンメルの研究と同じく、この実験でも、生き物にはほど遠い形状の刺激が、かなり複雑な状況の中で長く複雑な軌道を描いた。だが、実はそこに問題がある。刺激がなぜ生きているように見えるのか、正確なところが把握しにくくなるのだ。図形が互いにどうかかわるかという社会的《ソーシャル》な状況を、図形そのものの運動と容易に切り離してとらえることができなければ、アニマシー知覚を生み出すのが物体同士の空間的関係なのか、それとも動いている物体自体が備えている何かなのか、見極めるのが難しくなってしまうからだ。

そこで、この二つを区別するため、考えつく限りで最も単純な刺激を使った研究が行われた。何の特徴もない真っ黒な背景で、白い点をひとつだけ動かしたのである。[17] この設定により、アニマシー知覚を誘発するのは物体の運動を構成する成分の中でも極めて検知しやすい二成分、すなわち速度の変化と方向転換であることが分かった。たとえば、一定時間、一定の速度でランダムな方向に動いていた点が、突然方向転換すると同時に、加速したとしよう。こういう動画を見ると必ず、点が急に行き先を変えようと「決めた」ように思える。点に代えて長方形を刺激として使ったところ、アニマシー知覚の誘発効果はいっそう強まった。これは、長方形が方向転換すると長方形自体の向きも変わるため、別の方向を「目指している」ような印象がいっそう増強されたからだと考えられる。点と長方形、いずれのケースについても言えるのは、角度の変化を急にして（つまり、鋭角的に方向転換させて）、最終速度を上げるほど、アニマシーの印象が強くなったことだ。そのせいで、目標物も標的もいっさい表示されていない動画であるにもかかわらず、全体として、点や長方形が目標を目指して突き進んでいるような印象が生み出されたわけである。

ならば、人がこうした動画の刺激を生き物と解釈するのは、純然たる無生物の運動として説明するのが難しいからではないか。何かが点に衝突したわけでも、点を押しのけたわけでもない。普通、点の方向転換の原因になるような物理的プロセスが何も見当たらないのに、点が向きを変える。[18] ならば、この運動は点が自発的に生み出したと見ざるを得ない。点は生きているのだ。誰もが頭では、コンピュータの画面に表示されている点が生きているはずはないと承知していながら、ついつい生きているように感じてしまうのだから面白い。どうしたものか、知覚した事象を知的な判断によって修正することができない。我が目を疑いつつ、信じてもいるのだ。

なぜ、そんなことが起こる？　ひとつには、これが先に述べたように、生き物ならではの動き方をするものを見ると必ず自動的に誘発される、進化を通して磨き上げられた知覚プロセスの一環であるからだ。自然な条件下では、この自動的な知覚プロセスは普通なら極めて正確に働くのに、思いどおりに動かせる人工的な刺激を作り出すことのできる実験条件下では、こういう本来とは異なる反応が出る。巧妙な策を弄する心理学者とコンピュータ・グラフィックスにまんまとしてやられるわけだ。[19]

もっとも、こうした反応がどこまで純粋に自動的かという点については異論・反論もある。物体の動きを生き物の動きとして知覚し、描写する傾向には、たいてい大きな個人差があるではないか。ならば、そういう動画を見て、実はもっと分別のある判断をしていたとしてもおかしくないはずだ。[20] 見たものを生きているようだと解釈し、描写するのは、本当に生き物として知覚したからではなく、そう描写するのが一番手っ取り早いからに過ぎないのではないか？　それどころか、これらの実験は生態学的な妥当性に欠けると主張する研究者もいる。そもそも、現実とはかけ離れた動画を見せているのだから、そんな反応が見られるのは実験室だけの話だ、実世界の事象を反映した実験とは言い難いとのたまう。[21] こちらの異論に反撃するのは簡単だ。日々の体験という、紛れもない証拠があるからだ。

日常生活の中で無生物を生物のように思うことなど珍しくない。はらりと散った木の葉が本当に、舞い降りる小鳥の姿に見えるのだ。実世界で生き物の姿が目立たず見つけにくいのは、自然選択がそうあるべくデザインしたからにほかならない。カモフラージュ、擬態（蝶の羽の眼状紋など）、保護色・隠蔽色。いずれもたいていは、生物を無生物に（あるいはまったく存在しないように）見せる働きをする。それを考えれば、いかにうまく変装していても生き物と見分けられるように微調整されたメカニズムとは言え、たまには的を外すこともあるだろう。[22]実験室では、別にこざかしい細工をしたわけではない。外部からの「雑音」をすべて取り除いて、被験者に小さな赤い三角形を生きていると思わせるのに不可欠な要素を見極めやすくしただけのことである。

幾何学的図形にアニマシーを付与する傾向は、もっと大ざっぱに、生物学的な生命体の運動を生命のない非生物体のそれと区別しようとする傾向の一側面である。私たちは皆、たとえば「光点」のような最小限の刺激要素から、生き物の動作か否かを見極めるのがたいそう得意だ。[23]人体のあちこち（たいていは頭部、肩、ひじ、手、腰、膝、くるぶし）に小さな光点を取りつけて、光点以外は何も見えないように暗室内で人体の動きを撮影した動画を使う研究がよく行われている。面白いことに、光点の「静止画像」を見せられても、被験者は何の意味も見いだせない。明るい光がポツポツと散らばっているのと思うだけだ。ところが、この画像が「動き出す」と、いともたやすく光点をつなぎ合わせて、歩いたり走ったり踊ったりする人のイメージを思い浮かべる。[24]それどころか、性別[25]や情動状態[26]まで見て取る。同じように、人間以外の動物の動きも光点から読み取ることができるのに、[27]関節でつなげた非生物体に光点を取りつけて撮影しても、こういう運動知覚効果は概ね得られない。このように、いくつかの光点の動きだけで苦もなく人間と見抜けることを考えれば、運動を自発的にコントロールしているように見える図形にアニマシーを感じてしまうのも、当然と言えば当然だろう。

「顔の認識」は特別か？

先にお話ししたように、何かを生きているように思うのと、それを人間と考えるのとは同じではない。ハイダーとジンメルが最初に行った研究では、被験者は三角形を生きているみたいと思っただけでなく、自分と同じような思考と感情まで備えていると感じた。こうした知覚を生み出した要因は、動画の社会的《ソーシャル》な状況と図形相互の相対的な動き、そして、図形が実際に相互作用している、つまり、互いに「追いかけたり」「隠れたり」「守ったり」「いじめたり」しているように見えた、という事実にある。私たちにアニマシー以上の感情を抱かせるのは、どうやらこの社会的《ソーシャル》な状況であるらしい。ならば、無生物に顔の表情のような特徴を追加したり、被験者にあらかじめ情動情報を与えたりして、刺激に社会的《ソーシャル》な状況を持たせれば、擬人的な解釈の度合いに影響があっても不思議はないはずだ。

確かに、何にでも顔を持たせると、私たちの擬人化傾向に拍車がかかる。顔でなく、顔らしきものでも同じだ。前に述べたとおり、私たちはとんでもないところに顔を見る。しかも、目、鼻、口を辛うじて連想させる程度の要素が存在するだけで、十分顔に見えるのだ。顔は私たちにとって強烈な顕著性を持つ刺激だ。その表情、特徴から、私たちは膨大な量の社会的情報を読み取る。それを思えば、何にでもすぐに顔を見つけたがるのも、顔のあるものほど人間として扱いたくなるのも無理はない（私にはベジタリアンの友人がいるのだが、彼女が口にできるものは決まっている。いわく、とにかく「顔に見えちゃうものは食べられないのよ」。おかげで、ぶりっ子してるんじゃないよという連中から、アーノルド・シュワルツェネッガーに似ているニンジンやにっこり笑っているように見えるジャガイモをしょっちゅう進呈されている）。実を言うと、人間の脳には紡錘状回顔領域（fusiform face area: ＦＦＡ）と呼ばれる、顔や顔に似た刺激の処理に高度に特化した領域があると主張する研究者もいるのだ[28]。

一方、ＦＦＡは特異的に顔認識に特化しているわけではないと考えている研究者もいる。彼らの主張するところによると、ＦＦＡは、私たちが人間という種の一員としてではなく、個体としてのレベルで認識する必要がある刺激に対して特化するらしい。たとえば、車種や鳥の種類の識別を得意とする専門家の場合、人間の顔だけでなく車や鳥を見てもＦＦＡが賦活するそうだ。これは、ＦＦＡが「融通の利く紡錘状回」であって、顔はたまたま、私たちが個体レベルで特徴づける必要のある、ごく一般的な刺激のひとつに過ぎないと示唆する所見である[29]。要するに、私たちの顔認識機能は専門知識の一種なのだ。ただ、極めて高度な専門知識であるため、顔認識だけに特化した脳領域が存在するに違いないという解釈につながったわけだが（ある意味ではそうなのだが）、その同じ領域が他の刺激の処理にいっさいかかわっていないとは言い切れないと見ているのだ。

しかし、顔刺激の効果に関する他の研究では、顔は他の刺激とは違って、少々特別である可能性が示唆されている。専門家ではない一般の被験者の場合、ＦＦＡが活性化されるのは人間の顔と鳥（つまり、人間以外で顔のある存在）を示した場合だけで、花や車、ギターを見せても同じような賦活効果は得られないからだ。ただし、車の写真を見てＦＦＡが賦活しないのは、正面からではなく、側面から（ヘッドライトやラジエーター・グリルなどの顔を連想させる要素が見えない角度から）写した写真の場合である。[30] これは先天白内障患者の研究で得られた結果とも一致する。生まれながらに水晶体に濁りがあって、小児期に手術を受けた人々を被験者とした研究だ。乳幼児期の視力欠如という状態は一種の「自然実験」であって、乳幼児期の経験が顔認識にどのような影響を及ぼすか調べるよい手掛かりとなる。先天白内障があった人々において興味深いのは、人間の顔の構成に対する感受性が鈍く、「全体的処理」をまったく行っていないように思われることだ（全体的処理とは、顔を個々の特徴の集合体ではなく、「全体」として扱うこと。顕著な例を挙げれば、よく知っている人の顔でも上下逆さまにすると正しい向きの時より認識しにくくなる。これは、私たちが全体的処理を行っているせいである）。[31] それにしても不思議なのは、この感受性の欠如が顔以外の対象物には及んでいない点だ。両眼とも先天白内障の摘出術を受けた被験者は、五つの図形を単純なパターンに配置したり、図形の形合わせをしたりという、顔とは無関係な課題は完璧にこなす。ところが、同じ種類の課題でも、顔の構成要素が加わると無残な結果に終わるのだ。[32] こうした研究所見を考え合わせてみると、脳の顔認識処理能力については、顔処理に特化しているわけではないものの、他の視覚信号よりも顔や顔に似た刺激による賦活がとりわけ著しい複数の脳領域がかかわっている（つまり、ＦＦＡも関与しているが、ＦＦＡだけとは限らない）、と説明するのが最も賢明と言えそうだ。それらの脳領域が顔にことさら敏感に反応するのは、私たちが他の刺激よりも個体の顔刺激を豊富に経験しているうえに、顔刺激が生み出す信号を読み取ることに重要な意味があるからだろう。[33] 第５章でお話しするように、生活環境に常に存在する類いの特徴に反応しやすい傾向は、経験学習ともども、多くの動物種に共通している。

鴨のように見えて鴨のように鳴くなら、それは鴨（完璧よりも融通性）

私たちはあらゆる物に顔を見ることができるだけでなく、どんな刺激よりもまず、積極的に顔を見ようとする。この顔刺激に対する選好は赤ちゃんの時から持ち合わせている。以前は、赤ちゃんの脳には顔認識能力が幾分なりとも生得的に組み込まれている（文字どおり、「持って生まれる」）と考えられていた。なぜなら、生まれて一分も経たないうちに好んで顔を見るからだ（顔には似ても似つかない刺激よりも、顔に似た特徴を持つ刺激を長く注視するという研究結果がある）[34]。これが急速学習（たとえば、ガチョウの雛が孵化したとたんに親鳥の特徴を学習する「刷り込み」と呼ばれるプロセス。第5章を参照）の一種である可能性を除外するために、この実験を行った研究者らは、対象とした赤ちゃんたちが生まれてから実験までの間に一度も生きている人の顔を直に見たことがないことを確認したのだそうだ。

ところがもっと新しいところでは、この生得的な選好バイアスは顔自体ではなく、顔が表す特定の幾何学的形状に対するものと示唆する研究結果が出ている[35]。こちらの研究では、いくつかの図形を「上下非対称」に配置した単純な刺激画像を赤ちゃんに見せた。つまり、画像の上半分に下半分よりたくさんの図形を配置して、重心を高くしたわけだ。あなたが見たら、何となく顔っぽいと思うかもしれ

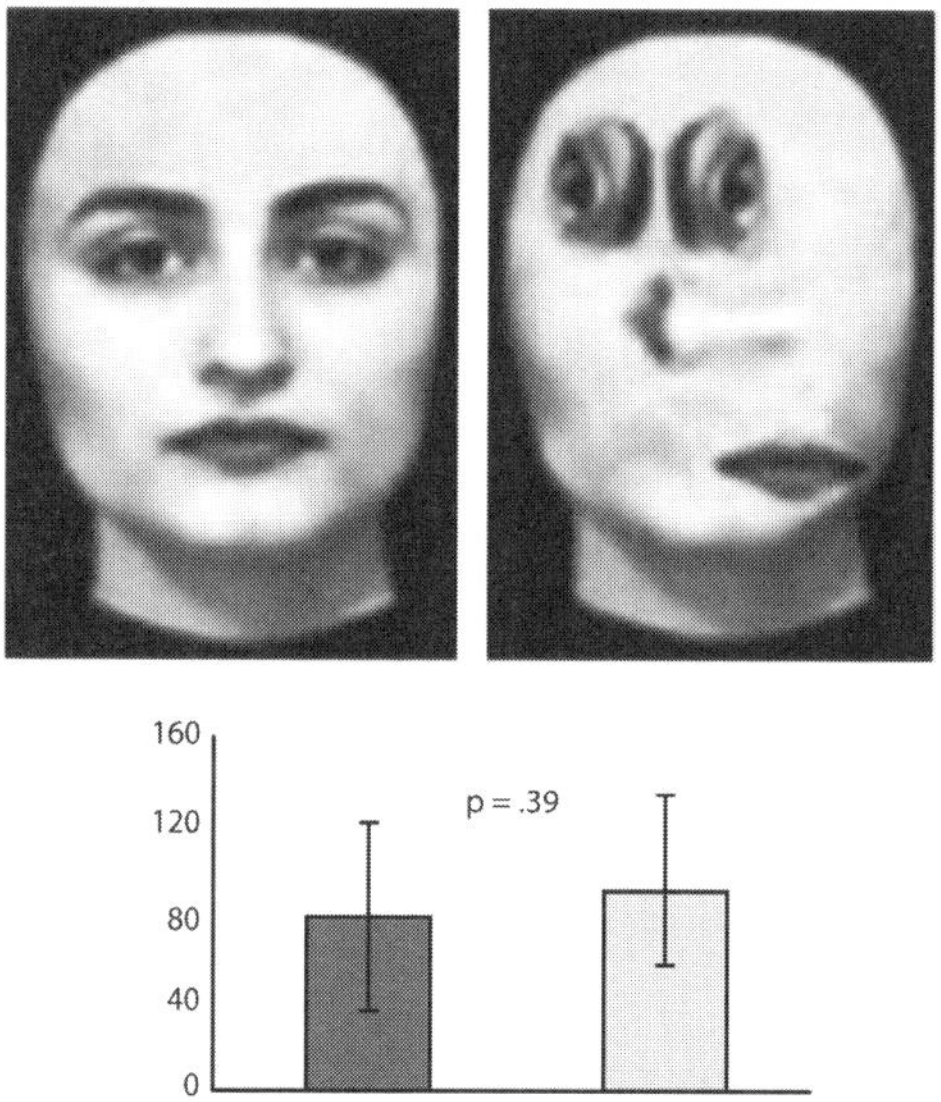

図 2-1　赤ちゃんは普通の顔と、すべてのパーツがあちこちを向いた顔の画像を区別しない。生まれたばかりでも目は見えるといっても視力はごく低いので、この類いの研究では画像が少しばかりピンぼけでも問題はない。y 軸：注視時間（秒）。P 値：有意確率。（Sage Publications の許可を得て転載）

ないけれど、一目で顔とは認識できないような代物である。この画像と重心を低くした画像のどちらを赤ちゃんが選好するか比較したところ、予想に違わず、重心の高い非対称刺激を注視した時間が重心の低い刺激のそれを上回った。

　この選好は、図形の代わりに本物の顔のパーツを使っても変わらなかった。つまり、目、鼻、口を福笑いの要領でバラバラにして、とんでもない位置や向きにして見せたのだが、赤ちゃんは重心が高い普通の顔を、上下逆さまにした重心の低い顔（顔のパーツの位置だけを入れ替えた、つまり、顔の輪郭はそのままで、目を下、口を上にした顔）より好んだし、目、鼻、口があっちこっちを向いてしまった福笑い顔（顔のパーツは全部揃っているのだが、向きや位置が違っている顔）でも、上部に重心を置いた顔を選好した。ところが、赤ちゃんにはまったく区別できない顔があった。まったく普通の顔と、重心を上に置いた福笑い顔だ。福笑い顔のほうはピカソが描いた何とも奇妙な肖像画のようだったのに、注視時間は普通の顔と変わらなかったのだ。ならば、赤ちゃんには、生得的な顔認識能力と顔選好はないことになる。あるのは、上部に重心を置いた空間的配置を好むバイアスだけだ。最初に紹介した、顔そっくりの刺激を使った実験では、この重心の高い非対称への選好バイアスを実際の顔に対するそれと比較しなかったから、区別できなかったのである。

この上部に重心を置いた配置全般に対する選好が、生後数週間から数か月の間に経験を通して微調整され、顔に対する特異的な選好へと変化していく。自然選択は私たち人間の視覚情報処理能力にごく基本的な知覚の制約を課したらしい。この制約を「経験‐期待」という。これがあるため、私たちは顔刺激に曝《さら》される経験を積んで、反応すべき刺激のカテゴリーを絞り込んでいかなければならない。人間の新生児は生後間もなく必然的に人間の顔を（とんでもないことを考える科学者の顔は抜きにしても）見るわけだから、進化の観点から言うなら、高度に特化した、完全に機能する顔認識メカニズムを備えた脳を、生まれるまでに発達させておくなど無駄でしかない。ごく基本的な顔認識メカニズムに留めておいて、後の仕上げはすべて環境の中にある顔に任せてしまうほうが、生物にとっては費用対効果が高い。それに、完全な顔認識メカニズムを発達させるには膨大な量の脳組織を必要とする。これが何より、出生の妨げになる。脳がまだごく小さいうちに赤ちゃんが生まれてくるのは、頭が母親の骨盤と産道を通り抜けねばならないためだ。だから、人間の脳は、無事にこの世に生まれ出てから最初の一年間に、本格的に成長する。高度に発達した顔認識メカニズムは、難産の原因となるほど脳の大きさを増大させることになりかねない。

ごく基本的な「経験 - 期待」バイアスは、プログラミングが完成している認識装置を凌ぐ「融通性」を備えたメカニズムでもある。融通が利くからこそ、赤ちゃんは成長していく過程で出会う、それぞれに異なったタイプの顔を認識できるようになる。一方、プログラミング済みのメカニズムでは、目にした顔が出生前に発達した具体的な顔のテンプレート、つまり雛型となる情報とぴったり適合しないと、顔認識をまったくできない恐れがある。赤ちゃんが顔の重要な相違点、家族と自分が属する集団の顔の形質、全人類に共通する顔の形質を確実に把握できるのは、単純なバイアス・メカニズムなればこそなのだ。

人間の並外れた顔認識能力の生みの親は、私たちが否応なく曝される経験によって形成される、ごくありきたりのメカニズムである。だから、顔は特別であって、特別ではない。生まれたばかりの赤ちゃんにとっては、上部にしかるべく重心があるものはすべて同じく興味の対象となる。何の事はない、上半分に暗色の丸い塊が二つ水平に並んでいる物は十中八九顔であるからだ。しかも、赤ちゃんにとっては、顔に絶えずしっかりと曝されているということは、常に見守られていることだから、必ず報われる。それで、顔は私たちにとって、他の何ものもほとんど太刀打ちできないほど目立つ重要な刺激となるわけだ。これは特筆に値する。生命体が——この場合は人間の新生児が——根本的に環境に埋め込まれており、環境と不可分の関係にあることの証なのだから。本書では何度もこの点に立ち戻ってお話しすることになる。

顔だけでなく、人間の身体の一部に似ていることも、人間らしさに拍車をかける要素だ。こうした傾向を見事に活かしているのが、イタリアのキッチンウェア・ブランド、アレッシィだ。アレッシィがデザインした茶漉し、ワイン・オープナー、エッグ・スタンドはどれも思い切り擬人化されている。だからと言って、そうした商品に思考や感情があるように感じるわけではないのだが、思わず手にとって使ってみたくなる。そしてもちろん、アレッシィの狙いどおり、うちのキッチンにもあったら素敵と、財布の紐を緩める気になるわけだ。自分に似たところが多いものほど、自分の一部のような気がしてくる――これは確かだ。「ダック・テスト」という古い帰納法で言うように、鴨のように見えて鴨のように鳴くなら、それは鴨なのだ。しかし、先に述べたとおり、これが常に正しいとは限らない。ガアガアと鳴き声が聞こえても、実は鴨などどこにもいないかも。私たちはだまされやすい。ならば、油断は大敵だ。

大きな集団ほど、視力が良くなる

他人の知力に照らして己の知力に磨きをかけるのはよいことだ。
――モンテーニュ（思想家）

こうして見ると、人間の知覚系は生あるものの認識に向いているらしい。しかも、生あるものと認識すると、（たとえそれがまったくの無生物であっても）目標と意図を持たせたくなる。この傾向は、対象物が社会的な相互作用にかかわっている場合にとりわけ著しい。先に示唆したように、これは自分に害をなすかもしれない生物を瞬時に見つける必要があってのことらしいのだが、もうひとつ、極めて社会性の高い霊長類という私たちの現在の立場と過去の進化の歴史の表れとを反映しているとも考えられる。社会集団の中で暮らし、しかも、うまく立ち回るためには、他の動物が発するシグナルを読み取り、それに適切に対処する能力が不可欠であるからだ。

進化の流れの中で、霊長類の脳は大きさと構造をともに変化させてきた。これは社会集団の中で生きるために必要な変化であったと考えられる。[36] 神経科学者から精神分析医に転身したレスリー・ブラザーズは、霊長類の脳において、他の個体が発する社会的刺激への反応にかかわる数々の領域をいち早く同定した研究者のひとりである。これらの領域、つまり、扁桃体、内側側頭葉、眼窩前頭皮質、上側頭回を、彼女は「社会脳」と呼んだ。[37] 霊長類は社会的な相互作用の処理に特化した脳領域を持つだけでなく、脳の全体的な大きさも他の哺乳類を凌いでいる。中でも、大脳新皮質と呼ばれる部分（脳の最も新しく進化した部分）は目覚ましい拡大を遂げた。[38] 新皮質の大きさは、動物種が生活を営む集団の規模と関連している。同じ霊長類でも、大きな群れで暮らしているほど、脳も大きい傾向にあるのだ。この所見は「マキャベリ的知能仮説」、すなわち社会的知能仮説を裏付ける証拠とされた。[39] これは、構造化された社会集団（数世代のさまざまな血縁度の動物が構成している集団）内での生活は本質的に複雑であるため、そうした集団を構成する動物には賢く協力し競争するための高度な認知メカニズムが必要になる、という仮説である。[40]

もっとも、動物の認知と行動を研究している私たちの視点からすると、心理学者ロバート・バートンが行った精緻な研究のほうが興味深い。[41] 進化の過程で新皮質のどの部分が拡大したのか正確に特定しようとしたバートンは、どの霊長類でも最も大きく拡大したのは視覚野（特にV1と呼ばれる領域）であることを突き止めた。この拡大は、昆虫食から果実食への移行によって、活動する時間帯が昼間に変わったこと（夜行性から昼行性への移行）と関連している。[42]

昼行性の霊長類のほうが大きな視覚野を必要とする理由は言わずもがなだ。嗅覚が頼りの夜行性の類縁たちとは違って、視力への依存度が高いからである。同時に、熟し加減によって色が変化する果実を一面に広がる緑の中から探し出さねばならない果実食の霊長類にとっては、色覚が大いに役立つ。これもまた、大きな視覚野を良しとする理由のひとつだ。バートンはさらに、視覚系のある特徴と社会集団の規模との興味深い関連も突き止めている。こちらはちょっと分かりにくい。大きな集団にはなぜ良い視力が必要なのか？　ここのところを理解するには、霊長類の脳の解剖学的構造を少々掘り下げてみる必要がある。

霊長類の視覚系には、視覚情報を大脳後部の視覚野から情報処理を行う前頭葉へと伝達する経路が二つある。[43] ひとつは運動検出にかかわる大細胞系と呼ばれる経路で、すべての哺乳類に共通している。もうひとつは霊長類に特有の小細胞系経路で、詳細な形状や色の検出に関与している。大細胞系経路は脳の背側部（上側）を通っているのに対し、小細胞系経路は腹側（下側）を経て扁桃体へと至る。この扁桃体は情動の知覚と処理にかかわる領域だ（ブラザーズが提唱した「社会脳」の一部でもある）。昼行性の霊長類において、社会集団の規模との関係が明らかになっているのは小細胞系経路に特異的に属している脳細胞であって、大細胞系経路は無関係だ。すなわち、社会性に関連しているのは色彩の詳細な分析ということらしい。バートンはこれについて、小細胞系経路は霊長類が進化する過程で、特に顔の表情や注視方向、姿勢など、動的社会刺激の重要な細部を処理するために増強されたと主張している。

サルと類人猿（それに人間）は皆、顔の表情と姿勢の提示によってコミュニケーションをとる。つまり、表情と姿勢で威嚇やなだめ、交尾のお誘いを相手に伝えるわけだ。しかも、たいていは、色鮮やかな皮膚や派手な被毛の色で、こうした顔の表情や姿勢をいっそう際立たせている。相手が遠く離れていてもシグナルのやりとりをしやすくするためだ。サルと類人猿はこのようなシグナルを認識するばかりでなく、それに対して適切な対応をとることもできる。そこで威力を発揮するのが小細胞系経路と扁桃体の連絡だ。扁桃体は特定のシグナルに対する感情価（つまり、本能的な好き嫌いの度合い）の付与にかかわっている脳領域である。[44] サルの場合、相手が威嚇（怒り）しているのか、それとも服従（恐怖）を示しているのか認識できれば、集団内での自分の地位や、次にとるべき手立てを知るのに大いに役立つ。こうした怒りや恐怖などの否定的な感情は、扁桃体とのかかわりが最も深い情動なのである。霊長類の新皮質は、同じ集団に属する仲間からの視覚標識とシグナルをきちんと認識・解釈する必要性が高まったことを反映して拡大したと言っても過言ではない。つまり、サルと類人猿が日々示す数々の多様で社会的な相互作用の基盤となっているのは、視覚標識とシグナルの認識と解釈なのである。

知覚と行為は、協調して進化する

神経生理学者にして心理学者であるデイヴィッド・ペレットらが行ったさらに詳細な研究では、霊長類の社会的世界が脳の形成にどうかかわってきたかも明らかになっている。[45]彼らが発見したのは、前部上側頭溝（ＳＴＳａ）と呼ばれる脳領域（小細胞系経路の通り道）で、特定の種類の社会刺激に極めて特異的な反応を示すニューロン(神経細胞)だ。たとえば、左向きの頭部だけに反応するニューロンがある。頭部が他の方向を向いている時は知らん顔を決め込むニューロンだ。顔、顔の表情、注視方向に限ってそれぞれ反応するニューロンもあって、同じようなニューロンが扁桃体でも確認されている。注視方向について言えば、それぞれ異なる注視方向に反応するニューロン群があるのだが、中でも最も重要な代表格のニューロン群のひとつが、正面からのまともな注視に反応するニューロンだ。他の動物が威嚇の表情を示していると分かるだけでなく、その表情が自分に向けられているのか(この場合は直接行動に出なければならない)、それとも他の個体に向かっているのか（それなら差し迫った危険はなさそうだ）分かればたいそう便利だから、これは腑に落ちる。生物学的な運動のみに反応するニューロンもある。光点の動画をたやすく認識する立て役者がこれだ。霊長類の脳は、他の個体の動作や顔、表情など、個別の社会刺激を認識し、それぞれに対する情動反応を生み出しやすいように、高度に特化しているのである。

その動かぬ証拠と言えるのが、近年発見された「ミラーニューロン」だ。[46]マカク属のサルの運動前野で初めて発見されたこのニューロンは、当のサルが何かの行為（たとえば餌をつかむ動作）をする時ばかりでなく、他の個体が同じ行為をするのを見ているだけでも発火する。後者の場合は、強力な抑制信号が出て、神経インパルスが四肢に伝わるのを阻害するため、脳の活動が実際の動作につながることはない。ミラーニューロン系の存在は人間の脳でも確認されている。[47] しかも、サル、人間のいずれにも、運動行為専用のミラーニューロン系だけでなく、サルの唇鳴らし(親和的なジェスチャーのひとつ)や人間の嫌悪の表情など、コミュニケーションのためのジェスチャー専用のミラーニューロン系もあることが分かっている。[48]

ミラーニューロンは実に当然のことながら、さまざまな理由で大発見ともてはやされているが、ここでミラーニューロンの話を持ち出したのは、霊長類にとっての社会的シグナルの計り知れない重要性をミラーニューロンが如実に示しているからだ。人間やサルとまったく同じ動作を機械にさせてもミラーニューロンは無視を決め込む。ミラーニューロンが相手にするのは動物の行為だけだ。これはSTSaと扁桃体で確認されたニューロンの動作とよく似ているが、こちらのほうが興味深い理由は、ミラーニューロンの「ミラーリング」反応、つまり、相手の仕草や表情を見て自分のそれであるかのように発火する反応が意味するところにある。ミラーニューロン系を持つ動物が他の動物の行為を、ごく基本的な、厳密に無意識と言えるレベルで、重要かつ意味のあることと受け止めるのは、それがある意味、自分自身が行っている行為であるからなのだ。[49] ならば、ミラーニューロンは、行為と知覚が異なるものではなく、同じプロセスの要であることの証と言える。これを言い換えるとどうなるか。ここでいよいよ、本書の随所に出てくる言い回しの登場である。心理プロセスは「身体化」されるのだ。心理プロセスは動物から抜け出して「自由に浮遊」したりしない。動物が他の動物を観察する時にも、そしてもちろん、動物自身がこの世を動き回る時にも、心理プロセスは動物の身体の物理的行為にしっかりと根差している。[50]

先頃、大脳新皮質と小脳[51]の進化の相関に関する研究を行ったロバート・バートンも、同じように主張している。[52]この新皮質と小脳という二つの領域には、進化の過程で選択された特定のシステムとネットワークがある（すなわち、私たちが、いかにも人間中心主義的な見方で、複雑な「思考」と関連づけたがるこの二領域がただ大きくなったわけではないのだ）。この相関した「モザイク進化」のパターン、つまり、脳全体が一様に進化したのではなく、各部がそれぞれに異なるテンポとタイミングでモザイク様に、しかも相関しつつ進化したパターンは、脳機能が動的環境において知覚と行為を協調させる方向に向かって進んできたことを強く示唆するものだ。バートンはそう言う。

このような基本的な神経適応が起こること、しかもそれがたいていは極めて視覚的な適応であることは、進化の観点から言って理に適う。サルと類人猿は言語の類いをいっさい持たないため、他の個体について得られる情報と言えば概ね、自分の目で見て確かめられるものに限られるからだ。霊長類の「社会的知能」は要するに、社会における、視覚によって誘導される、情動に基づいた行為を基盤としているわけだ。私たち人間が他の生き物をとかく自分の視点から見てしまうのは、特定の社会刺激に反応しがちなこの霊長類の基本的な性向によるところが大きい。

もちろん、この説明だけで、めでたしめでたしとはいかない。生き物のような動きと社会とのかかわりがなぜ、三角形やビール瓶、ヒヒに特定の思考や信念や欲求を持たせることになるのか、そこのところの説明がつかないからだ。その代わりと言ってはなんだが、人間の発達の仕方との関連ははっきりしている。私たちは、言語と文化を支えとして、自分の公的な行動を私的な内的・心的状態の表れととらえ、その心的状態を付与することによって自分自身や他者の行動を説明するように、周囲の人々によって長い年月をかけて訓練されていくのだ[53]。たとえば、ロシアの発達心理学者レフ・ヴィゴツキーは、自分の私的な精神機能ですら、それを形成する極めて公的な社会・文化・歴史的プロセスを綿密に検討してみなければ理解できないと主張した。つまり、個人の世界と社会的な世界とをすっぱり区別できないのは、この二つの世界が密接に絡み合っていて、あらゆる意味で一体であるからだ。私たちが独自の姿勢と思考と信念と世界観とを持って自分なりに行動するようになるのは、この世に生を受けたそもそもの最初から、他者の存在が組み込まれ、多様な文化的実践が浸透した社会的プロセスにかかわってきたからにほかならない[54]。

　ならば、ヴィゴツキーが想像したとおり、子どもの心的プロセスが子どもの行動の源や原因であることなど断じてあり得ない。正しくは、子どもの行動自体が、子どもの心に最終的に浮かぶ思いの源となり、原因となるのだ。現代心理学の大半が私たちに思い込ませようとしているところの正反対である。子どもは発達の過程で、自分よりも知識が豊富な大人の支えを得て、自ら積極的にかかわりを持つことによって、自分が属する文化の共通の慣習と儀式への参加の仕方を学んでいく。とりわけ西欧社会では、人々の行動の意味を他者には見えない、あるいは見せようとしない信念や欲求の面から説明しようとするが、それもまた、そうして学ぶことのひとつだ。ただし、私たちが本当に他者の心の奥底まで読んでいるとか、一部の研究者が主張しているように、他者の脳の状態を傍受できる何らかの能力を備えていると言いたいわけではない。むしろ、相手のボディ・ランゲージや振る舞い、口から出た言葉、それらの前後関係など、知覚できる要素すべてに反応し、その自分の反応を相手の「思考」や「信念」だと思い込む。そう考えるほうが当たっている。

　こんな風に、目に見えない「思考」や「信念」を振りかざして目に見える行動を説明しようとする人間界に、生まれた時からどっぷり浸かっているのだから、相手が本物の生き物だろうが作り物だろうが、人間に似ていればいるほど、それも、私たちにとって顕著性の極めて高い種類の社会的シグナルを発する傾向が強いほど、人間同士がお互いの考えていることを説明するのに使うのと同じ論理的思考や心的状態を当てはめたくなるのも不思議はない。

　こうした進化上の「プライミング」、つまり、先行刺激が後続刺激に対する反応を促進する効果が、たいていは自分でも気づかずに擬人化してしまうほど強迫的な擬人化傾向につながる。ならば、今、当たり前と決めてかかっていることをできるだけ頭から追い出して、他の動物に自分の姿を見るのは間違いという可能性もあると認めるべきだ。もっとも、このプライミングには利点もある。私たちがなぜ擬人化するのか、少しずつでも理解が進めば、ダーウィンが提唱したとおり、種間には確かに連続性が存在すること、さらには、人間は霊長類のみならず、もっと広い意味で近縁である哺乳類とも多くの形質を共有していることが分かってくるはずだ。[55] こう言い換えてもよい。いずれ、擬人化がいっさい不可能と分かる日がやってくるに違いない。なぜなら、他の動物たちは本当に、人間と同じ特徴を幾分なりとも共有しているからだ。ただし、第1章で述べたように、自分自身の情動や意図、動機を他の動物に投影してしまわないよう、心して、私たちの中に潜む類人猿としての社会的バイアスを抑える必要がある。私たちはだまされやすいことを、くれぐれもお忘れなく。いじめられて悲しそうに見える三角形は、本当はちっとも悲しがってなどいないのだ。

これで、類人猿バイアスのひとつは片付いた。いよいよ、他の動物たちが世界に対処するための、人間とも類人猿とも異なるやり方とはどんなものか探っていこうと思うのだが、ここでもうひとつ、人間特有の動物に対する偏見が浮かび上がってくる。すなわち、半端でなく巨大な脳を持っているがためのうぬぼれバイアスである。

第3章 小さな脳でもお利口さん

するとこの紳士、「女は脳みそを考え事に使わんでもいい」と言う。
——アニタ・ルース（『紳士は金髪がお好き』）

大きな脳は人間の決定的な特徴だ。身体の大きさに対する脳の大きさの比率で、人間にかなう動物はいない。そこで、当然のことながら、私たち人間が今こうして地球を支配しているのは、大きな脳が可能にしてくれた高度な認知と融通の利く行動のおかげと考える。人間の視点で見る限り、大きな脳、すなわち優れた脳なのだ。けれども、もうお分かりのとおり、これは人間中心主義の考え方である。人間は進化の頂点に立っているわけではない、進化は木やはしごではなく藪のようなものだ[1]、下等生物から高等生物に至るまで、すべてに序列があって鎖のように連なっている「存在の大いなる連鎖」などありはしないと、耳にタコができるほど聞かされても、人間の大きな脳と大きな脳ならではの高度な認識能力や行動の融通性はやはり進化が大きく進んだ証だと思う。そうあからさまに言わないまでも、ちっぽけな脳しかない動物より人間はやっぱり優れていると独りごちずにはいられない。

もちろん、ある意味ではそのとおりだ。人間は、車輪の発明から心臓移植、月ロケットに至るまで、どんな動物も手にしたことのない偉業を達成している。でも、ちょっと待って。それが本当に、人間が他の動物より優れている証拠、成功の証？　他の動物と毛色が違っているだけの話ではないのか？　優位性を別の尺度で測ってみると、人間は実のところ、大してぱっとしない。たとえば、一平方キロメートル当たりの昆虫の平均個体数は、地球の総人口に等しいと推定されている。それほどの繁栄を誇っているとなると、昆虫は何かものすごい生存・繁殖策を講じているに違いない。ならば、なぜ、私たちは当然のごとく、大きな脳は小さな脳より優れていると思うのだろう？

私たちが成功と優位性を人間中心の実に狭い視野で定義づけているせいもあるだろうが、それにも増して重大と思える理由がある。人間寄りの考え方をする私たちは、大きな脳の利点にばかり目が行って、莫大な代償を払っていることに気づいていないのだ。人間の脳、実はとてつもない維持費がかかる器官である。体重に占める割合はわずか二パーセントなのに、アイドリング状態でも人体のエネルギー総所用量の二〇パーセントを食いつぶす。しかも、壊れやすいし、かなり限定された温度範囲に保ってやらないと混乱を来す。おまけに、発達と成熟に何年もかかる。子どもは自分で自分の身を守ることもできない無力な状態で生まれてくるし、他の大方の哺乳類ならすっかり成長して生殖を済ませ、まだ死んでいなければ老化の道を突き進んでいる年齢になるまで、独り立ちもできなければ性的にも成熟しない。これだけ大きな犠牲を払うからには、元を取って、自然選択を味方につけるとなると、大きな脳にはそれに見合うだけの利点があってしかるべきだ。

しかし、それならどんな利点があるかと考えてみると、これぞと言えるものが思うほど簡単には見つからない。ピンの頭ほどのちっぽけな脳しか持たないさまざまな動物が、驚くほど複雑で融通の利く行動をしてのけるからである。前の章でお話しした顔認識を例にとってみよう。私たちは顔を認識し、個体を見分けることができる。そこで、これは顔認識に特化した脳領域とニューロンによる膨大な量の情報処理を必要とする、人間ならではのスキルだとする説が生まれた。ところがどうして、アシナガバチも、人間とまったく同じように他の個体の顔の特徴を認識する。しかも、その認識能力を使って、巣内の社会秩序をしっかり維持しているのだ。[2] うまい実験を考えたもので、アシナガバチの「顔」の模様に手を加えたところ（塗料で黄色い模様を描き足したり、元からあった模様を塗りつぶしたりした）、同じ巣の仲間たちは容貌が一変した個体を認識できなくなって、激しく攻撃したそうだ。攻撃行動はアシナガバチが仲間同士で強弱の順位を決める手段である。つまり、実験で顔相を変えられた個体に対する攻撃行動が、対照とした元のままの相貌の個体に対するそれに比べて強まったのは、仲間たちがこの個体をよそ者と見なし、「新参者」と勝負を付けようとしたからと考えられる。

もっとも、アシナガバチの顔の模様は個体情報ではなく、もっと大ざっぱに、コロニー内の優位な地位ないしは役割を識別するための情報を提供するものという解釈もできる。だとすると、顔の模様は、看護師や警察官のように特定の役割を担った個体であることを示す、言わば人間界の制服だ。ところが、顔相が変わった個体に対する攻撃行動は次第に治まっていった。模様の変化が地位の変化を示すに過ぎないとしたら、仲間が激しく攻撃するのは「新参者」だからではなく、模様が示す地位のせいだ。ならば、激しい攻撃はいつまでも続くはずではないか。しかし、攻撃行動が和らいだところをみると、個体としての「新参者」に反応していた仲間たちが、個体の順位を新しい顔の特徴と関連づけて徐々に学習していったものと考えられる。つまり、アシナガバチにとって「顔」は紛れもなく個体同定のための情報なのであって、彼らはその情報に基づいて仲間同士の社会的な相互作用を調整しているとみてよさそうだ。

顔認識ならミツバチも負けてはいない。彼らは人間の顔を識別できる。特定の顔（写真）を報酬として提供される砂糖水と関連づけて学習するのだ。しかも、初めて見るたくさんの選択肢の中から、報酬を得られる標的の顔を選び出すこともできる。さらに面白いことに、十分学習したはずの人間の顔でも上下逆さまに見せられると、認識しづらくなるらしい。してみると、ミツバチも人間同様、何らかの形状情報の処理によって顔を認識している（つまり、顔を個々のパーツの集合体としてではなく、個々のパーツの相対的な位置と形状・大きさを考慮して全体的に処理している）可能性がある。[3] 言うまでもないが、ミツバチは人間の顔を人間の顔として認識しているわけではない。種を明かせば、標的の顔はミツバチにとって、砂糖水にありつけるキュー以外の何物でもない。だが、この例も、先に挙げたアシナガバチの例も、示唆するところは同じだ。人間の能力の独自性にしろ、人間に比べるとはるかに単純な神経系が複雑な行動反応を生み出す可能性にしろ、先入観を持たずに眺めてみることが必要なのだ。

この章では、いわゆる単純な動物の世界を覗いてみることにする。生身の動物だけでなく、ロボットにも登場してもらうつもりだ。狙いは、小さな脳にも大した実力があると、もっと正しく理解していただくことにある。

蟻と砂浜

勤勉たれと言うなら、蟻だって勤勉だ。何のために立ち働くか、要はそれである。
――ヘンリー・デイヴィッド・ソロー（作家・思想家・博物学者）

人間の目で物を見ずにはいられない傾向のせいで、私たちはことあるごとに、人間の複雑な動機と処理能力を他の動物種にも押しつけるという過ちを犯す。ただし、動物は複雑な行動など取らないと言いたいわけではない。動物の行動の複雑さは内面的な複雑さだけの産物とは言い切れない、それが正解だ。この点を鮮やかに浮き彫りにしているのが、認知心理学者・経営学者のハーバート・サイモンによる「蟻の例え」である。[4] 砂浜をせかせかと歩いて行く一匹の蟻の姿――思い浮かぶだろうか。歩いた後に残る軌道をたどってみよう。あちらへこちらへと曲がりくねって、なんとも不規則、複雑極まりない。こんな軌道を見ていると、蟻の内在的なナビゲーション能力もさぞかし複雑なのだろうと思えてくるから、いったいどんな能力なのか解き明かしたくなる。そこで、軌道を分析して、複雑な針路を弾き出す法則やメカニズムをあれこれ推測してみたりする。しかし、蟻が取った軌道の複雑さは、「実は砂浜の表面の複雑さであって、蟻の内面の複雑さではない」[5]。実のところ、蟻が使っているのはごく単純な法則の組み合わせらしい。複雑な軌道は蟻の単独作品ではなく、そうした法則と環境の相互作用なのだ。

もっと広く言うなら、この蟻の例えは、目に見える行動の複雑さとその行動を生み出すメカニズムの複雑さとの間に必然の相関がないことを示している。これは自律移動ロボットの研究でも明らかになっていることだ。辺りを動き回って周囲の環境と物理的にかかわるように設計された自律移動ロボットは、研究者にとっては、蟻と砂浜のような、生物と環境の相乗的相互作用を正確に調べるための格好の手段である。だから、この研究分野は「行動規範型ロボット工学（Behavior-based Robotics）」とも呼ばれている。この行動規範型ロボットの研究では、動物の内面の複雑さを研究者がすべて指定してシステムを構築する。つまり、研究者が完全に把握しているシステムをさまざまな環境に曝して試すわけだから、この「生き物」の行動を調べるだけでなく、その行動を理解・説明することまでできる。これが一番のポイントだ。

「脳細胞」が二つしかなくたって

行動規範型ロボット工学の草分けと言えば、ウィリアム・グレイ・ウォルターだ。専門は神経生理学なのだが[6]、かなりの変わり者で、ロボット工学の先駆者のほかに、「家庭破壊の達人、スワッピング愛好者、テレビ出たがりのご意見番、実験的麻薬愛用者、スキン・ダイバー」という肩書きまであった[7]。その彼が一九四〇年代に二台の自律ロボットを造り出した。名前はエルジーとエルマー（彼がロボットたちを紹介した言葉「内部安定性と外部安定性を兼ね備えた光感知式電気機械ロボット［Electro Mechanical Robots, Light Sensitive, with Internal and External Stability］」にちなんでいる）[8]。小型の電動三輪車なのだが、上部を甲羅のような透明の殻ですっぽり覆ってあるため、見たところはロボットと言うより亀そっくりだった。でも、なぜ、神経生理学者がロボットを？　脳機能の複雑さはニューロンの数で決まるとは限らない、むしろ、「ニューロン間の相互連絡の豊富さ」[9]が関係しているとする持論を検証し、相互連絡のさまざまなパターンが実際にどう機能して多様な行動を生み出すか調べようとしたのだ。

なるほど、二台の亀の構造は、この課題に取り組むに打って付けだ。どちらも「脳細胞」の数は二つだけ。それがそれぞれ、一種類の反射反応を示す。片方が亀の光に対する反応、もう片方が接触反応だ。亀自体、ごく単純な部品少々（一台につき、小型モーター二つ、バッテリー二つ、真空管数本、コンデンサー二つ、リレー二つ）でできている。こんな生き物――「脳細胞」が二つしかない生き物が、いったい何通りの行動を取れると思う[10]？

光反射を制御するのは、光センサー（目）だ。これは三輪車のステアリング・コラム前部に取り付けられているため、常に前輪と同じ方向を向く。この目には、正面からの光以外をすべて遮断するためのフードが被せてある。亀にはヘッドライトもある。移動している間だけ点灯する「走行ライト」で、これを見れば亀が正しく動作していると暗闇でも一目で分かる仕組みだ。触覚センサーは電気接点で、亀の「甲羅」が障害物に触れるたびに電流が流れる。つまり、この二台の亀は、光源を探し出し、障害物があれば押しのけるか迂回して前進するようにプログラミングされていたのである。

プログラムなしでも

暗いところ、つまり、亀の「目」では検出できない低照度下で亀のスイッチを入れてやると、前輪を回転させる駆動モーターが半速で作動してロボットを前進させる一方で、もうひとつのステアリング・コラムに搭載したモーターは前輪を全速で旋回させる。旋回するステアリング・コラムに取り付けてある目も一緒に旋回するので、目は常に亀の進行方向を「見ている」。それで亀は周囲の環境を「スキャン」できるのだ。後輪には動力源はなく、自由に回転する。つまり、エルジーとエルマーは完全な前輪駆動亀だ。駆動モーターによる前進運動と、舵取りとスキャンを行う前輪「ステアリング・スキャニング・ホイール」の旋回運動とが組み合わさるとどうなるか？　亀は周囲を「探索」しながら、弧を描きつつ、ゆっくりと移動していくのである。

探索中に「目」が光源を発見すると、ステアリング・コラムのモーターが停止するので、ステアリング・スキャニング・ホイールは旋回をやめ、光源発見時の角度で固定される。すると、ヘッドライトが消えて、駆動モーターが全速に切り替わる。つまり、亀は「スキャン」を中止して、光源に向かって「突進」し始めるわけだ。光源発見時の目の向きが亀の正面からずれていると、「突進する」うちに、亀は光源から逸れていく。すると、目（光センサー）の活動が活動閾値未満に低下して、前輪が旋回を開始するので、亀は再び、ゆっくりと辺りを見回し始める。今度は見失った光源をすぐに発見できるから、またもや突進する。こうして、亀は漸次接近を繰り返しながら光源に近づいていく。繰り返すたびに精度が上がっていくのは、亀が目標に近づくほど照準誤差が低減するからだ。

光源が近くなるにつれて、亀の目には光源がどんどん眩しく「見えて」くる。輝度が非常に高い光源（たとえば、四〇ワットの電球やフラッシュライト）の場合、亀は間近まで来ると、またもや行動パターンを変える。今度は光源を避ける「眩《めくら》み」モードだ。駆動モーターは全速のままで、ステアリング・スキャニング・ホイールが半速に切り替わるので、「目が眩んだ」亀は、ゆっくりとしたスキャン行動に戻る代わりに、あわや光源に衝突というところでさっと身をかわす（飛んで火に入る夏の虫の愚は犯さない……）。

グレイ・ウォルターはこの亀の行動を、眩しすぎず、暗すぎずの「最適な」光源を探す動物のようだと言っている。好みの光源を見つけてしまえば、その回りをいつまでもくるくる回っているけれど、眩しすぎる光源はふいと避けて、別のちょうどよい光源を探し続けようとする。つまり、この光反射は、室温を調節するサーモスタットのような、負のフィードバック・プロセスの一例だ。眩い光は検出した光量の低減につながる反応を亀に取らせたが、光が暗いと、亀は逆に光量を増加させるための反応を示した。結果として、全体的にみれば、光刺激のレベルは安定していたことになる。

この光反射は、興味深い「創発（訳注：部分的な相互作用を持つ要素が多数集まることで、その総和を凌駕する複雑な秩序やシステムが生じること）」的な行動も可能にした。たとえば、ヘッドライト。そもそも、亀がちゃんと走行していることを確認する目的で取り付けたのだが、亀を二台一緒に走らせたところ、これが想定外の何とも面白い行動を引き起こした。亀たちは先に述べたように辺りをうろつき回ってスキャンするうち、すぐに相手のヘッドライトを発見した。互いのヘッドライトの光を見つければ、二台とも「突進」モードに切り替わる。ところが、「突進」モードになれば、当然、ヘッドライトは消える。つまり、目指す光源が忽然と消えてしまうわけだ。誘蛾灯ならぬ誘亀灯を失った亀たちは、「スキャン」モードに戻る。すると、ヘッドライトがまた点灯するので、前とまったく同じ相互作用を繰り返す。最初は互いに惹かれ合うのに、魅力の源である光が急に消えてなくなるので、思わず足が止まるのだ。グレイ・ウォルターに言わせると、動物の「求愛ダンス」そっくりの動作だった。「ロボットたちはお互い、逃げ出すこともできなければ、それぞれの〝欲求〟を伝え合うこともできない」。だが、そういう行動をとるように亀たちをプログラミングしておいたわけではない。亀の仕組みと、亀と環境との相互作用とが、偶然もたらした産物に過ぎないのだ。[11] この亀たち、英国科学振興協会の会議でお披露目された時にも、予想外の創発的な行動を見せた。足フェチ。もっとも、これはどうやら、ご婦人たちのナイロン・ストッキングが照明光を反射したためらしい。[12]

この光感受性を見て、グレイ・ウォルターはまたもや閃いた。亀に「餌」を食べさせる方法を考えついたのだ。より正確に言うなら、自分でバッテリーに充電させる方法である。彼は明るい光源を内部に取り付けたハッチを作り上げた。これが亀用充電ステーションだ。バッテリーが満タンの時は、ハッチ内の光を発見した亀は「眩み」モードに入るので、光を避ける。ところが、バッテリーが切れかかると、光源の輝度を実際より低く感知するようになるため、次第に光源に引き寄せられていく。こうして光源に近づいてゆき、最後は見事、ハッチに収まる。収まってしまえばこっちのもので、充電が行われる。充電が完了すると、もちろん、光センサーが輝度を正しく読み取るから、「眩み」反応が起こる。亀は眩しい光を嫌ってハッチから出て、また「お腹が空く」までうろつき回るのだ。この充電行動が一〇〇パーセント成功したという記録はないものの、[13] 亀が光走性反射によってハッチに出入りしてみせたことは確かである。

触覚反射も、光感受性には及ばないものの、それなりに高度な行動を亀たちに取らせた。これは、電気接点が閉じて電流が流れると、光センサーから送られてくる信号が「無視される」仕組みだ。つまり、普段は光信号の増幅器の役割を果たしている真空管が、電気接点が閉じたとたんに、駆動モーターとステアリング・モーターを全速で回転させ、スイッチのオン、オフを行う振動信号の増幅器へと切り替わるのだ。すると亀はどういう行動をとるか？ 行く手に障害物があると、他の刺激をすべて無視して、障害物と押しくらまんじゅうを始める。跳ね返されても、跳ね返されても、何度でも立ち向かっていき、ついには障害物を押しのけるか、無理矢理押し通る。つまり、この触覚反射は正のフィードバック・プロセスの一例と言える。光反射のように安定性を維持するのではなく、障害物がある限り、それを排除するための亀の行動をどんどんエスカレートさせていくのだ。亀はその辺を歩き回って光源を探し、発見して近づいていく間も、邪魔な障害物は次々に押しのけていくので、障害物が壁際にきれいに積み重ねられることもあったそうだ（これも興味深い創発的な行動なので、もう少し詳しくお話しするつもりだ）。

グレイ・ウォルターは、これらの反射が協調して作用すれば、驚くほど融通性の高い、生きているような行動を生み出せると主張した。たとえば、エルジーを鏡の前に置いたところ、鏡に映った自分のヘッドライトを検知して、鏡に近づこうとした。しかし、言うまでもないが、光を発見すれば「突進」モードに切り替わるので、ヘッドライトはすぐに消灯する。目指すべき光源がなくなってしまうのだから、エルジーは直ちに「スキャン」モードに戻る。すると、またヘッドライトが点灯するので、エルジーは鏡の中に自分のヘッドライトを見つけて、「突進」モードに入る。ヘッドライト消灯。「スキャン」モードに切り替え……延々と、その繰り返しだ。言い換えれば、環境、つまり鏡が重要な役割を演じるフィードバック回路ができあがるわけだ。[14] まるで、亀が鏡の前で「ダンス」のステップを踏んでいるように見える。グレイ・ウォルター自身、「まったく理屈抜きで自分の目だけを信じるなら、動物がこんな行動を取っているところを目の当たりにしたら、自意識らしきものがある証拠と受け止めてしまいそうだ」[15]。グレイ・ウォルターは自分の亀ロボットを「多産な亀」と呼んだ。ほかでもない、その複雑で予測できない行動がきっかけとなって、本物の動物ならどう行動するかと大いに議論されることになったからだ。[16]

グレイ・ウォルターのロボットは、行動の複雑さをそのまま動物の認知の複雑さに置き換えて評価するのは間違いであることを如実に示すよい例だ。エルジーとエルマーがどういう構造か知らなければ、必要以上に内面的な複雑さを見てしまい、エルジーたちがこなした課題に必要な認知能力を過大評価して、彼らは鏡に映った自分を「認識している」と言いたくなっても無理はない。動物がなぜ、いかにして行動するか理解しようとする時、私たちが動物の考えていることばかりに気を取られてしまいがちなのは、環境の構造と動物の身体の物理的形状とが行動の形成にどれほど能動的にかかわっているか、見落としているからである。

それを痛感させられた出来事がもうひとつある。教え子のひとりである学部生のトム・ラザフォードが、レゴ・マインドストームのロボット・キットを使ってグレイ・ウォルターのロボットの再現に挑戦したいと言い出した。これが思ったより難しかった。ひとつには、レゴ・ロボットの構造に制約があったせいだが（たとえば、ロボットの「脳」を一本の電力ケーブルで駆動モーターと接続するので、グレイ・ウォルターのロボットのように一方向に連続走行させることはできないし、駆動輪と光センサーも三六〇度は旋回せず、左右に首を振るだけだ）、それに加えて、ロボットの脳に当たるソフトのプログラミングも、グレイ・ウォルターの単純な真空管システムよりはるかに複雑であることが分かった。行動だけ見れば、トムのレゴ・ロボットも首尾よく光源を発見し、それに向かって進み始めたものの、なにぶん、オリジナルの亀ロボットとボディの構造が違うため、常に光源を正面にとらえるよう、迅速に方向修正することができず、時には光源に完全に背を向けて、有らぬ方を探すことさえあった。トムはこのロボット開発についてまとめた学期末レポートに、いかにも彼らしい控え目な表現でこう記している。「最新のソフトとハードを使ってオリジナルの亀ロボットの単純な脳を再現することは可能だが、かなりの労力を要する……グレイ・ウォルターの単純な特別設計の回路のほうが最新のロボット工学以上に精度の高い行動を生み出せたように思う」。より優れた「脳」を持つトムのロボットの行動がグレイ・ウォルターの亀に及ばなかった原因は、環境に対するボディの対処の仕方にある。この点をもっと分かりやすく説明したいものだ。そこで別の、もう少し新しいロボットに登場してもらうことにする。[17]

近接センサーが一種類だけでも

「ディダボット」は、車輪付きの小型ロボットだ。囲いのある実験スペースに小さな発泡スチロールのキューブを適当にばらまいて、そこにこれを数台降ろしてやると、くるくると動き回ってキューブを寄せ集め、最後は二つの大きな塊にまとめてしまう。壁際にひとつ、二つと残ったキューブはご愛敬だ。このロボット、愛称を「スイス君」という。名前を拝借したスイスの人々そっくりに、極めつきのきれい好きで几帳面だからだ。目的は言わずと知れたお片付けである。エルジーのダンス同様、「まったく理屈抜きで自分の目だけを信じるなら」、この行動を見た人は誰もが、物体を検出し、それを他の物体が置かれている特定の方向に押していって、寄せ集めるメカニズムがプログラミングされたロボットだと思うことだろう。

実を言うと、スイス君たちには、近くにある物体を検出できる近接センサーが一種類あるきりだ(エルジーとエルマー以上に単純なのだ)。制御ルールも、単純なものがひとつだけ。右側のセンサーが作動したら左へ、左側のセンサーが作動したら右へ曲がれ。つまり、スイス君たちは障害物を避けることしかできないわけだ。ところが、キューブが散らかった実験スペースに置くと、必ずキューブを寄せ集めて、きれいに片付ける。どうしてそんなことができる? これを理解するには(先に紹介した亀ロボットの行動からもうピンと来ていると思うけれど)、スイス君の内部構造に捕らわれていないで、物理的な外部構造と、それと環境との相互作用に目を向ける必要がある。

スイス君には「ボディ」先端の左右両側にひとつずつ、合わせて二つの近接センサーがある。どちらのセンサーも正面ではなく、斜め前方に向けて取り付けてある。ここがポイントだ。スイス君は左右どちらのキューブも避けて通るのに、真正面にあるキューブはそのまま鼻面で押して進む。真正面を「見る」ことができない（つまり、キューブからの刺激をセンサーが受信できない）ので、対処のしようがないのだ。鼻面でキューブを押しながら実験スペース内をグルグルと走り回る間、スイス君はセンサーが側面の別のキューブを検知するたびに標準の回避行動を取って、右へ、左へと避けながら進む。ところが、避けた瞬間、鼻面で押していたキューブがこぼれ落ちる。これがやがて、小さな塊を形成していくことになる。次第に大きくなっていく、つまりは検出しやすくなるこの塊が環境内に存在すれば、別のスイス君が知らずに鼻面で押していたキューブもその近くに落とされる可能性が高くなる。塊が大きくなればなるほど、別のキューブが追加される可能性は高くなって、最後は（端のほうにいくつか取り残されるキューブはあるものの）すっかり寄せ集められて、大きな塊ができあがるのだ。

　ここではっきりさせておかなければならないのは、「キューブ集め」がスイス君たちの「目標」ではないことだ。それに、スイス君は仲間が協調行動を取っているなど知る由もない（それどころか、仲間の存在さえ知っちゃいないのだ！）。ならば、このキューブ集めは何なんだと言えば、スイス君の運動と、環境内に存在する物体とスイス君の相互作用とが組み合わさった、ごく単純な「自己組織化（訳注：混沌とした状態から自律的にパターンのある秩序が形成されていく現象）」プロセスの創発特性なのである。[18] 何より重要なのは、キューブ集め行動が、センサーを斜めに取り付けたという、それだけの条件で生じたことだ。片方のセンサーを正面に付け替えると、キューブ集め行動は完全に消失する。なぜかと言うと、真正面にあるキューブも側面のキューブ同様回避できるようになるので、鼻面で押す行動が起こらなくなるからだ。キューブを押して動かすことができなくなれば、お片付けはできない。

スイス君はもうひとつ、とても大切なことを教えてくれる。複雑な行動を生み出せるのは、ごく単純なメカニズムだけではない。結果として生じる行動とはまったく無関係なメカニズムが、実世界で作用すると、その行動につながることがあるのだ（だって、障害物回避がお片付け行動への早道だなどと誰が思う?）。スイス君の内部をつつき回してこのメカニズムの性質を解明しようとしても、スイス君がなぜそういう行動をとるのかは分からない。スイス君の内部メカニズムと物理的構造、それに環境構造の相互作用を考え合わせて初めて、理解できることなのである。

配偶者を選ぶのに、知力はいらない

複雑な行動は創発特性だとする考え方に、もう少し肉付けしたい。そこで、最後にロボットの例をもうひとつ。バーバラ・ウェブのコオロギ・ロボット[19]は、実世界における賢い行動が神経系と身体と環境の相互作用によって生成されることを示す古典的な例である。これの最初のバージョンは、エルジーやエルマーとは違って、物理的に本物のコオロギには似ても似つかない代物だった。スイス君同様、レゴのブロックで作ったので、見た目はずばり言って、小さなおもちゃの自動車だ。見て呉れはさておき、その他の点では、環境刺激、それも特に雄のコオロギの「鳴き声」に、雌のコオロギさながらに反応するよう作製されていた。

第1章で雌を誘って鳴く雄のカエルの話を簡単にしたが、雄のコオロギもまったく同じことをする。雄コオロギは「チャープ」と呼ばれる羽を擦り合わせる音を繰り返して鳴き声を紡ぐ。このチャープ自体は、「シラブル」という小さな一鳴きの音の単位によって構成される。シラブルにはコオロギの種によって固有のリズムがあり、周波数も異なる。雌に雄の鳴き声が聞こえてくる方向へと近づいていく性質（「音源走性」という）があることは、本物のコオロギの研究で確認済みだ。具体的に言うと、雌は一番にぎやかに鳴く雄を目指すのだ。大きな音で延々と羽を振るわせることができるのは、質の高い雄だけだ。雌にしてみれば、そういう雄を選べば、優れた遺伝子を受け継いだ子孫を残せると約束されたようなものである。雄はこうして雌に選ばれることにより、ライバルたちを蹴落としていくのだ。

ちょっと考えると、雌コオロギの配偶者選択には、極めて複雑なメカニズムが幾つもかかわっているように思える。まず、この世にあふれている背景雑音の中から雄の鳴き声を聴き分け、そのパターンを分析して、鳴いているのが自分と同一種の雄であるか、確認しなければならない。次いで、数多いる雄を比較して、一番大声で鳴いている雄を特定する必要がある。仕上げに、これと狙いを付けた雄の居所を探し当てて、近づいていかねばならない。自由になるニューロンを幾つも持たない雌コオロギが、どうやってこれだけのことをしてのけるのか？　その能力の基盤となっているメカニズムを調べるために、ウェブはコオロギ・ロボットを作ったわけだ。すると、認識、比較、反応という三つの異なる連続したプロセスは不要だと分かった。コオロギの耳の物理特性を活かしたひとつの単純なメカニズムで事足りたのだ[20]。

雌コオロギの耳（正確には鼓膜）は左右の前肢にひとつずつ、合わせて二つあって、これが一本の管（気管）でつながっている。ほかに、胸部背側の左右両側に聴覚気門（呼吸に使う気門に似た小さ

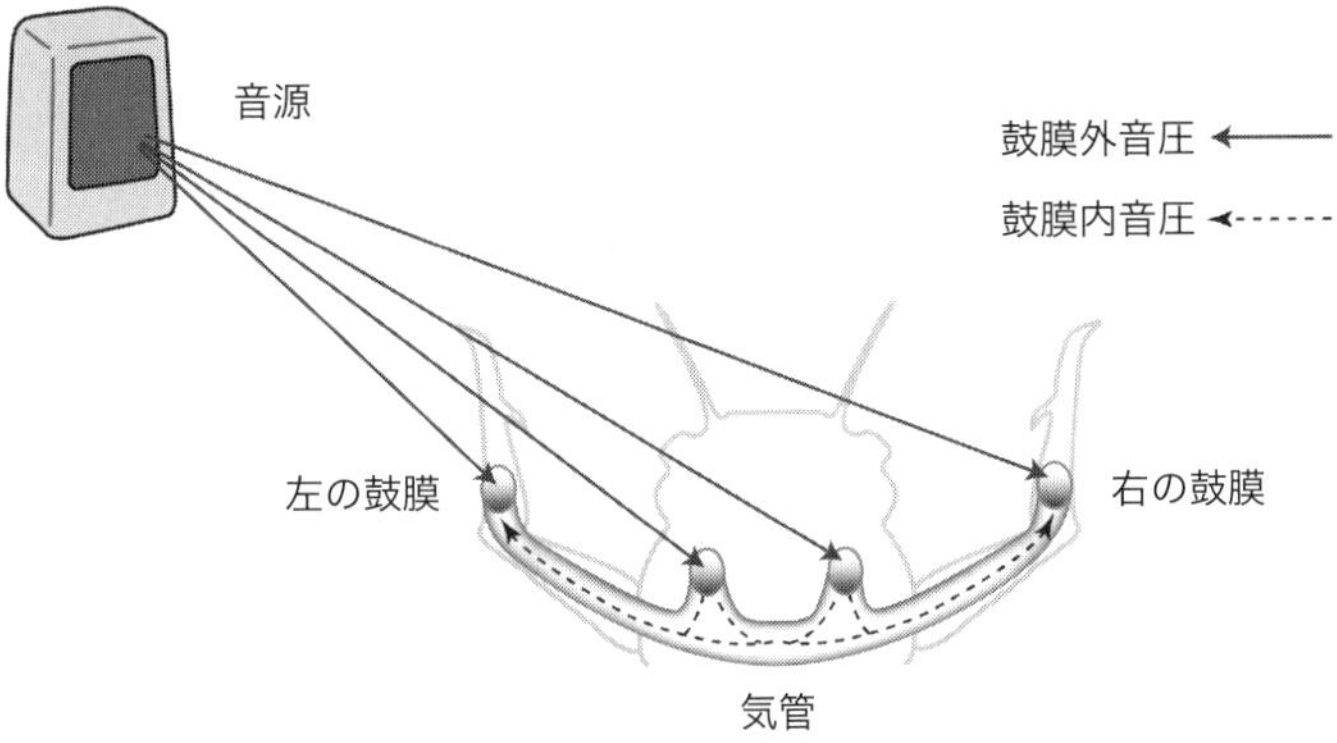

図3-1　コオロギの鼓膜は左右の前肢の膝に一枚ずつあって、これが環境から音波を拾い上げる。胸部背側にある聴覚気門も音波の伝達に一役買っている。

な開口部）というものがあって、これも気管によって鼓膜とつながっているうえに、相互にも連絡している。単純化しすぎる危険を承知のうえで言うと、コオロギは鼓膜の外側で直接音を拾う（音源から直接音波が届くので鼓膜が振動する）と同時に、内側からも音を聞く。つまり、気門で拾った音が気管を通って間接的に鼓膜の内側に到達するのだ。

この仕組みのおかげで、コオロギの耳はもともと「指向性」を備えている。仮に、音源が雌コオロギの左側にあって音波を発しているとしよう。音は雌コオロギの左耳に二度届く。鼓膜の外側と内側で拾う音波の伝播距離が異なるからだ（内側から鼓膜に届く音波のほうが遅れる）。一方、右耳では鼓膜内外の音波の伝播距離に大差ないため（右の鼓膜が音源から一番遠いせいだ）、音波が同時に到達する。結果として、音源に近い左耳では鼓膜の外側と内側で聞こえる音に位相差が生じるのに対し、音源から遠い右耳では位相が一致する。別の言い方をすれば、音源に近い側の鼓膜のほうが大きく振動する

（振幅が大きくなる）わけだ。

コオロギの鼓膜は左右それぞれ五〇個ほどのニューロンによって、神経系の他の部分と接続している。これらのニューロンが伝達する情報は、少数の介在ニューロン[21]へと集まって統合される。その中にとりわけ重要な一対の介在ニューロンがある。この対になっているニューロンは個別に特定の閾値に達すると発火するのだが、その閾値を決めるのが音の振幅なのだ。音源に近い耳に接続している介在ニューロンは音源から遠い耳の側のニューロンより強い入力を受けるので（鼓膜の振幅が大きいためだ）、早く閾値に達する。つまり、先に発火するわけだ。

ところで、神経生理学的な研究では、コオロギは必ずニューロンの反応が強い体側の方向に向きを変えることが確認されている。とすると、雌コオロギはチャープを聞くたびに、先に発火するニューロンの方へ向き直って移動するだけで、雄のいる方へ誘導されていく可能性がある。要するに、雌はシラブルとチャープのパターンをそっくり丸ごと分析するのではなく、各チャープの「出だし」だけに反応するという、はるかに単純な方策をとっていると考えられるのだ。ならば、雄の鳴き声にはなぜ、独特のリズムとテンポのパターンがあるのだろう？　答えは雌の介在ニューロンの活性化パターンにありそうだ。介在ニューロンは発火した後、すぐには「静止状態」に戻れず、「減衰期」に入る。この減衰期の間、介在ニューロンは静止時よりも発火閾値に近い状態にある。するとどうなるか。減衰期にある間に鼓膜が刺激されると、刺激音の振幅が普段発火に要する振幅に満たなくても、介在ニューロンは前の時より早く閾値に達して再発火する。だから、雄の鳴き声を構成するシラブルの間隔がとても狭くて、減衰期より短いと、どの一鳴きでどちらの介在ニューロンが先に発火したのか次第に曖昧になり、やがて雌は特定の音源を正確に目指すことができなくなってしまう。逆に、シラブル間の間隔が長すぎると、情報が来るのが遅すぎて、雌はやはり雄の居場所を追跡できない。次の一鳴きを待つ間にふらふらと針路から逸れていく。つまり、雄の鳴き声は雌の介在ニューロンに合わせて「チューニング」されているのだ。さまざまな音の中から雌が雄の鳴き声を自然に聴き分けるのは、その結果である。

鳴き声の聴き分けには、気管も役立っている。雌の気管が構造的に最もよく伝える音の周波数が、雄の誘い鳴きのそれなのだ。他の周波数の音はそれほどよく伝わらないため、雌の聴覚系は鳴き声と波長の異なる音を「無視」して、定位反応を示さない。ならば、雌はさまざまな鳴き声や騒音があふれている中から雄の鳴き声を「聴き分けて」追跡すると言うより、単に背景雑音を知覚していないと言うほうが当たっている。正しくは、自分に「関係のある」鳴き声だけを聴いて、その場所を突き止めようとするのだ。エルジーの「鏡のダンス」同様、配偶者探しにつながるフィードバック・プロセスには、環境が——この場合は雄の鳴き声が——雌の内面で起こるどんなことをも凌ぐほど重要な役割を果たす。配偶者探しというとどうしても複雑な課題に思えるけれど、雌コオロギの身体（耳の構造と気管の音響伝送特性）と「脳」（介在ニューロンのチューニング）と環境（雄が鳴くタイミング）の相互作用に、次の単純な暗黙のルールが加われば、一発で解決する。「最初に発火した体側に方向転換せよ」（これを暗黙と言うのは、雌が承知の上でこのルールに従っていようがいまいが、自分がルールどおりに行動しているつもりでいようがいまいが、何の変わりもないからだ）。ただし、この「出だし」仮説の強みは弱点でもある。音源走性の行動を一から一〇まで、こんな単純なメカニズムで本当に説明できるのだろうか？

　そこでコオロギ・ロボットの出番となる。ウェブは、本物の雌コオロギがニューロン発火開始を定位に利用している場合に示すはずの反応を模倣するよう、コオロギ・ロボットをプログラミングした。このコオロギ・ロボット、二つの後輪それぞれにモーターを搭載した後輪駆動で、前部にキャスターがひとつ付いている。「耳」代わりのミニマイクロホンと、介在ニューロンを模倣して信号処理する簡単な電子回路も、コオロギ本体の左右にひとつずつ取り付けてあって、どちらかの耳の回路が所定の閾値に達すると、同側のモーターが停止する。対側の後輪は回転を続けているので、コオロギは先に発火したニューロンのほうに向きを変えることになるわけだ。さらに、本物の雌コオロギの場合に介在ニューロン回復時間が反応を制限するのを模倣するため、頻繁に繰り返される一連の断続音のみに反応するようにした。

　さて、いよいよ実験である。コオロギ・ロボットは雄の鳴き声にどう反応するのか？　ウェブは狭い実験スペースの一角にスピーカーを配置し（本物の雌コオロギの実験に使われたのと同様のセットアップだ）、反対側に置いたコオロギ・ロボットに向けて音を流した。ニューロンの発火速度に最適な周波数とリズムの音を流すと（ただし、ロボットの「耳」の間隔は本物より広いため、周波数は本物の鳴き声より低くする必要があった。また、ロボットの回路の処理速度も本物には及ばないので、テンポも遅くした）、ロボットは「出だし」仮説による予想に違わず音源を目指した。しかも、本物の雌コオロギが取った軌道さながらに、ジグザグの経路をたどったのだ。ところが、周波数やテンポが「不適切」だと、どうしてもうまくいかない。シラブルの発生速度を速めると、ロボットはスピーカーの位置などお構いなしに、ひたすら直進した。シラブル間の間隔を認識できず、方向転換シグナルが生成されなかったからだ。一方、シラブルの発生速度を遅らせたところ、方向転換の回数は少なくなったものの、独特の曲線軌道を描きながら、なんとかスピーカーに近づいていった。スピーカーまで完全に行き着けないことが何度となくあったが、こうした失敗こそ、「出だし」仮説を裏付けるよい証拠と言える。本物の雌コオロギも、本物の雄の鳴き声とはかけ離れた音を聞かせると、ロボットと同じパターンの失敗をするからだ。[22]

したがって、方向を知らせる音に対する左右の「耳」の感受性差によって雄の鳴き声を認識し、近づいていくというこのロボットの能力に関しては、本物の雌コオロギが単純なメカニズムだけで行う配偶者選択行動をかなりよい線までとらえていると言えそうだ。だが、鳴き声を選択する能力はどうなのだろう? ウェブは本物の雌コオロギを使って行われているのと同様の配偶者選択実験を、コオロギ・ロボットでも試してみることにした。今回は実験スペースにスピーカーを二台用意して、それぞれから同時に雄の鳴き声を再生した。ただし、片方の音量を上げたところ、ロボットはまるで本物の雌コオロギのように、大きな声で鳴く「雄」を目指した。スイス君のお片付け行動と同じく、この「配偶者選択」行動もまさしく創発特性だったのだ。ロボットには選択メカニズムはプログラミングされていない。つまり、この行動は内的メカニズムと環境との相互作用の所産でしかないと確認されたのだ。

最初の実験でこうして成功を収めて以来、ウェブとその研究チームはコオロギ・ロボットの設計に改良を加えて、高速処理が可能な高性能の車輪付きロボット（ケペラ・ロボット）を誕生させた。これで、本物のコオロギの鳴き声を本物そのままのテンポで再生して実験できるようになったわけだが、結果は初代ロボットとまったく同じ。ケペラ・ロボットも本物の鳴き声に本物の雌コオロギと同じように反応する。ロボットの単純なメカニズムがコオロギの行動と深く関連している何かを見事にとらえているという考え方がいよいよ裏付けられた。[23]このコオロギ・ロボットがさらに生まれ変わって、コオロギの回路を組み込んだホエッグス（Ｗｈｅｇｓ）・ロボットが登場した。[24]車輪のスポークのような足「ホイール・レッグス」を持つロボットである（ｗｈｅｅｌとｌｅｇｓで「ｗｈｅｇｓ」だ）。足の数が六本で、見た目はずっと昆虫に近くなった。実を言えば、ゴキブリの歩く仕組みをベースにしている。実験スペースから飛び出して、実世界を歩き回れるようになったホエッグス・ロボットは、でこぼこだらけの自然の地形を物ともせずに、鳴いている雄にたどり着いてみせた。実験室で得られた所見の信頼性が一段と高まった。[25]

コオロギ・ロボットの実験に大いに説得力があるのは何より、ウェブ自身が本物の雌コオロギを使った実験をいくつか行って、脳がチャープ全体のリズムを処理しきるよりもはるかに早いタイミングで雌コオロギの「指向」反応が起こると確認しているからだ。これは、「出だし」仮説の言うとおり、本物の雌コオロギがチャープの出だしだけに反応していることを示唆する結果である。しかも、パルス音の音源を左右切り替えると、コオロギの指向行動も左右入れ替わる。雌コオロギが雄の鳴き声全体のパターンを分析してから、自分に一番ぴったりの鳴き声を選んでいるのだとしたら、個々のパルス音に合わせて向きを変えるはずはあるまい。そう、雌に配偶者を選択させるのは、ウェブがコオロギ・ロボットに使用したのと同様の単純な聴覚指向プロセスなのである。[26]こう言い換えよう。これらの結果もまた、「指向」のメカニズムと「聴き分け」のメカニズムはひとつの同じものとする考え方を裏付けている。雌を雄の鳴き声の発生源に「誘導」するのも、雄のチャープを背景雑音と「聴き分け」させるのも、雄の鳴き声のリズムとテンポのパターンなのである。

単純なメカニズム、複雑な行動

人間にしても、ひとつの行動システムとしてとらえると、実に単純だ。継時的に見て複雑と思える行動にしても概ねは、人間が置かれている環境の複雑さを映し出しているにほかならない。

——ハーバート・サイモン（認知心理学者・経営学者）

ここで紹介したロボットの例はいずれも、複雑な行動には複雑な内的メカニズムが必要とは限らないことを示す、実に力強い証拠である。一足す一が二よりはるかに大きくなる場合もあるのだ。そればかりではない。グレイ・ウォルターが先陣を切って示唆したとおり、エルジー、エルマー、スイス君、コオロギ・ロボットの賢さと融通の利く行動がセンサーの構造と配線に随伴したものであって、脳の大きさの賜物でないことは明らかだ。これらの例から浮かび上がってくるテーマがもうひとつある。これから後の章では、そのテーマについて論じるつもりだ。動物が外界と折り合いをつけるために用いている実際のメカニズムを検討していくと、どこまでが「知覚」でどこからが「認知」か、判断するのがとても難しくなる。その理由のひとつはどうやら、知覚と認知に対する私たちの考え方が間違っていて、誤った線引きをしていることにありそうだ。知覚は外界からの情報を受け取るだけの受動的なプロセスと、誰もが思いがちだ。それにひきかえ、情報の能動的な操作には認知が必要と思い込んでいる。だが、知覚プロセスは私たちが思っているよりはるかに能動的だ。それだからこそ、動物たちが融通の利いた行動をとるうえで大いに役立っている。次の章では、この点をしっかり掘り下げてみよう。今度は、ちょっと考えただけでは、その程度のニューロンでそこまでできちゃうの、と言いたくなるほどの行動を示す生き物に登場してもらう。

第4章　奇想天外！ケアシハエトリ

俺は杯を干したその時、蜘蛛を見てしまった。
――シェイクスピア（『冬物語』）

学名ハエトリグモ。英語ではジャンピング・スパイダーと言う。名は体を表すの言葉どおり、跳躍行動で有名だ。ただし、ジャンプするから飛び切り興味深い変わり種と言いたいわけではない。注目に値するのは、下手をすれば自分が取って食われることになりかねない他種のクモを捕食する能力と、そのために駆使する狩猟行動の複雑さだ。ハエトリグモ科の中でも最もよく研究されているのが、ケアシハエトリ（*Portia*）という、アフリカ、アジア、オーストラレーシアの熱帯雨林を中心に生息しているクモ喰いグモの仲間である。[1]

膨大な数にのぼる精緻な研究で明らかになっているところによると、ケアシハエトリはこれと狙いをつけた獲物に忍び寄り、他のクモを「欺く擬態」を演じ、長く複雑な迂回ルートをとって獲物の捕獲に最適な位置取りをし、風による網の振動などをカモフラージュにして獲物に忍び寄る。それどころか、自ら陽動作戦に打って出ることさえある。しかも、信じがたいけれど、これをすべて、誰に教わったわけでもなく、米粒ほどもない小さな脳でしてのける。もちろん、ここで俎上に載せようと思っているのは、ケアシハエトリの奇想天外な性質ではなく、私たちの想像力の欠如と、大きな脳をひいきしたくなる救いようのないバイアスだ。お察しのとおり、ケアシハエトリを理解するということは、文字どおり、ケアシハエトリの視点で世界を見ることなのだから。でも、その前にまず、ケアシハエトリの日常生活を少しばかり覗いてみるのも悪くない。彼らの行動の融通性と随伴性がどんなものか、垣間見られるはずである。

ストーキング、奇襲、カモフラージュ

ずるがしこいクモはぴょんと一飛び。羽虫をひしと抱きしめます。螺旋階段をずるりずるり。捕らえた羽虫を引きずって、暗い小部屋に消えていきました。

——メアリー・ハウイット（詩人・童話作家）

野外観察で確認されているところによると、ケアシハエトリは獲物と狙うクモの巣に脚を踏み込んでも、すぐさま網主に近づいたりしない。これは実に賢明だ。獲物となる造網性のクモは概して視力がとても弱いため、網の振動を、獲物を「見て」認識する基本手段としている。つまり、網のほ

んのかすかな振動でも敏感に検知するのだ。しかも、狩る側のケアシハエトリに劣らず俊敏な捕食者ときているから、その網を揺らして網主の注意を引くのは命懸けだ。ケアシハエトリとしては、返り討ちに遭わずに一撃必殺の毒牙を打ち込めるところまで、確実に網主に接近しなければならない。そこで、網主の感覚機構を逆手に取った「攻撃的擬態」（訳注：捕食するための擬態）という手を繰り出す。まずは、四対の歩脚や一対の触肢で網を爪弾き、テンポや振幅を少しずつ変化させながら信号を送る。うまい具合に本物の獲物が立てる羽音そっくりの信号を出せればしめたもので、網主が反応して自ら近づいて来てくれる。ケアシハエトリはこうして信号を送り続けて、狙う網主をおびき寄せるのだ。[2]

さまざまな実験で、ケアシハエトリは、網を弾く脚の数を増減する、触肢と歩脚を使い分ける、腹部を振動させる、付属肢（訳注：鋏角、触肢、歩脚、出糸突起）の運動をさまざまに組み合わせるなどして、無限と言ってよいほど多様な信号を生み出せることが分かっている。さらに、網主からのフィードバックに合わせた対応も可能だ。一言で言えば、試行錯誤を繰り返しながら結果を出すのである。[3] クモの巣を見つけると、まず、ランダムに信号を送って、網主が反応する信号を見極める。これぞという信号が見つかったら、相手が反応し続ける限り同じパターンの信号を送り続ける。関心を示さなくなったら、根気よく一からやり直しだ。[4]

ケアシハエトリは本物の獲物の動きを模倣するだけではない。網を振動させる他のさまざまな環境要因を利用することもある。たとえば風だ。風が網を揺らしたとたん、そそくさと網の上を移動する。風に揺れる網は自分の動きをカモフラージュする格好の隠れ蓑だ。この行動を捕食戦術とする説には裏付けがある。環境要因が網を振動させているさなかの獲物捕獲数は、対照条件下でのそれを上回ると実験で確認済みなのだ。[5] この点については、オーストラリアに生息するケアシハエトリの一種(*Portia fimbriata*)を対象とした巧妙な実験でも確証が取れている。これは、視覚的な合図だけでケアシハエトリのカモフラージュ行動を誘発することに成功した実験だ。振動しないように固定した一枚の同じ網にケアシハエトリと獲物のクモを留まらせ、それを挟んで二枚の網を吊した。両側の二枚を振動させたところ、ケアシハエトリは揺れを視認して、カモフラージュ行動に出た。ところが、獲物のクモには自分の網が静止しているのが分かるから、ケアシハエトリの接近を察知して、典型的な防御行動を取った。[6] してみると、(三十六計逃げるにしかず)。結果、この実験条件下では、狩りの成功率が大幅に低下した。カモフラージュ行動は二つの目的に適っていると言える。獲物に巧みに忍び寄るストーキングばかりでなく、獲物が網から逃げ出して身を守る前に射程圏内に入るのにも役立っているのである。

ケアシハエトリのカモフラージュ行動は攻撃的擬態と同様、状況依存的だ。獲物にする網主が巣を留守にしている時や、狙いを付けた獲物がクモ以外(つまり、無防備で逃げ場のない獲物)である場合は、カモフラージュ行動を見せない。ところが、我が家でくつろいでいるクモを発見すると、必ずカモフラージュ行動に出る。しかも、相手の姿を見失っても、しつこくカモフラージュを続ける。また、ケアシハエトリは強風に煽られると「苛立ち」反応を示すのだが、獲物を目の前にしている最中はこれも抑制できる。苛立ち反応を起こすと、カモフラージュ行動と同様、普段より素早く移動し、網を大きく揺らす。カモフラージュ行動と異なるのは、あまり我慢が利かないことだ。それを獲物がいる時には抑えられるのだから、カモフラージュ行動は苛立ち反応の単なる偶然の副産物ではなく、捕食戦術のひとつであると見て間違いない。[7]

ケアシハエトリは同じハエトリグモ科のクモを狩る場合にも似たような状況依存性を示し、問題にぶつかるとやはり臨機応変に解決する。ハエトリグモは造網性のクモを凌ぐ機動力を備えているため、これを狩るには、「しおり糸」と呼ばれる、獲物のクモが後ろに引いて歩く糸から発散される化学物質と匂いの合図を利用する。いずれもケアシハエトリの視覚にプライミング効果を及ぼす合図なので、獲物の位置を視認しやすくなるのだ。スリランカのケアシハエトリ（*Portia labiata*）の雌は、自分のしおり糸と同種の雌のそれを区別できる。[8] 言うなれば、一種の自己認識だ（この能力、人間以外の哺乳類が備えていると分かったら、鳴り物入りで報じられるところである）。しかも、自分の知っているクモと知らないクモのしおり糸まで識別できるという。[9]

こうした化学物質や匂いの合図を検知できない場合は、「一発勝負の狩り」という手もある。[10] 出し抜けにぴょんと跳ね上がり、着地した瞬間にピタッと動きを止める。この突然のジャンプを、狙われたハエトリグモは見逃さない。ハエトリグモは揃って抜群の視力の持ち主なので、かすかな動きでもキャッチできるからだ。これについては後で詳しく述べることにして、ケアシハエトリのジャンプを目の端にとらえたハエトリグモは、何が動いたのか確かめようと、頭を巡らせる。狩る側のケアシハエトリは、獲物が見せるこの定位行動で相手の位置を知る。一方、狙いを付けられた獲物のほうは、ケアシハエトリが微動だにしないため、その居場所を見極められない。そこで向き直って、ケアシハエトリの動きをとらえられなくなったとたんに、ケアシハエトリはストーキングを開始するのだ。

ハエトリグモを狩ろうとするケアシハエトリは、捕食者に早変わりする恐れのない獲物を狩る時よりもはるかにゆっくりと、仰々しい身振りで忍び寄る。この緩慢さと大仰な歩行（木漏れ日を浴びてちらちらと光る林床の堆積物に擬態している）が、視覚感度のよい獲物に発見されずに済むためには必要不可欠なのだ。狩りの途中で、獲物と狙うハエトリグモが振り向いて、顔の正面にある一対の大きな眼（数対ある眼のうちの一対だ。これについても後述する）がこちらを向くや否や、ケアシハエトリはその場で静止。身じろぎもしない。獲物が何にも気づかずに背を向けて、その大きな目玉が見えなくなると、ケアシハエトリはすぐさま動き出す[11]。こうして十分近づいたところで一気に飛びかかり、牙を打ち込んで獲物を麻痺させる[12]。

この捕食行動の融通性も実に見事なものだ。ケアシハエトリの戦術を見抜いて対応できるだけの能力を十分に備えた獲物を狩るには、この融通性がとりわけ重要らしい。捕食性のクモを狩る際には、それなりに融通の利く行動が必要なのは、ワンパターンの反応ひとつに頼っているわけにはいかないからだ。これは、第2章で霊長類の脳が大きくなった理由について考察した際に挙げた、「社会的知能／社会脳」仮説に似ている。数多の社会的行為者がそれぞれに、他者とほとんど相容れない目的を達成しようとしている社会にあっては、極めて認知的な「マキャベリ的知能」をもって構想を練り、計画を立て、たいていは競争相手の裏をかくことができるように、知力を増大させるべく、選択圧が働いたとする説である[13]。だが、ここで挙げたケアシハエトリの例からすると、この考え方については少々違う見方ができそうだ。選択圧は主として、特定の種類の認知資源（つまり、世界の複雑な内的表象を形成し、将来の出来事について計画を立てられるようにそれを操作する能力）に直接作用したのではなく、行動の融通性自体を生むべく働いたのではないか。その融通性に高次の認知プロセスが必要か否かは、また別の問題だ。ケアシハエトリは、大きな脳がなくても驚くほど融通性に優れた行動を取れることを、身をもって示しているのだ。

回り道という難しい作業

冒険を企てるなど、ろくでもない計画だ。
――ロアール・アムンセン（探検家）

ここで紹介した狩りの戦術はどれも注目に値するものばかりだが、ケアシハエトリの行動のレパートリーの中でも何より唸らされるのは、獲物を探して生息環境の森林を歩き回る際に見せる迂回の能力だろう。迂回というのは目標到達を阻む障害物を回り込んで移動することだから、動物は目標物を視野から外さざるを得ない。ならば、障害物を回り込むルートを計画する必要があるだろうから、これは当然、認知的に難易度の高い作業であるはずだ。迂回の計画を立てるには、普通に考えれば、目標物が視野から外れている間も、目標物の内的表象を保っていなければならないことになる。森林環境の地形の複雑さを考えると、ケアシハエトリは獲物を射程圏内にとらえるまでに何度となく迂回するに違いない。してみると、ケアシハエトリの迂回行動は長さ、複雑さ、どこから見ても、多くの脊椎動物に引けを取らない素晴らしい能力だ[14]。かくして、極めつけの謎が浮かび上がる。あんなちっぽけな脳で、どうやってそれほど見事な計画を立ててのけるのか？

ハエトリグモの迂回行動に関する初期の研究は、クモは「洞察」によってルートを決めると示唆している。[15] 状況を頭の中で分析し、さまざまな計画を立てているうちに突如、「これだ！」と閃くのだと言う。そう考えたのはおそらく、ハエトリグモが迂回の前に見せる「スキャン」行動のせいだろう。ゆっくりと行きつ戻りつし、獲物に到達するあらゆるルートを目視で検討する。スキャン中のハエトリグモを観察していると、自分に適したルートを比較評価し、障害物を迂回するルートを計画し、これぞというルートを見つけたところでおもむろに進み始めるように思えて仕方ない。だが、ハエトリグモは本当にそうしているのか？　私たち人間にとって理に適っているやり方で計画を立てているように見えても、クモがそのつもりで行動しているとは限らない。第1章でお話ししたとおり、動物の能力を安易に推測するだけでは、人間以外の動物を理解することはできない。そこからさらに踏み込んで、実際のところはどうなのか、それを調べるのが肝要である。ケアシハエトリについては、迂回行動と狩猟行動を理解するための鍵は、予測や計画の能力ではなく、知覚能力であることが研究で明らかになっている。具体的に言うなら、文字どおりクモが世界をどうとらえているか、それを考える必要があるのだ。

驚きの眼力

ハエトリグモにはカメラ眼（昆虫の複眼とは違って、人間の眼のように光を屈折させるレンズと像を結ぶ網膜を備えた眼）が八個ある。[16] これが、身体前部の頭胸部に等間隔に並んでいる。このうち、頭胸部側面にある六個を側眼と言い、これで周囲の動きを検知する。顔の正面にある残り二個が主眼とも呼ばれる前中眼（AM眼）で、対象物の細かい特徴や色彩を検知する。前中眼は側眼よりはるかに大きく、構造もずっと複雑だ。頭胸部の表皮に大きな角膜レンズが埋め込まれていて、その裏側に先細の円筒形をした管状眼がある。この管状眼の一番奥に網膜が位置している。つまり、ハエトリグモの前中眼は双眼鏡なようなものと考えればいい。管状眼の末端近くにも第二のレンズがある。網膜のすぐ前に位置する凹面の窪みだ。この窪みは、角膜レンズからの像を拡大する発散レンズの役割を担っている。つまり、ハエトリグモの眼は、例えて言うなら、カメラの望遠レンズである[17]。

人間の眼では、網膜が言うなれば一枚の感光板を形成しているのだが、ハエトリグモの網膜は視細胞が四層に重なり合った構造を持つ[18]。眼に入射した光は、第一の角膜レンズと第二のレンズによって、その光を構成している色に分けられる。色（波長）の異なる光は、焦点距離も異なる。その焦点距離の相違に、網膜各層がそれぞれ対応しているわけだ。ピントが合った質の高い像を維持するうえで特に重要な役割を担っているのは、緑色光を感じる第一層、「緑感光層」である。焦点距離は対象物の遠近によっても異なるのだが、人間の場合は「調節」によってそれに対処する。つまり、水晶体の形状を変化させることで屈折力を増減して、対象物がはっきり見えるようにするのである（双眼鏡のピント合わせと同じ原理[19]）。ところが、ハエトリグモはこうしたピント合わせができないので、まったく別の形で問題を解決する。その一、ハエトリグモの前中眼は「能動的」である。水平（左右六〇度）、垂直（上下最大三〇度）、回転運動が可能な六本の筋肉によって管状眼を動かすことができるのだ。その二、網膜の緑感光層が「階段」状になっていて、各部のレンズからの距離がそれぞれに異なっている。この仕組みのおかげで、管状眼を左右に動かせば、角膜レンズは静止したままでも対象物にピントを合わせられる。管状眼を動かして、角膜が生み出す像を階段状の網膜で舐めるようなカメラワークさながらに走査する。こうして、すぐ近くの対象物からはるか遠くの対象物に至るまで、どんな物でも緑感光層のどこかで鮮明にとらえることができるのだ。

ハエトリグモの視野は幅約五度、高さ約二〇度と実に狭い。それにもかかわらず、複雑な視覚誘導行動を取れるのも、やはり管状眼を動かせるからと考えられる。[20] 人間で言えば、強力な懐中電灯を持って真っ暗な部屋に入ったようなものだ。懐中電灯の細い光線に照らし出されたものは何でもくっきりと見て取れるが、光の輪から外れている物はほとんど何も見えない。こんな状況に置かれれば、誰でも自然に懐中電灯を動かして、細い光線で辺りを探ろうとする。ハエトリグモが管状眼を動かしている時は、まさにこれをしているのだ。ハエトリグモは、生息環境内の特定の対象物や特徴を、それぞれに特化した複雑なパターンで管状眼を動かすことによって検出、識別できるとする説もある。[21] すなわち、眼自体が、不要な情報を除外するフィルターとして機能していると言うのだ。本来なら脳が行う情報処理なのだが、脳が小さなハエトリグモはその大半を眼に肩代わりさせていると考えられる（第9章を参照）。

つまり、ハエトリグモの眼は、猫のような捕食性哺乳類の眼とほぼ同じように機能しているわけだ。周囲の動きは、視野が非常に広い反面、解像力に劣る側眼で検知し、真正面にある対象物は前中眼で細部まで見て取る。言わば、前中眼は哺乳類の眼の中心窩（網膜の中心部で、感度が最も高い。つまり、眼の最良視力が得られる部位）で、側眼は、機能的には哺乳類の周辺部網膜、すなわち、網膜の中心窩を取り巻く部分に相当する。[22] だから、視細胞数、ニューロン数ともに数千しかないちっぽけなハエトリグモでも、驚くほどの識別力と検出力を発揮するのだ（ちなみに、人間の視細胞数は一億五千万個である）。

それにしても、なぜ、前中眼と側眼がこのように役割分担をすることになったのか。優れた視力が必要なのに、眼を大きくしようにも、ハエトリグモの小さな身体ではそもそも限界があるため、進化が役割分担という形で折り合いをつけたものと考えられている。身体の両側に四個ずつある眼をそれぞれ、脊椎動物タイプの球形の眼一個にまとめるとなると、頭胸部に占める体積が途方もなく増大するからだ（前中眼一個と側眼三個の体積の合計のおよそ二七倍になる）。もっとも、二種類の眼を持つことにはひとつ欠点がある。知覚速度が遅いのだ。ハエトリグモは遠くの対象物でも発見できるし、識別もしっかりできる。ただし、のろい。管状眼で角膜をスキャンするにはかなり時間がかかる。視力の良さを解像力と色覚で判断するなら、ハエトリグモの視力は哺乳類とよい勝負だ。しかし、物を素早く見定める処理速度と解するなら、捕食性哺乳類にはとてもかなわないと言わざるを得ない。先に述べたとおり、何をもって良しとするかは判断基準次第である。

ハエトリグモにしてみれば、眼の種類によって役割分担しているこの仕組みが、大いに役立っている。側眼のおかげで死角がほとんどないから、不意打ちを喰らう恐れはまずないし、側眼で検知した動きの方向に向き直って、より複雑な機能を担う前中眼の視野に対象物をとらえれば、その細部の特徴まで見極められる。対象物を前中眼の視野に収めるための転向行動を可能にしているのは、側眼の網膜が視覚刺激を検知した位置を歩数に変換するサーボ機構である。身体の対側《たいそく》（左右の反対側）の脚は逆方向に動くので、ハエトリグモがその歩数だけ脚を動かせば、それに相当する角度分、左右いずれかに方向転換できるわけだ。[23]

ケアシハエトリは迂回する前にルートを計画するという見解を生み出す元になったのが、ほかならぬこの転向・凝視行動、つまりスキャン行動である。しかし、この行動をもっと詳しく調べてみれば、ルート計画という擬人化した考え方ではケアシハエトリが実はどういう行動を取っているか説明できないことがすぐ分かる。これについてはうまい趣向の実験がいろいろ行われているので、いくつか紹介しよう。

獲物に至る、とても単純なルール

獲物に至る二つのルートを選択肢として用意し、ケアシハエトリが狩りをする時にどのようにしてルートを決めているか、突き止めようとした実験がある。使用した装置は、中央のポールの左右に水平な通路を二本接続しただけの簡単なものだ。疑似餌はこのポールに括り付けてあるので、どちらかの通路を通る以外に餌にたどり着く手はない。通路の末端はそれぞれ支持ポールに載せてあるから、餌にありつくには、まず支持ポールをよじ登り、通路を進んで、仕上げに「疑似餌付きポール」も登らねばならない。ケアシハエトリのための選択肢として、この実験では完通しているルート（つまり、通路が疑似餌まで続いているルート）と、支持ポールと疑似餌との間に途切れ目があるルートとを用意した。このルートを選んでしまうと、疑似餌にはたどり着けない。[24]

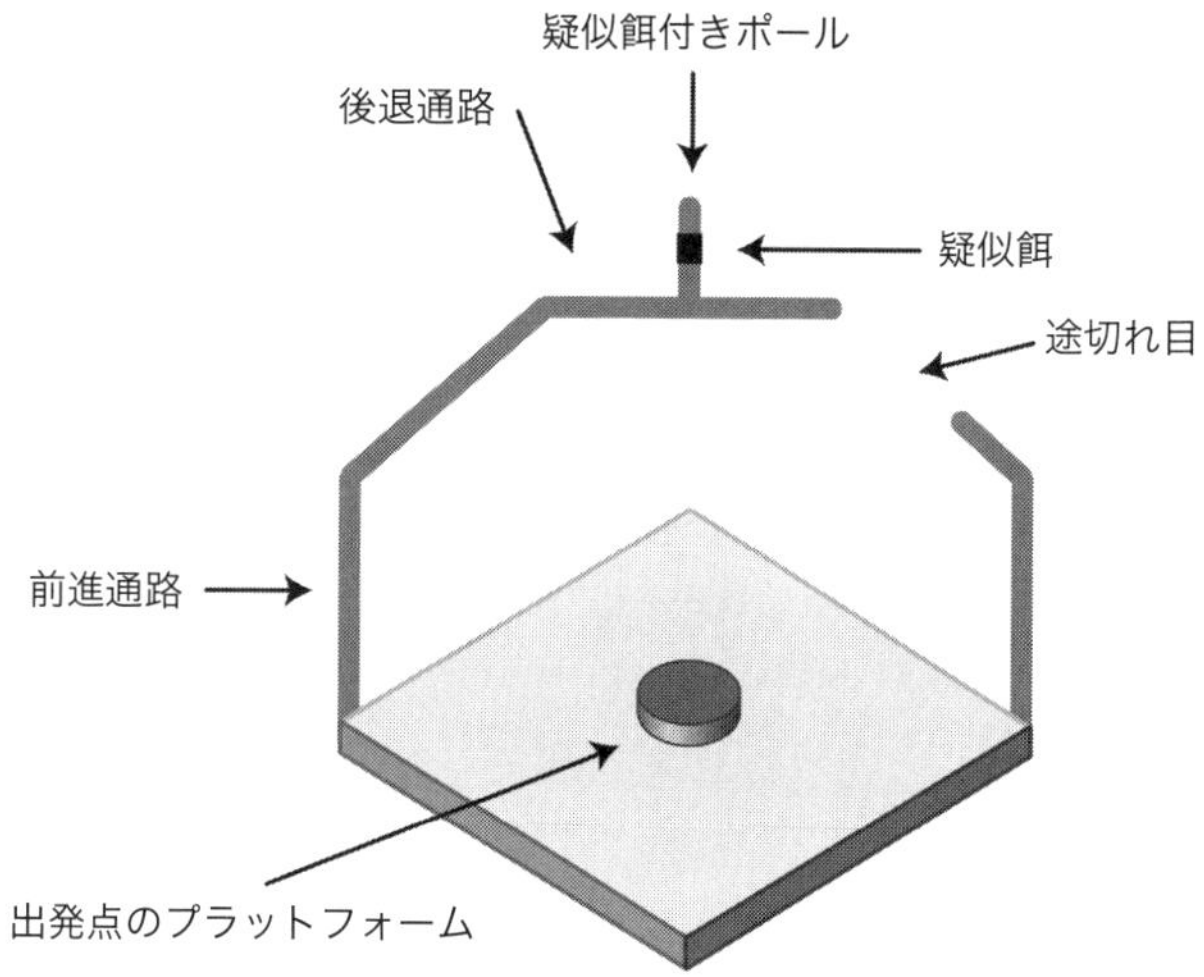

図 4-1　ケアシハエトリの迂回行動を調べるために使用した実験装置。疑似餌を付けた装置中央部上方のポールに、完通している通路と途中で途切れた通路が２本接続されている。

さて、実験開始だ。装置全体を見渡せるように一段高くしてある小さなプラットフォームにケアシハエトリを載せる。このクモが示すスキャンと凝視のパターンを記録し、どのルートを採って疑似餌に行き着くか観察すれば、スキャン行動とその後の行動との関連を把握できる。[25]

　完通しているルートを見ている時のケアシハエトリは総じて、一連の決まったスキャン行動の最初と最後に、集中的にこのルートをスキャンする。そして、おもむろに動き出したかと思うと、まっしぐらにそのルートへと向かう。しかも、目指す先は、その迂回ルートの特定の部分、スキャンの最後の段階で最も長く凝視していた箇所（たとえば、通路や支持ポール）だ。この実験より前に行われた研究で、獲物に直接たどり着くルートがない場合は、ケアシハエトリは「二次的目標地点」、つまり、直接到達できる目標地点を定めて、そこへ向かうと示唆されているが[26]、それをまさに裏付けているのがこの所見だ。二次的目標地点に到着すると、ケアシハエトリは改めて獲物の位置を見定める。それでも獲物にまっすぐ突き進むのは無理と分かると、別の二次的目標地点を選定する。こうして、徐々に獲物に近づいていくわけだ[27]。

迂回ルートの選択方法については、ルートに「途切れ目」のある条件下でのスキャンと凝視のパターンからも、いろいろなことが分かる。この場合、スキャン方向の分布はスキャンの経過につれて変化する。ケアシハエトリがまず熱心に凝視するのは装置の途切れ目、すなわち、不正解のルートだ。けれども、決まったスキャン行動を続けるうちに、疑似餌に行き着く正しいルートを集中的に凝視するパターンへと変わっていき、スキャンの最終段階までには、完通している通路ばかりを凝視するようになる。それもとりわけ、その通路に接続されている支持ポールをじっくり眺める。そして、いざ動き出すと、やはりこのルートを採るのである。

このパターンから見るに、ケアシハエトリの移動は、「スキャン中に最も長く凝視したルートを目指せ」というような、ごく単純なルールに基づいているようだ（とは言え、ケアシハエトリが自分はこのルールに従っていると意識しているわけではない。コオロギ・ロボットのエルジーとエルマーの場合同様、人間の側からすれば、ケアシハエトリの行動をこのように形容することはできるものの、ケアシハエトリの内部処理がこの類いの明示的なルールに関与しているとは、まず考えられない）。もっとも、この「単純なルール」説自体、申し分ない説明とは言い難い。これはあくまでも、ケアシハエトリが実際に見せた行動を描写しているだけであって、行動の理由にまで迫るものではないからだ。しかし、ケアシハエトリの行動をさらに詳しく分析すると、問題の核心が見えてくる。

具体的に考えてみよう。スキャン中のケアシハエトリは、スキャン対象のルートによって異なる転向方向を示す。ここでまず注目すべきは、ケアシハエトリはスキャンする際、疑似餌を基点として自分が進んできた方に「後戻り」する傾向にあることだ。この後戻り方式で凝視しながら完通しているルートをたどると、ずっと同じ方向にスキャンを続けることになるから、凝視の起点は次第に疑似餌から遠ざかっていく。しかし、途切れているルートをスキャン方向に選ぶと、凝視するたびに疑似餌の方に戻るように方向転換してスキャンするので、凝視の起点が疑似餌から遠ざかることはない。

このパターンが意味するところは何か。鍵は、ケアシハエトリが途切れ目なく水平方向に伸びている線を視野にとらえるか否かにある。[28] 水平方向に伸びている成分を検出すると、視覚を運動に変換するサーボ機構は疑似餌から離れる方向に作動し続ける。一方、水平成分が終わるところ（途切れ目の前の通路末端）や、水平成分がまったく存在しない部分（つまり、途切れ目自体）を発見すると、サーボ機構が切り替わる。疑似餌から遠ざかる代わりに、今まで見えていた水平成分を視野に取り戻そうとして、疑似餌の方へ逆向するのだ。したがって、スキャンと凝視は二つのルールがかかわっている極めて単純なフィードバック・メカニズムに依存しているものと考えられる。「水平成分の終点を検出したら、スキャン方向を変更せよ」。そして、「水平成分の終点が検出されなければ、最初に転向した方向にスキャンを続けよ」。この単純なルールだけで、ケアシハエトリは疑似餌から伸びている水平方向のルートを眼でたどり、途中で途切れているからこれはまずいと分かったら、そのルートを切り捨てることができるのだ。

前の章で取り上げたコオロギ・ロボットと誘い鳴き、スイス君とお片付けの関係と同じように、ケアシハエトリも途切れ目の物理的特性など理解していないし、その知識もない。途切れ目があったら獲物にたどり着けないとは知る由もないし、知らなくても済む。途切れ目と認識する必要も、途切れ目の何たるかを知っている必要もない。そもそも、途切れ目があろうがなかろうが、ケアシハエトリの知ったことではないのだ。ただ、スキャンし、凝視するだけ。水平方向の成分がある限り、それを続ける。たまたま水平成分の端に行き着いてしまったら、視線を戻して、獲物の方向へ後戻りのスキャンをする（視線を戻せば必ず水平成分を検知できるのだから、これは必然だ）。この時、うまく水平成分を見つけ出せるのも、環境に存在する他の成分を「無視」できるのも、管状眼を能動的に動かして、角膜レンズが結ぶ像を見渡せるからである。ケアシハエトリが獲物に到達するうえで必要な重要情報だけを拾い上げることができるのは、先にお話ししたとおり、管状眼の複雑な動きのパターンが環境中の不要な情報を除去するフィルターとして作用するためだ。もちろん、こうしたスキャンと凝視のパターンを「計画」と呼びたければ呼んでもかまわないが、ケアシハエトリが用いているメカニズムは、私たちが普通、「計画」と言う時に思い描くそれとはかけ離れている。ケアシハエトリの「計画」が脳より眼の大きさや構造とかかわっていることは間違いない。

臨機応変に動く

それでは、もっと現実に近い設定ではどうだろう？　最近になって、ケアシハエトリをプラット

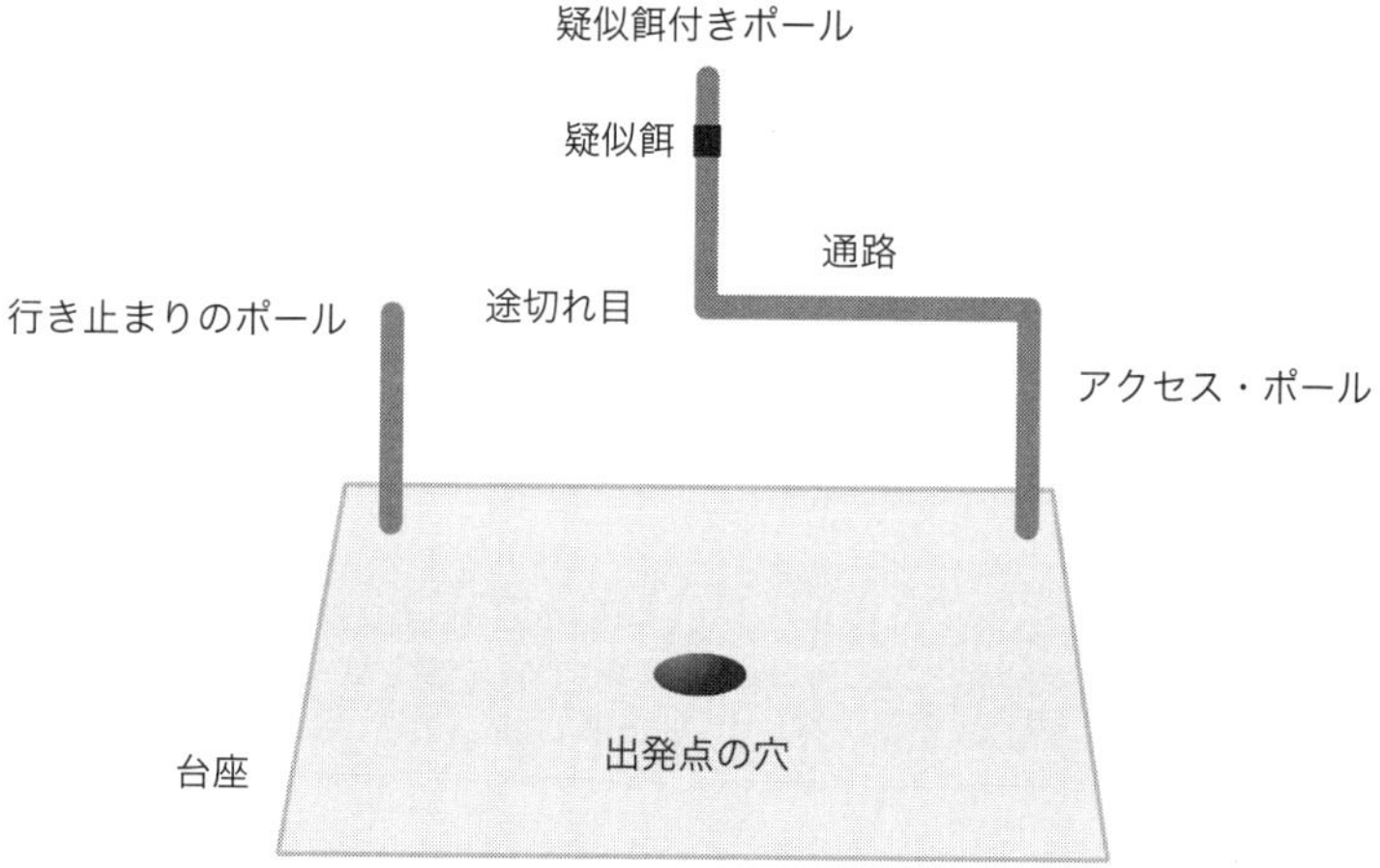

図 4-2　より現実的な迂回ルートの実験装置。小さな穴に入れられたケアシハエトリには、装置の一部しか見えない。

フォームに載せる代わりに、小さな穴に入れてスタートさせる実験が行われた[29]。こうして出発点を変えてしまうと、ケアシハエトリがさてスキャンを開始しようとしても、前の実験の時とは違って、装置全体を見渡すことができない。一か所からすべてをスキャンできなくなったケアシハエトリはルートの選択方法を変える可能性がある。自然の条件下では迂回ルート候補を全長にわたって見通すことはできないだろうから、これは確かに現実的な設定だ。前出のプラットフォームに載せる実験では、ケアシハエトリは候補となるルートを漏れなくスキャンできるため、迂回ルートの選択方法について観察者に誤った印象を植え付けるのではないか。実のところ、プラットフォーム付きの装置が、ケアシハエトリは「前もって計画を立てる」だの、「行動に移る前に考える」といった発想に拍車をかけた可能性は大だ。プラットフォームがあったからこそ、ケアシハエトリは獲物へのルート全体を絶えず視野に置き、どう動くにもまず、入念なスキャンを長々と行うことができたのだから。

こちらの新しい、生態学的に妥当な条件下では、先の実験結果との分かりやすい違いがいくつか認められた。そう、お察しのとおり、スキャン終了時と移動開始時の見極めがはるかに難しくなったのだ。ちょっとスキャンしてはちょろっと移動、ちょっとスキャンしてはちょろっと移動という風に、二つの行動がせわしなく入り交じる。しかも、疑似餌を目がけて出発する前に正しいルート（つまり、途切れていないルート）を選択している様子も見られなくなった。それどころか、「行き止まり」のポール（疑似餌にたどり着けないポール）と完通している通路に向かう確率も五分五分になった。ケアシハエトリが完通している通路に目標を絞り始めたのは移動し始めてからだし、正しい通路に続くアクセス・ポールを目指す傾向が強くなったのも、道中も終わりに差し掛かった頃だった。

この実験結果のパターンから見るに、ケアシハエトリはルート全体を途切れなくスキャンすることができないと、とりあえず見える範囲で最も目立つ対象物を目指すらしい。行き止まりのポールに向かう場合があるのはそのためだ。これはケアシハエトリが計画を立てていない証拠でもある。計画を立てているなら、目標達成の可能性がないポールを目指すわけがないのだから。また、通路に近づくにつれて、ケアシハエトリは孤立した対象物に向かうのをやめて、相互に接続している対象物、つまり、疑似餌に至る可能性が高い対象物に狙いを定め始めた。これは、ケアシハエトリが疑似餌から水平方向に伸びている成分を目でたどるという、先の実験結果につながる所見だ。こうして疑似餌から自分の方へ後戻りしてたどってくれれば、必然的に水平の通路とつながっているアクセス・ポールへと行き着く。ケアシハエトリが洞察によって迂回ルートを計画していると証明するどころの話ではない。きめ細かく練り上げられたこの実験では、ケアシハエトリが単純なルールに従って適切な「二次的目標地点」を特定していることが明らかになったのだ。そして、途切れ目のない完通ルートを見つけるのに役立っているのが、「水平成分を発見したらスキャンを継続せよ。発見できなければ引き返せ」という単純なルールによるスキャン行動なのである。ケアシハエトリが漸次接近のプロセスにより獲物に到達できるのも、驚くほど融通性の高い迂回行動を示すのも、洞察ではなく、この単純なメカニズムの組み合わせのおかげなのだ。

小さな脳の大きな謎

偉業をなす力がなくても、大事をなすつもりで小事に取り組みなさい。
——ナポレオン・ヒル（著作者・成功哲学の第一人者）

ケアシハエトリの融通性。コオロギと亀ロボットの創発的で複雑な行動。どれを見ても、当然沸いてくる疑問がある。どうして、脳が大きくなった動物種がいるのだろう？　この疑問に答えを出すには、脳はいったい生物にとってどんな役に立っているのか、それはなぜかをはっきりさせなければならない。つまり、まずは脳を生態系の中でとらえる必要があるということだ。

第5章 大きな脳が必要なのはどんな時？

私は口じゃなくて、体を動かす女なの。
——メイ・ウェスト（肉体派女優として知られる）

ジョン・ウィンダムが一九五一年に発表したＳＦ小説『トリフィド時代：食人植物の恐怖』（東京創元社）では、トリフィドという巨大食人植物がイギリス全土を徘徊し、人間を捕食して回る。人間はと言えば、異常流星雨の光を浴びて視力を失っているので、なすすべもなく喰われていく（私がこの本を読んだのは小学校時代で、その後、一四歳くらいの時にＢＢＣが見事にドラマ化した作品をＴＶで観たが、どちらも忘れたくても忘れられないほど印象的だった）。この物語をとんでもなく怖いものにしているのは、植物が突然動き出して、思いのままに歩き回るという発想だ。植物がそんなことをするはずはないのだから。[1] 木も藪も水仙の花も、普通ならいつ見ても最初に見た時と同じ場所にある。これは紛れもない事実だ。この手のストーリーが図に当たるのは、誰もが常日頃当たり前と思っている状況の諸相に注意を引き付けておいて、世界に関する幾重もの思い込みを次々と覆していくからだ。トリフィドは行動の融通性と脳とのさまざまな関係について考えるよい手掛かりになる。脳と言うより、正しくは脳を中枢とする神経系全体と言うべきか。

私たちは大きくて複雑な脳ほど複雑で融通性の高い行動に結びつくと考えがちだ。確かに、多くの動物種については、そのとおりだと確認されている。[2] だが、もうお分かりのはずだ。十把一絡げにしてそう主張していると、いずれ自分の首を絞めることになる。現に、ケアシハエトリが見せる行動の融通性の高さときたら、創意あふれると言いたくなるほどではないか。しかも、世界に対する反応の仕方もワンパターンではない。これはアメーバからアルマジロに至るまで、すべての動物に言えることだ。この世界ではあらゆる動物が少なくともある程度の可変性を持って振る舞い、自らの行動を調節している。それは、彼らが動物であって、植物ではないからだ。[3]

英語でダンディライオン、つまりタンポポは、一歩も歩かなくても生きていくために必要な二酸化炭素と日光を丸々調達できるけれど、同じライオンでもサヴァンナで生き抜いていこうとするアフリカ・ライオンはそうはいかない。至るところにむらなく分布している植物のエネルギー源とは違って、ライオンの食を支える陸生大型草食動物はサヴァンナのあちこちに不均等に散らばっている。おまけに、この決まった種類のエネルギー源は、獲物を求めてうろついている腹ぺこのライオンに気づいたとたんに、一目散に逃げてしまう。こうしたエネルギー源を捕食しなければならないライオンには、歩行能力と、獲物の行動をも含めた環境の変化に対処する能力とが必要だ。

アメーバのような、いかにも下等と思いたくなる生き物にしても同じである。生存に必要なエネルギー源を確保するには、その存在を検知し、接触できるところまで移動して、体内に取り込まなければならない。しかも、そうするための諸条件は間違いなく、その時々で異なる。フィクションのトリフィドも同じ。視力は失っていても動き回れる人間を餌にするわけだから、トリフィド自身にも移動性が不可欠だ。だから、どこへでも歩き回るし、仲間とコミュニケーションをとって、連係プレーに出たりもする。見かけは植物なのに、動物のように行動するトリフィドたち。それだけにいっそう、不気味なのだ。

　事実は小説より奇なりと言うとおり、フィクションのトリフィド以上に異様なのが、正真正銘、実在するホヤの遊泳幼生だ。これは二つのライフ・ステージを送る。まずは海中を泳ぎ回って暮らすステージで、この時には三〇〇個ほどの細胞から成る小さな脳がある（脳と呼ばれているものの、実は神経節だ）。ところが、次のステージに進むと、幼生は岩に固着し、自分の脳と神経系の大半を吸収してしまう。より原始的な状態に逆戻りするわけだ。「人間の学者にも、大学で終身在職権を取ったが最後、こういうプロセスをたどる人がいる」――神経科学者ロドルフォ・リナスが飛ばしたジョークである。[4] 海中を移動するホヤの遊泳幼生には、トリフィド同様、エネルギー源を得るための融通性が幾分なりとも必要だから動物のように行動するけれど、岩に固着したが最後、実質的には植物に変身してしまうのだ。ならば、動物がこの世で暮らしていくには、トリフィドも含めて皆、ある程度の融通性を要するということなのだろう。そこで疑問なのだが、程度の差はあるにせよ、動物の行動に融通性があるというのはそもそもどういう意味なのか？　大きな脳はいったいどのようにして融通の利く行動を可能にするのだろう？

本能と知能

理性の利かない者は、本能のままにさせてやればいい。
——イギリスのことわざ

行動の融通性に関する議論に必ず付いて回るテーマのひとつが、「本能」と「知能」の区別である。本能行動は生き物の遺伝子構造に組み込まれているから、(出生時もしくは発達過程の一時点に)学習したり環境の影響を受けたりしなくても発現するものであって、変化に鈍感だ。言い換えるなら、本能行動は思考抜きで生じる行動であり、学習や記憶によって左右されることはないので、融通が利かない。知能行動は、言うまでもなく、それとは正反対の行動である。こう区別すれば、筋がすっきり通って実に分かりやすい。惜しむらくは、それが誤りであることだ。本能行動は、ギリシャ神話の女神アテナが鎧甲に身を固めてゼウスの頭から生まれ出たように、完全な形でひょいと跳びだしてくる、遺伝的に定められた行動ではないし、間違いなく、学習によって修正される。実を言えば、学習行動の一形態にほかならない「本能行動」もあるのだ。

たとえば、刷り込み。雛が生まれて初めて目にした動く物の跡を追うメカニズムである。これが多分、この世で一番よく知られた「本能行動」であることを考えると、皮肉としか言いようがないのだが、刷り込みには出生ないし孵化の直後に起こる一種の超急速学習が関与している。[5]では、この行動にはどんな役割があるのか。母鳥への愛着形成だ。母鳥にぴったりくっついていれば、捕食者はもちろん、同じ種の寛容さに欠ける動物からも、確実に保護してもらえる。

このプロセスが学習を要するに違いないと考えるには理由がある。いかなる形であれ、生得の母鳥認識メカニズムのための選択を進化が行えるはずはないからだ。同じ種に属していても、動物にはそれぞれ予測不能な個体差が多々ある。それを考えると、基準から外れた母鳥だろうと雛が母鳥と認識できるようにするためには、生得の認識メカニズムはごく大ざっぱなものでなければならない。けれども、雌のガチョウのありとあらゆる個体差を容認できるほど大ざっぱなメカニズムなど、役に立つはずがない。役立たずのメカニズムのせいで雌のガチョウを区別できないなら、雛にとってはどのガチョウもみんなママだ。

この問題を回避できるのは、特定の形状、つまり、ガチョウの頭頸部を示す刺激を選好する性向と、孵化直後の急速に学習が行われる期間のおかげだ。[6] 人間の赤ちゃんが上部に重心のある非対称の刺激に示す知覚バイアスとそっくりの、特定の刺激を特に選好する生得的な性向[7]は、孵化後一四時間から四二時間以内に発動する。その引き金となるのが経験だ。[8] この性向が、雛を環境のしかるべき特徴に向かわせるとともに、対象物のあらゆる特異性を学習し、対象物に対する愛着を形成するための基盤となる。言うまでもないが、普通は母鳥がこの「対象物」だ。だから、実にうまく機能する。ところが、有名なところではオーストリアの動物行動学者、コンラート・ローレンツがしたように、人間がこのプロセスに干渉すると、人間が刷り込まれたハイイロガンができあがる（ローレンツのノーベル賞受賞に貢献した研究だ）。人間どころか、無生物の刷り込みさえ可能だ。[9] こうした刷り込み実験は、動物の行動に対して私たちが抱く第一印象が往々にして、実際のメカニズムから見るとまったくの的外れであることを示しているばかりでなく、「本能」の概念は私たちが普段思っているような、お膳立てのできたものではないことを如実に物語ってもいる。[10] 刷り込みにしても、あらかじめ形成された（本能と言われればそういうものだと普通は考える）、学習効果に左右されない知識を持ってこの世に生まれて来られるようにするどころか、雛が経験から学習することを絶対要件とするメカニズムだ。性向形成のきっかけを作るのも、母鳥固有の特異性の刷り込みを可能にするのも、経験による学習なのである。[11] 現に、他の研究では、雛が孵化する前からこの学習の一端を開始すると確認されている。たとえばアヒルは卵からかえったとたんに、アヒルの母鳥が発する鳴き声に対する選好を示す。これにしても、生来の本能だと思いたくなるところだ。ところが、孵化前のアヒルの雛に、雛自身の鳴き声か他のアヒルの鳴き声のどちらかを聞けないようにした実験[12]では、孵化後にそうした選好が見られなかった。[13] この「本能的」な選好の鍵も、やはり学習なのである。

生得的（つまり、出生時に既に完全な形で存在している）と思えるせいで、「本能」と呼ぶに値しそうでも、実は経験の所産であって、後の経験次第で変化し、修正される行動はほかにもある。たとえば、人間の赤ちゃんは、生後一時間も経たないうちに、母乳の匂いに対する強い選好を示すようになるらしい。[14] 生後二日から一週間の赤ちゃんも、母親のお乳を染み込ませたパッドと無臭のパッドを鼻先に近づけると、母乳の匂いがするパッドを長く凝視する。[15] 生後二週間ともなると、完全なミルク育ち[16]か母乳育ち[17]かにかかわらず、自分の母親ではない授乳中の女性の母乳の匂いに、同じ女性の腋臭や授乳していない女性の乳房の体臭よりも強い選好を示す。いずれも、新生児にとって母乳の匂いが総じて魅力的であることを示唆する結果だ。匂いの元はお母さんでなくてもかまわないらしい。とすると、これは間違いなく生まれながらの選好と思えるのだが（何しろ、新生児は生まれてくるまで母乳の匂いを嗅いだことがないのだ）、実は胎内で学習した結果だとする説がある。どういうことか。胎児が羊水の中で嗅いでいた匂いが、母乳や乳首、乳輪の発する匂いに似ているらしいのだ。[18]羊水の匂い自体は、母親が口にした食べ物の匂いによって幾分なりとも左右される。それで赤ちゃんは、お母さんならではの特徴と、もっと一般的な匂いの「標識」とを学習できると言う。たとえば、妊娠中の女性にアニス風味の食品を摂ってもらったところ、生まれてきた赤ちゃんは、アニス風味の食品を摂らなかった女性の赤ちゃんよりもアニスの香りを選好したそうだ。[19]

生まれて初めての吸啜時には、赤ちゃんは母親のそのままの乳房の匂いよりも、羊水で拭いた乳房の匂いを好む（このどちらよりもお気に召さないのがきれいに洗った乳房だ）。しかし、生後六日から七日までには、羊水の匂いに対する選好は次第に薄れて、母親の乳房自体の匂いを選好するようになる。[20]本能が本当に遺伝的に組み込まれているのなら、胎内での学習も出生後の選好の変化も起こるはずがない。ところが、この生得的な反応には確かにかなりの融通性があって、環境の影響に合わせた微調整や修正が利くのである。

そこで思い出すのが、第４章に登場してもらったケアシハエトリの例だ。ケアシハエトリが狩りをする時の状況感受性と適応性からして、彼らの行動が、提示された特定の環境刺激によって誘発された、融通の利かないただの固定的反応だとはとうてい思えない。ケアシハエトリの行動がおそらくごく単純なメカニズムで説明できるものであることは見てきたとおりだが、だからと言って、行動自体も単純という意味ではないし、そうした単純なメカニズムを利用している生き物は何があっても不変な正真正銘の機械ととらえるべきと主張したいのでもない。お世辞にも脳組織が十分とは言いがたいケアシハエトリだけれど、融通の利かない固定行動をとるように運命付けられているわけではないのだ。ならば、融通の利かない「本能」と、融通の利く「知能」とをあっさり分けてしまってよいものか。そんな疑念をあおる事実である。ここで本当に問題にしているのはどのような融通性か、その特殊な融通性がなぜ進化したのかを理解するには、視点を変えてみる必要がある。

期待が持てそうなのは、動物が暮らし、日々の生活を営んでいる状況をもっと明確にとらえるという手だ。既にお分かりと思うが、母鳥の刷り込みは雛自身の内面だけで完結するものではない。刷り込みにふさわしい環境状況が極めて重要な意味を持つ。雛が備えている内的心理的メカニズムは複雑に絡み合った因果的影響のただ中にあって、それらの影響次第で雛の発達と行動は大きく左右される。母鳥を刷り込まれた雛も、コンラート・ローレンツを刷り込まれた雛も、遺伝的に受け継いだ形質は共通しているはずだ。ところが、その遺伝的形質が異なる環境状況の経験と相互作用を起こしたために、両者の行動に大きな違いが生じた。もっと一般的に言うなら、ある個体がその属する種の典型的な行動をとるには、前の世代と同様の遺伝子だけでなく同様の環境も受け継ぎ[21]、同様の発達過程を経ることが条件になる。異常な環境は突然変異遺伝子に劣らず、あるいはそれ以上に、正常な発達を狂わせることがある。それが行動にも重大な影響を及ぼすのだ。

遺伝子と環境

ならば、どう考えるべきか？　進化の過程は遺伝子同様、「確実に再現する発達資源（reliably recurring developmental resources）」群の継承によっても左右されると認識することだ。ここで言う「確実に再現する発達資源」とは、生物の生存と繁殖を可能にする形質の発達に必要ないっさいの資源である。[22] もちろん、遺伝子も非常に重要な「確実に再現する発達資源」だが、遺伝的形質だけでは特定の行動に至る理由を説明することはできない。遺伝子が世代から世代へと受け継がれることは、動物の複雑な行動パターンを理解するための必要条件（遺伝子なしではどんな生物も作り出せない）ではあっても、十分条件ではないのだ。先に述べたとおり、ある種にとっては、生まれて初めて目にする生き物が母親であることが、運命を左右するほど重要な発達資源だ。一方、まったく別の種に属する生物が必要不可欠な例もある。たとえば哺乳類の場合、腸の正常な発達過程には、ある種のバクテリアの存在が欠かせない。[23] こうしたバクテリアはもちろん、遺伝子によって親から子へと受け継がれるわけではなく、非遺伝的な手段で継承されるのだが、それでも、進化の流れの中で見ると、安定していて確実に再現している。[24] ガラパゴス諸島のキツツキフィンチの場合は、細い小枝と木の穴のような特定の物理的存在が、道具使用行動の発達に欠かせない「確実に再現する発達資源」である。

キツツキフィンチは、本物のキツツキのような棘のある長い舌を持たない代わりに、小枝やサボテンの棘を使って木の穴に潜む幼虫をほじくり出す（キツツキフィンチは、チャールズ・ダーウィンがビーグル号での航海中に初めて採集したことにちなんでダーウィン・フィンチと呼ばれるフィンチの一種だ）。この行動を見せる頻度は生息環境によって異なる。島々の乾燥地帯では、それも特に乾季には、餌とする幼虫が樹皮の下に潜り込んでいる可能性が高いので（脱水を避けるためだろう）、当たり前のように道具を使う。一方、湿潤地帯では、苔や木の葉を探せばいくらでも餌が見つかるから、道具は滅多に使わない。[25]湿潤地帯の若鳥を使った巧妙な実験では、この道具使用行動が若年期の小枝を操って遊ぶ性向に由来するものであって、その性向が学習により、効率よく採餌するための道具使用能力へと発達することが分かった（これもまた、顔認識や親の刷り込みに似ている）。湿潤地帯の成鳥に小枝を与えても、道具を使えるようにはならないからだ。つまり、「感受性期」早期に小枝で遊ぶ機会を持つことが必要らしい（やはり親の刷り込みとつながってくる……）。しかも、このスキルの獲得に、社会的学習は不要だ。若鳥は成鳥の「手本」を見たか否かにかかわらず道具の使い方を習得する。ならば、重要なのは、小枝と、他の手段では採れない餌が潜んでいる穴とに触れる機会であるようだ。言い換えるなら、実用的な道具を効率よく使えるようになるのは、小枝で遊びたがる若鳥の性向とそれを突っ込む穴の存在との相互作用ということになる。

湿潤地帯の成鳥が道具を使いこなせるようにならない理由は十中八九、このスキルを獲得するのに適した「感受性期」を、木の穴がないために道具使用の必要もなければ、その機会も限られた生息環境で過ごすからだ。したがって、小枝と木の穴は、実際に役立つ道具使用行動の発現に不可欠な、「確実に再現する発達資源」と言うことができる。

一般論として言うならこうだ。進化の過程について考えるに当たっては、遺伝子だけに固執せずに、もっと視野を広げて、遺伝子、環境、そして何より重要な遺伝子と環境との相互作用という発達システム全体を、遺伝的形質の単位として見ればよいのだ（また、そうすべきだと思う）。[26]そうしたからと言って、自然選択の論理がねじ曲げられるわけではないし、進化的変化の鍵を握る遺伝子の重要性をないがしろにすることにもならない。生物と環境の相互関係も常に考慮すべきという、それだけである。[27]普通、生物の「環境適応」について論じる時、たいていは、環境は「静的」であって、生物だけが変化するという含みがある。だが、生物は環境からの影響を受けるだけではなく、自らも環境に影響を及ぼす。その結果として、環境も変化するのだ。たとえば、ミミズ。明日にも世界からミミズが姿を消したら、土壌環境の性質は激変する。そのせいで木々がすべて枯れてしまえば、大気環境も一変するだろう。相互関係とはそういうことだ。環境が生物に作用し、生物が環境に作用する。生物が生みだす環境の変化は、そのプロセスの一環として新たな選択圧を生む。生物はそれに適応すると同時に、またもや環境の性質を変化させるのだ。[28]

生物と環境は相互関係にあるとする考え方は実際的でもある。それと言うのも、進化は、ガチョウの母鳥と孵ったばかりの雛との物理的な距離の近さを利用するのと同じような手軽さで、いわゆる自己組織化の原理を活用していることが明らかになりつつあるからだ。この世界では、進化が遺伝子や遺伝子産物による直接的ないし明示的な制御に頼らなくても発達プロセスの推進に利用できる、物理的な力が働いている。細胞接着分子を例に取ってみよう。これは動物の細胞同士の接着力を決定する物質だ。この細胞接着分子の濃度と発達プロセスにおける濃度勾配の変動によって、形状の異なる構造物が形成される。細胞接着分子が及ぼす力次第で、細胞同士が引き寄せられたり、引き離されたりするためだ。進化は、極めて確実な物理法則（法則が確実でなくてどうする！）が細胞の行き着く先を決定できるように、遺伝子の環境応答を調整してきた。だから、自己組織化のプロセスは、遺伝子による直接的、特異的な制御なしで、細胞の配置を決定できるわけだ。たとえば、眼の進化にかかわっている特徴も、自己組織化の原理に基づいて説明できることが、自己組織化のプロセスをシミュレートしたコンピュータ・モデルで示されている。[29] 重ねて言うが、この自己組織化の原理にしても、遺伝子を軽んじるものではない。ただ、遺伝子の位置づけに役立つことは確かだ。そうして遺伝子をしかるべき状況の中でとらえることができれば、遺伝子と環境の相互関係を認識できるはずである。

同様の自己組織化の原理が行動を決定する場合もある。蟻が食料源に至る最短ルートを見つけ、たどることができるのは、自己組織化のプロセスのおかげである。[30] 食料探しに巣から出た蟻は、フェロモン（同種の仲間を引き付ける物質）のかすかな道しるべを残しながら歩く。他の蟻たちはその道しるべをたどる傾向があるのだが、中でも最もフェロモン濃度の高い道しるべに引き寄せられる。するとどうなるか。巣の近くで食料源を発見した蟻は急いで巣に引き返すので、高濃度のはっきりとした道しるべを残す（フェロモンは時間が経つにつれて蒸発するので、巣に近ければ、蒸発する時間が短いからだ）。後から餌探しに出てきた蟻たちはフェロモン濃度の高い道しるべに惹かれるため、必然的に、巣に最も近い食料源を発見する。その時に彼らもそれぞれフェロモンを残す。こうしてフェロモン濃度が高まれば、ますますたくさんの蟻が集まるから、道しるべはいよいよはっきりする。蟻同士が直接コミュニケーションをとらなくても、餌が巣の周りのどこにあるのか承知している蟻は一匹もいなくても、すべての蟻が食料源への最短ルートに合流するまでに大して時間はかからない。道しるべをたどり、フェロモン濃度が高まるという正のフィードバックだけで、高度に組織化された集団行動が生み出される。だから、個々の蟻はもちろん、巣の中の蟻を丸ごと調べても、この融通の利く知的行動は説明できない。ここで物を言うのは蟻と環境の相互関係なのだ。

環境世界

私たちが合理的意識と呼んでいる、目覚めている時の正常な意識は、意識の特殊な一形態に過ぎない。それを取り巻くように、ごく薄い膜一枚で隔てられただけで、まったく異なるさまざまな形態の潜在的意識が存在しているのだ。

——ウィリアム・ジェイムズ（哲学者・心理学者）

遺伝子と環境の相互関係、これは、融通性と知能を考えるうえでどうとらえればいいのか？　第一に考えるべきは、融通性は二つの意味で相対的な概念であることだ。そもそも、私たちは、動物の行動の融通性と知能について語る時、必ず、動物が組み込まれている環境と関連づけている。私たちが目にする融通性は生物と環境とのかかわりから生まれたものであって、生物のみに起因しているわけではない（第3章の「蟻の例え」を思い出していただきたい）。それに加えて、私たちの目に映る融通性と知能もまた相対的だ。蟻の餌取り行列の例で見たように、私たちが知能と思うものは、生物やその脳の特性でもなければ生物を生みだした進化の過程の所産でさえなく、実は観察者次第なのだ。[31]私たちが「知能」と感じるのは傍観者として観察しているからであって、当の生物は、自分が環境の特定の物理特性を利用していることはもちろん、そういう特性が存在していることすら知りもしなければ理解もしていない。別の言い方をすれば、動物が示す融通性と知能の程度は常に、観察者が用いる判断の基準枠によって決まるということだ。[32]

蟻の観点からすれば、世界を構成しているのは生息空間に存在するさまざまなフェロモン濃度と餌の塊だけで、そのほかのものはすべてほんのおまけだ。[33]私たちが蟻の餌取り行動に知能と融通性を見いだせるのは、人間として、蟻よりも広い観点から見ているからにほかならない。ここがポイントだ。私たちが言う融通性や知能の高さとは実はどういう意味か、ここから割り出せそうだ。私たちが動物を見て、思いの外、知能が高くて、融通が利くではないかと思うのは、彼らが周囲の世界をよく理解している証拠として、環境に多様に対応する能力を示した時なのだ。

このそれぞれに異なる観点という考え方を見事にとらえているのが、エストニアの生物学者ヤーコプ・フォン・ユクスキュルが二〇世紀初頭に提唱した「環境世界（環世界）」という用語である。環境世界は、大づかみして言えば、特定の生物が認識しているありのままの世界だ。[34]数え切れないほどの生物が同じ環境に生息していても、環境世界は千差万別だ。進化がそれぞれの生物の神経系を、環境のさまざまな特徴の中から自分にかかわりのあるものだけを探し出して反応するよう設計したためである。たとえば、働き蟻はごくわずかなことにさえ対応できれば万事うまくいくので、その環境世界はかなりこぢんまりと限定されている。働き蟻の環境世界の大半を形成しているのは他の蟻たちが残したフェロモンの道しるべの匂いであって、同じ環境で暮らしているアンテロープの匂いや姿は存在しないも同然だ。しかし、ライオンの環境世界ではアンテロープの匂いと姿が大きな部分を占めている。

もちろん、私たち人間も独自の環境世界の中で生きていて、世界を自分にかかわりのある観点から

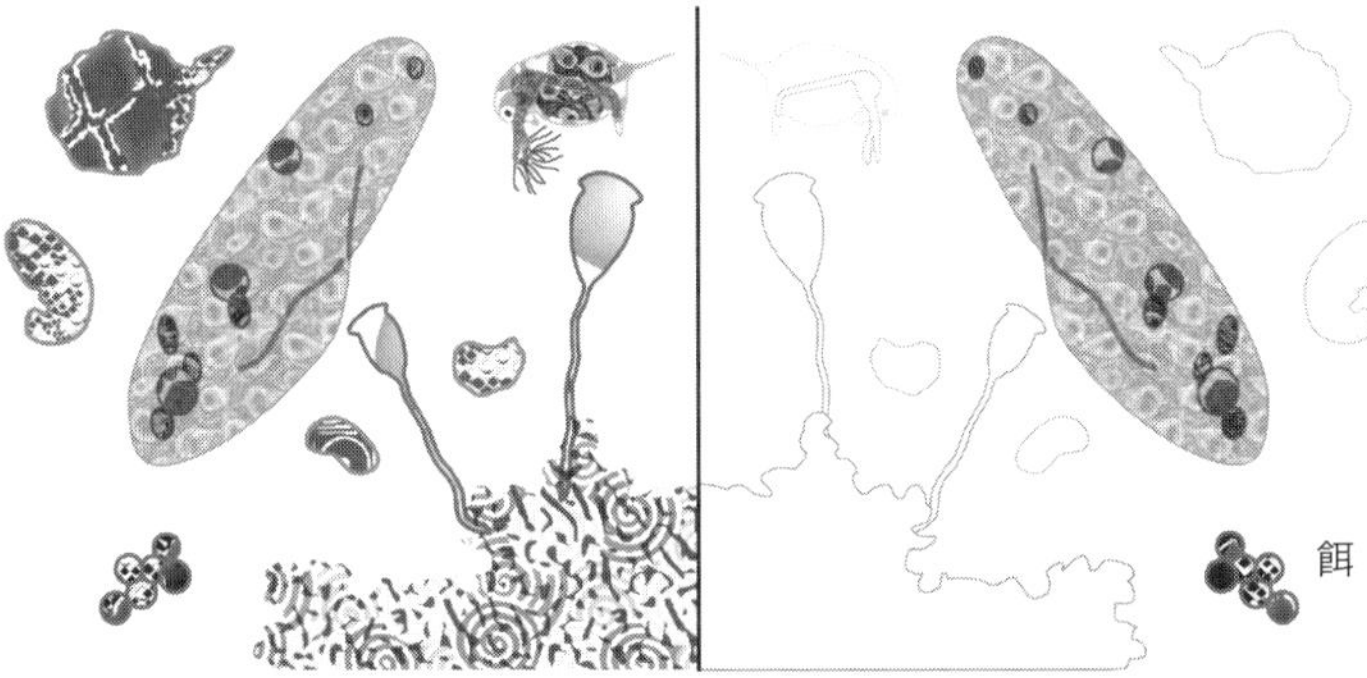

図 5-1　当の生物が知覚している環境、それが環境世界だ。環境中にはありとあらゆる種類の物や多様な刺激エネルギーが満ちあふれているにもかかわらず（左図）、生物は自分のニーズに関連しているものしか知覚しない（右図）。

見ている。たとえば、ある種の昆虫や鳥のように紫外線を見たり、犬やコウモリのように超音波を聞いたりすることはできない。どちらも私たちの環境世界の構成要素ではないからだ。ただ、人間の環境世界は、他の面では飛び抜けて広いため、紫外線や超音波を検出できる人工物を設計し、本来ならば理解できないはずのところまで、他の生物の環境世界を理解できているだけだ。こうしてみると、環境世界は、さまざまな種が備えている融通性の範囲と限界を正しく評価すると同時に、私たちのうぬぼれを抑えるにも役立つ、実に有用な概念と言える。私たちもまた、自分の環境世界の限界を認識すべきなのだ。

この基準枠と環境世界という二つの考え方を良しとすれば、ケアシハエトリは獲物に至るルートの発見に関しては確かに融通が利くものの、いったん獲物を見つけてしまえば融通性も何もあったものではないとよく分かる。ずばり、食べるだけ。煮るか焼くか、フランベしようかなどと迷わない。もちろん、今日は狩りはやめてピザでも取ろうとも思わない。何の事はない、調理法や宅配ピザはケアシハエトリの環境世界には存在しないからだ。つまり、ケアシハエトリの融通性は機能が決まっていて、[35]特定の領域に限定されているのである。刷り込みのような本能行動についても同じことが言える。しかるべき領域ではたいそううまく機能するのに、環境ががらりと変化すると（あるいは、代わりになる発達資源が存在しないか、何らかの形で変更されると）、刷り込みのメカニズムは不首尾に終わる。種に固有の環境世界に組み込まれているため、変化が生じたことすら知覚できないからである。

頭の固い連中

この点を見事に例証しているのが、ニコ・ティンバーゲン（コンラート・ローレンツと同年にノーベル医学生理学賞を受賞したオランダの動物行動学者）が行った、かの有名な実験だ。[36]研究対象はジガバチの帰巣能力。狩りから戻ってきたジガバチがどのようにして地下の巣穴に戻る道を見つけるか調べたのだ。ジガバチは地面に巣穴を掘っておいてから狩りにでかける。幼虫の食料源となるミツバチを狩って巣に持ち帰り、それに卵を産み付けるためだ（この習性のせいで、「ビー・ウルフ」、ハチ狩りオオカミとも呼ばれている）。ティンバーゲンが関心を抱いたのは、ジガバチが巣穴を見つけるために用いる目印である。刷り込みの場合同様、獲物にするミツバチの分布や巣穴掘りに最適な土壌などの予測不能な要素が絡んでくるから、獲物が見つかる穴場や巣穴掘りに適した場所に関する明確な情報を、進化がジガバチの遺伝子に組み込むのは無理だ。ならば、すべてのジガバチがいつでも使える標準の方策やルールなど存在しないだろう。ジガバチの観察を続けたティンバーゲンは、巣穴から出てきたジガバチがすぐには飛び去らず、入り口の周りで円を描くように飛び回ることに気づいた。その円を次第に広げていくところから見て、どうやら、帰巣時の標識となる辺りの際立った特徴を確認しているらしい。単純ではあるが、巣穴を見つけられるだけの融通性は十分にある、一種のパターン・マッチングである。

この仮説を検証するため、ティンバーゲンは簡単な実験を行った。ジガバチが巣穴作りに精を出している間に、入り口のぐるりに松ぼっくりを並べたのだ。ジガバチが獲物探しに飛び立つや否や、ティンバーゲンはその松ぼっくりをそっくりそのまま、入り口から少し離れた場所に移してしまった。ジガバチが巣穴の周りの標識を利用しているなら、巣穴の入り口ではなく、松ぼっくりの輪の中央に向かうはずと、ティンバーゲンは推理したのである。予想に違わず、戻ってきたジガバチは松ぼっくりの輪の真ん中に降り立った。ところがそこには固い地面があるばかりだ。ローレンツが刷り込みの実験で確認したように、ティンバーゲンも松ぼっくりのトリックで、ジガバチの融通性に限界があることを突き止めた。世界の急変に、ジガバチは追いつけなかった。瞬間移動する松ぼっくりは、ジガバチの環境世界にはあるはずのないものなのだから。

ティンバーゲンは別の実験でも、似たような融通性の欠如を確認している。今度は、ジガバチが持ち帰った獲物を入り口のそばに残して巣穴を整えに潜った隙に、獲物を入り口から少し離れた所に移してみた。ジガバチが巣穴から顔を出してみるとあら不思議、獲物が消えている。入り口近くをうろうろと探し回った挙げ句、ようやく見つけて、入り口まで引きずって行った。ところが、である。巣穴は準備万端整っているのだから、そのまま持って降りればよいものを、またまた獲物を入り口に残して降りていって、巣穴を一から整え直す。つまり、ジガバチの決まった手順は融通が利かず、途中から始めることができないのだ。巣穴の準備を済ませたことなどまるで覚えていないばかりか、自分の行動を振り返ってみることもないようだ。どうやら、獲物を巣穴に運び込むまでのプロセスの個々の段階がそれぞれ特定の合図（たとえば、獲物の存在など）によって制御されていて、どの事象も必ず決まった順序で起こるように段取りが付けられているらしい。ひとつのステップの完了が、ジガバチに次の行動を取らせるための条件であり、合図となっているのだ。普通は、ジガバチの行動と環境に存在する物とがリアルタイムで連動するから、どの事象も確実に正しい順序で起こる。ならば、自分がしたことも、次になすべきことも覚えている必要がない。通常の（ティンバーゲンがちょっかいを出さない）条件下では、そんな記憶は無用の長物でしかないわけだ。いやでもそうなると決まっていることを覚えていて何になる？　ティンバーゲンはこの実験でも、ジガバチの未体験の変化を環境に加えるだけで、融通性の欠如を証明して見せたのだ[37]。

もうひとつ、周囲の状況の急変によって、融通性が高いように思える行動が実は融通の利かないものだと分かった愉快な例がある。動物学者で心理学者のジョン・クルックが行ったハタオリドリの研究だ[38]。アフリカに生息するこの鳥は折り紙付きの巣作りの名手で、枯れ草を使って密閉型のバスケットのような巣を編み上げる。ここが抱卵室だ。出入り口は管状で、抱卵室の底からまっすぐ下にぶら下がった形になる（ヘビが卵を取りに巣に侵入するのを防ぐための策である）。クルックはティンバーゲンと同じような実験方法で、ハタオリドリがこの快適な巣を作るに当たって何のコンセプトもセンスも持っていないことを明らかにした。

たとえば、ハタオリドリが最後の仕上げに、下に伸びる出入り口を編んでいる隙を狙って、バスケットの死角になっている側を一部切り取ってしまうとどうなるか。ハタオリドリが巣全体のデザインを把握しているなら、切り取られた部分を修復して、バスケットの形に戻せばいいだけの話だ。ところが、ハタオリドリはたいてい、その切断面から新たに別の出入り口のような構造物を作る。時には、そこから新しい抱卵室を作り始めることもある。要するに、ハタオリドリは頭の中にある全体的な「青写真」に沿って巣作りをしているわけではなくて、単純で大まかなルールに従っているだけなのだ。「端っこがあれば、出入り口がちょうどよい長さになるまで編み続けるべし」。私たち人間の観点からしてもうひとつ注目に値するのは、この「ルール」に、できあがりつつある巣の形状とハタオリドリの身体との空間的位置関係というおまけが付いていることだ。たとえば、巣の元の表面に対して四五度の角度で切断しても、ハタオリドリは角度の変化に合わせて止まり位置を変えはしないので、当然のことながら、新しくできあがった出入り口は元の出入り口に比べて四五度傾く。この結果を見れば、ハタオリドリの巣作りが頭の中であらかじめ立てた計画を実行に移す行動ではなく、自身の身体の動きとできあがっていく巣の構造自体との相互作用であることはいよいよ明らかだ。

もちろん、長い進化の過程で、環境状況に（このノーベル賞受賞者たちが一時的に生みだしたのとは対照的な）長期にわたる変化があれば、（生物自体がもたらした変化か、何らかの気候変動であるかを問わず）新たな状況に合わせた自然選択と適応が起こることもあるだろうし、その場合は当の生き物の環境世界もそれに応じて変化するだろう。結果として生じる、生物が適応によって環境とかみ合った状態は、一種の「知識」と考えられる。これは、（私たちがあらゆる知識の「保存場所」と思い込んでいる）動物の頭の中だけに収まっている知識ではなく、行動の発現に一役買っている「確実に再現する発達資源」群にあまねく分布する知識である。[39] 知識をこうして「保存」すれば貴重な神経資源の節約になるものの、髭を蓄えたオーストリアの動物行動学者（ローレンツ）に揺るぎない愛着を抱いてしまったハイイロガンの雛にとっては無駄な費用対効果だ。融通性に限りがある本能は、「確実に再現する発達資源」が本当に確実に再現するなら申し分なく働くけれど、環境があまりに急激に、あるいは予想もつかないほどに変化すると、ものの役に立たない。自然選択の、過去に有効であったことを一般化して未来に当てはめる帰納論理が通用するのは、過去と未来が一応は本質的には変化していないと言える場合に限られる。[40]

寿命が長く、繁殖にも時間がかかる大型動物にとっては、これは無論、問題だ。長く生きる分、ありとあらゆる変化に直面する可能性が高いから、じっくり構えて新たな条件に最も適した変異体を選択する進化の過程に身を委ねていたら、絶滅への道をまっしぐらだ。変化の速度が種の繁殖速度を上回るようなことがあれば、自然選択が問題解決の手掛かりをつかむ暇もない。ひいては、進化が新たな「知識」を確立しようにも、新しい変異体の誕生と選択が間に合わないという事態になる。

幸いにも、自然選択にはまだ、奥の手がある。世界に関する知識を絶えず更新できる能力を選択するのだ。この方法でも、動物を環境に適応させることができる。具体的に言おう。自然選択は動物の環境世界を拡大させるべく作用することがある。動物の環境世界が広がれば、知覚できる環境要因が増加して、変化に対する感受性も増強される。ひいては、変化に対する対応力が向上するから、変化に後れを取らずに済むのだ。つまり、環境の特定の偶発事象に対する多様な反応を生みだし、その中から最善策を選択するという方法である。自然選択はこの手を繰り出すために、動物に「追跡装置」を持たせる。動物が変化をモニタし、適切に反応し、経験から学習できるようにする追跡装置、それが脳だ。[41]これまで見てきたとおり、ごく単純な動物でさえ、自分の環境世界で起こる特定の変化は追跡できる。しかし、状況をきちんと把握するために追跡しなければならない環境要因が増えると、当然のことながら、それにかかわる知覚系も増加し、知覚統合はいよいよ複雑になる。[42]つまり、追跡装置もより大きく、より複雑にならざるを得ないのだ。

ショート・リーシュ型、ロング・リーシュ型

すべてコントロールできているように思えるうちは、まだスピードが足りないってことさ。

——マリオ・アンドレッティ（レーシング・ドライバー）

ならば、脳の、それもとりわけ大きな脳の最大の仕事は、動物に周囲の状況からの独立性を多少なりとも持たせることと言える。だからこそ、動物は、自然選択による制約はあるものの、遺伝子や発達ではずばりと説明できない行動を取れるのだ。この概念を説明するのに、リチャード・ドーキンス、ダニエル・デネット、ヘンリー・プロトキンら、[43]進化に関する著書を著している並み居る科学者は揃っ

て、火星探査車の「マーズ・エクスプローラー（火星表面の地図を作成するために設計された宇宙探査機）」と「マーズ・ローバー（火星の表面と地質を調査するために設計されたロボット）」を例に挙げている。

マーズ・エクスプローラー、さらにはマーズ・ローバーと、相次いで火星探査車の設計に取りかかったＮＡＳＡの技術者たちは、どちらの探査車も地球から制御するのは事実上不可能と気づいた。何より、ローバーが火星に到着するまではかなりの時間がかかる。現段階では、半年から一年は覚悟しなければならない。となると、具体的な指令を細かいところまで厳密に組み込んでローバーを建造するのはリスクが大きい。ローバーが到着するまでに火星の地盤の諸条件が大きく変化していたら、打ち上げ前に指令を設定しても、どれも用をなさないではないか。火星の状態が万端変わりなしだとしても、地球・火星間の信号の送受信に片道数分ずつかかるのは事実だ。火星から発信された信号を地球で受信するまでに数分、新たな指令を送り返すのに数分。そんな悠長なことをしていたら、せっかくの応答が火星に到着する頃には時機を逸して、既に不要か不適切という事態になりかねない。もうお分かりだろう。ティンバーゲンが環境に手を加えたせいで、進化の「信号」が突然無効になってしまったジガバチにそっくりな状況ではないか。地球ベースの制御システムにはこうした制約があるため、ＮＡＳＡの技術者たちは、犬に短い引き綱《リーシュ》を付けて厳しく行動をコントロールするような「ショート・リーシュ型」の制御は諦めることにした。代わりに選択したのが、自由度の高い「ロング・リーシュ型」の制御だ。ローバーが自ら制御を行い、地球の人間の指令に頼らなくても環境の偶発事象に自力で対処できるように、一連の広範な目標とかなり一般的で融通の利くメカニズムを組み込んだのである。

自然選択も、このNASAの技術者たちが選んだ方法と同じに作用する。環境状況があまりに予測不能で、ショート・リーシュ型の制御だと、生物がジガバチのように「松ぼっくりを動かしたのはだあれ？」状態になってしまいそうな場合には、必ずロング・リーシュ型のメカニズムを選択するのだ。そこで活躍するのが、世界で何事かが起きたその時に、それに応じて知識を獲得し、高め、修正する能力を動物に与える大きな脳だ。ただし、注意しなければならない点がひとつある。ロング・リーシュ型の制御がショート・リーシュ型の制御にそっくり取って代わるわけではないことだ。[44] 正しくは、本来のショート・リーシュ型のメカニズムの上に造築される形で、それを補強し、時には変化させる。だから、どれほど賢い動物にも、ショート・リーシュ型のメカニズムは残っている。これまでに紹介した顔認識や刷り込み、母乳選好。どの例も、この見方にぴたりと当てはまる。なぜ、ショート・リーシュ型が残るのか？　ほかでもない、進化が「触らぬ神に祟りなし」の格言に従っているせいだ。

これは実に重要なポイントだ。学習と「知能」は「本能」抜きでも働くと考えるのは、「本能」は学習（ひいては「知能」）の影響をいっさい受けずに働くと考えるのと同じく、誤りであるからだ。動物はそれぞれの世界で効率よく機能すると同時に、適応した行動をとる必要があることを考えれば、どちらも無理のある極論だ。実は、もっと踏み込んだことも言える。ロング・リーシュ型のメカニズムのほうが融通性に優れていて、そのために必要な追跡装置もより複雑だということは、裏を返せば、そうした能力を備えている動物には生得の性向も、単純な動物よりはるかに多く必要という意味なのではないか。さもないと、せっかく環境から知識を得ても、使い道が分からず、無駄にしてしまう恐れがある。融通性と本能は、片方が増えた分だけもう一方が減るといった、単純なトレードオフではなく、両者の複雑な相互作用だ。融通性は、けっして無限ではないのである。

以上、注意すべき点を挙げたところで、先ほどの疑問に答えを出そう。私たちがテーマとしている融通性とはいかなるものか。幾つもの変異体を生み、それらの検証を行って、生存に最も有利なものを選択するという自然選択の原理を生物が採用し、その生存期間中に自らの目的のために利用できるようにする——そういう融通性である。将来の不確実性が増して、過去が将来の指標としての確実性を失うほど、動物は世界への対処の仕方を制御し、生き延びて子孫を残すために、周囲の状況に敏感に反応しなければならなくなる。制御力が増せば利益が拡大するから、より大きくてより複雑な脳を維持するための代償も相殺されるのだ。[45]

象は忘れない（おばあちゃんの知恵袋）

具体的にはどういうことか。一日で寿命が尽きてしまうカゲロウと七〇年も生きる象が遭遇する環境の変化について考えてみよう。片やカゲロウは、生まれて、子孫を残し、死ぬという一生の大事を成し遂げるのに、大して広い環境世界を持たないし、必要ともしない。片や象は、季節ごとに繰り返される生息環境の変化（ある程度は予測可能であるものの、不確実でもある）に加えて、それよりも長い、年単位で起こる変化——たとえば、地下水位の変動や、干ばつなどの不測の事態にも直面する。そればかりか、他の個体の誕生や成熟、出産、死など、社会環境の変化にも対処しなければならない。

象社会の性質からして、とりわけ重大な意味を持つのが、この社会環境の変化である。
象の雌たちは、「女家長」と呼ばれる最年長の雌一頭を中心とする家族集団で暮らしている。時には、家族集団がいくつか合流して大きな群れを形成することもあるが、この大集団は長期にわたって安定した状態にあるわけではなく、いずれは家族ごとに分かれて散っていく。三〇年以上も象集団の研究が続けられているケニアのアンボセリ国立公園では、象の一家族が一年間に出逢う他の群れの数は平均二五家族、個体数にするとおよそ一七五頭にものぼる。[46] 中にはお互い、特に親しくしている家族もあるのだが、馴染みの薄い群れ同士は敵意を剥き出しにして、幼い子象をいじめることも珍しくない。他の群れと遭遇するか否かは予測不能であるうえに、出逢えば多数の個体と関係を持つわけだから、象社会は変化の絶えない社会だ。それだけに、象がとる行動も、家族が単独でいるか、他の群れと合流しているか、出逢った群れが顔馴染みか否か、子象を抱えているか、何頭かなど、数々の可変要素によって左右される。
研究によると、出逢った群れを認識して適切に対応する能力には繁殖上重要な利点があるそうだ。しかも興味深いことに、女家長が高齢であるほど、他の群れを見つけるのも対応も上手だという。この象の家族同士の出逢いを録音再生実験でシミュレートすることができる。ある群れが発する音声(象が仲間と交信するために発する超低周波音)を録音して別の群れに向けて流す。これを聞き付けた群れは、遠くから自分たちに近づいてくる群れがあるように認識する。そこで、高齢の女家長が率いる群れほど巧みに対応できる秘密を調べようというわけだ。[47]
この実験でなぜ、象が他の群れを識別する方法が分かるのか？　家族集団の雌たちは、よく知らない群れの音声を聞き付けると、互いに身を寄せ合って防御態勢に入るからだ。総じて、高齢の女家長が率いる群れほど、この防御態勢をとる頻度が少ない。つまりは年の功で、経験が豊富な分、多くの雌の声を知っているか、社会的に自信があるということなのだろう。一方、高齢の女家長の群れが知らない群れの声に反応して身を寄せ合う時は、若い女家長の群れよりはるかに強い結束を示す。この反応から見るに、歳を重ねた雌のほうが知っている群れと知らない群れを正確に見極めて、群れの仲間をよそ者からしっかりと守れるのだと考えられる。この見方を裏付けるように、女家長の年齢は群れの中で一年間に生まれる子象の数の優れた予測因子であることが示されている。歳を重ねて向上した識別能力が群れ全体の繁殖に役立っているのだ。[48] ならば、雌の象の生存と繁殖を成功に導く鍵は、日々新しい知識を吸収し、生涯を通じて経験から学習するという能力にあると言える。ジガバチが備えているような、進化のショート・リーシュ型の「知識」では、とうていなしえない業である。

手堅くいきます

進化とリアルタイムの知識とが呼応して適応行動を生む方向に作用することを例証する動物をもうひとつ紹介しよう。アメリカカケスである。アメリカ原産のこの鳥はスズメ目カラス科に属する。冬に渡りをしないため、餌（ドングリやさまざまな種子）を貯め込むので、自然に採れる餌が少なくなる冬場には、そうした貯食場所を見張っていれば彼らの姿を見ることができる。冬という季節は世界の温帯において確実に起こる現象だから、アメリカカケスが貯食に用いる知識は発達資源群のひとつに数えられる、進化した知識だ。ただし、この予測可能な季節による変化のほかにも、アメリカカケスが対処しなければならない要素が二つある。いずれも、世界に関する知識の迅速な更新を求められる要素だ。ひとつは餌の種類によって異なる腐敗速度、もうひとつはせっかく貯め込んだ餌を自分で食べる前に他の個体に発見されて横取りされる危険である。

これについては複雑だが実に巧妙な一連の実験が行われていて、アメリカカケスは自分がどこにどんな餌を埋めたか覚えていると確認されている。それにも増してすごいのは、いつ埋めたかも把握していることだ。[49]この実験では、アメリカカケスが先に自分で貯食したメイガの幼虫（「カラス界のコカイン」とも言うべきアメリカカケスの大好物。ただし、腐るのが早い）とピーナッツ（好物というほどではないが、長持ちする）のいずれかを選ばせたところ、貯食と回収の間隔が短い（四時間）場合は幼虫を回収しようとしたのに、長く間を置くと（一二〇時間）ピーナッツを掘り出そうとした。[50]四時間後なら幼虫はまだおいしく食べられるので、これを選ぶのは当然だ。しかし、一二〇時間も経つと、賞味期限どころか消費期限も切れているから、回収しても意味がないのだ。とすれば、アメリカカケスには、自分が何をどこにいつ蓄えたか把握しておく何らかの手段があるのだろう。だから、無駄骨を折ってまで腐った食べ物を回収しようとはしないのではないか。逆に言うなら、メイガの幼虫のようにそそられるおいしい餌がある時は、それほど食指が動かないうえに傷みにくい餌を回収するために、わざわざ時間と手間をかけはしないということだ。[51]

アメリカカケスは自分の貯蔵食をきちんと回収するだけでなく、他の個体が貯め込んだ餌をくすねるのも実にうまい。そこで、盗難防止のために、辺りに自分の貯食行動を目撃していそうな他の個体

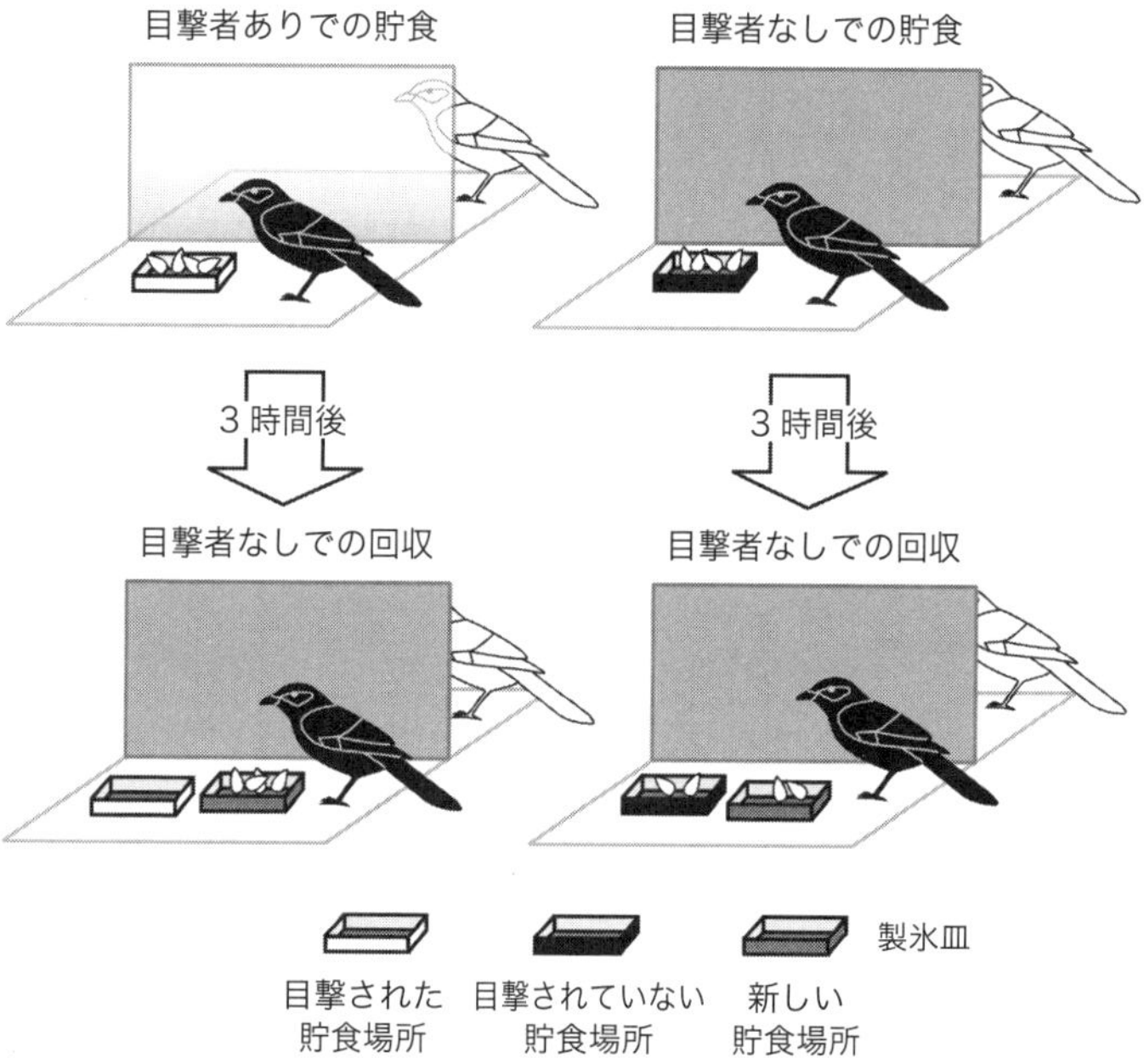

図 5-2　アメリカカケスの融通の利く貯食行動を調べた実験装置のひとつ。目撃者がいる時といない時に貯食させ、時間を置いてから再貯食の様子を観察した。

がいる場合は、再貯食という貯食場所を移す行動を頻繁に見せる。別の一連の実験では、アメリカカケスは他の個体に目撃された貯食場所をちゃんと把握していたばかりか、どの個体が目撃者であるかも正確に記憶していた。たとえば、ある実験では、目撃者がいる時といない時に貯食させ、その三時間後に回収させた。再貯食したければできるように、新しい貯食場所も用意した。結果、貯蔵食を回収する傾向も、新しい貯食場所に隠し直す傾向も、最初の貯食時に目撃者がいた場合のほうがはるかに強く、アメリカカケスが最初の貯食時の社会的な状況に敏感であることが示唆された。餌を新しい貯食場所に移したのは、他の個体に盗まれる恐れがある場合だけだった。[52]

アメリカカケスは貯食時に、貯蔵食を守るための多彩な戦術も繰り出す。他の個体に見られている可能性があると、物陰や薄暗い場所を貯食場所に選ぶことが多い（目撃者に正確な貯食場所を知られないようにするためだろう）。しかも、目撃者からの遠近で言うと、遠いほうの場所を選ぶ。[53] そればかりではない。あちらへこちらへと何度も貯食場所を移した末にようやく一箇所に落ち着くケースも増える。これでは目撃者も最終的な貯食場所を突き止めるのは大変だ。しかし、何より面白いのは、こうした再貯食戦術を、自分自身の以前の盗みの経験から編み出しているらしいことだ。貯食行動を目撃された後に再貯食するのは、他の個体の貯蔵食を盗み食いした前科があるアメリカカケスに限られるのである。他の個体の貯食場所を荒らした経験のないアメリカカケスは、目撃者がいても、再貯食の傾向を示さない。[54]

だとすると、アメリカカケスは、何をいつ、どこに隠したか、その時、他の個体が居合わせたかを把握するのにぴったりの感受性を備えているばかりでなく、自らの経験によってその能力に磨きをかけているものと考えられる。ならば、貯食はショート・リーシュ型（進化）の制御下にある行動なのだけれども（何しろ、餌が不足することもなければ冬も来ない実験室の中でも貯食をやめないのだ）、貯食にかかわる予測不能な要素、すなわち、餌の腐食速度の違いと目撃者の有無については、状況に応じて貯食を調節・監視できるロング・リーシュ型のリアルタイム制御を選択したということなのだろう。

脳・身体は、生息環境から切り離せない

最後にもうひとつ、簡単にではあるが、見ておかなければならない行動変化の原因がある。多くの動物が直面する、自らの経時的な変化だ。象に話を戻すと、小さな赤ちゃん象が取る分にはうまい行動も、成長して巨体になった象にとってはあまり効率のよいものではないことがある。なぜか。成長するにつれて、体格、体重比筋力、さらには消化器系までもが（乳離れして母乳から固形食に切り替わるなどの理由で）変化するからだ。どれも行動の適応を必要とする変化なのに、進化によるショート・リーシュ型の制御で漏れなく対処できるとは限らない。つまり、大型哺乳類や鳥類をはじめとする多くの動物が成長と共に行動の融通性を高めていかなければならないのは、自分の身体と環境との相互作用の仕方が経時的に変化するからなのだ（しかも、先に述べたとおり、動物が自分にかかわりのある環境特徴に適切に対処するには、生得的な性向も豊かなほうが有利だ）。そこで、大型哺乳類や鳥類をはじめとする多くの動物は行動の融通性を高めなければならないのである。

本書の狙いからして最も重要なのは、最後に挙げたこの点だと思っている。これまでの章で示唆してきた二つの論点を集約することになるからだ。第一の論点。動物の脳は身体の一部であって、有効な行動は身体と脳の連携によって生じる。この事実をしっかりと踏まえて、どうにかすれば脳を身体と切り離してとらえられるという考えをまずは捨てるべきだ。具体的に言おう。脳を十把一絡げに語るのも、この神経系の大きさと複雑さがすべてと考えるのもやめることだ。脳を身体の統括責任者に据える一方で、神経系の残りの部分を脳との情報のやりとりだけをしている「伝達ケーブル」一式に

なぞらえ、[55]身体を移動手段に例えるのは間違いである。第9章でお話しするが、身体の構造次第では、神経による行動制御などまったく不要になることも珍しくない。すると、身体自体が実に費用対効果に優れた形で物事に対処し、機能するようになる。先にも述べたけれど、私たちは自分の大きな脳にばかり目が行っているせいで、認知が脳だけではなく生体全体の特性である可能性を見落としているようだ。第二の論点。動物の脳と身体はそれぞれの生息環境と切り離しては考えられない。つまり、環境を抜きにして動物の行動と認知だけを研究できると考えるのは誤りだ。進化の過程を理解しようとする時に「共生的」な見方が役立つのと同じで、行動と心理について考えるにも、物を言うのは共生的な見方なのである。

第6章 生態学的心理学

生物という観念について語るには環境という観念が不可欠であり、環境がいかなるものか考えてみれば、精神的生命体を真空状態で発達する孤立した個体と見なすことは不可能になる。

——ジョン・デューイ（哲学者・教育改革者）

あなたが最後にダンスをしたのはいつ？　パーティーの時？　ナイトクラブで？　誰かの結婚式の折？　皿洗いのついでにキッチンでくるくるとステップを踏んだくらいのものだろうか。大勢の人の前で踊るのがお仕事？　不承不承踊った人もいるだろうし、幸せの絶頂にあった人もいるかもしれない。それはさておき、自分が踊っていると思っている時、ダンスはさて、どこにあるのでしょう？

変な質問、そう思うでしょう？　訳がわからないって？　では、もう少し、具体的に訊こう。ダンスはあなたの頭の中にある？　それとも、あなたが置かれている状態？　あるいは、あなたに起こる出来事？[1]　余計、こんがらがった？　なぜなら、ダンスはそういうものではないからだ。ここがまさにポイント。ダンスは私たちの行為であって、私たちが所有している物でも、置かれている状態でもない。

踊っている時、私たちは自分の動作をその時々の環境に合わせて調整している。ダンスは私たちの頭の中にあるわけでもないし、私たち次第というわけでもない。音楽やそのリズムとテンポ、それに、パートナーがいるならパートナーによっても左右される。だから、ダンスはどこに「ある」と質問すること自体、まったく無意味なのだ。このダンスの比喩、哲学者アルヴァ・ノエが人間の意識に関する自説を説明する際に用いたものである。ダンス同様、意識も私たちの行為であって、所有の対象ではない。彼の言葉を借りれば、「踊る能力は頭の中で起こるありとあらゆるものに左右されるが、踊る行為は基本的に、周囲の世界への同調である」[2]

ノエのダンスの比喩は、意識経験のみならず、心理現象全体にも拡大して言えることだ。それどころか、人間以外の動物すべてにも当てはまる。[3] 別の言い方をするにぴったりの理論がある。今は亡き知覚心理学者ジェームズ・ギブソンが確立した、心理学への生態学的アプローチ、「生態学的心理学」として知られる理論だ。[4] この理論によると、心理現象は動物の「頭の中」で起こるものではなく、動物とその環境との相互関係にある。故に「生態学的」である。[5] 心理的な事象を生態学的現象としてとらえるギブソンの考え方は、ノエのダンスの比喩ともども、前の章で考察した生物と環境の相互関係とぴったり符合する。この章では、心理学への生態学的アプローチの利点を掘り下げてみるつもりなので、ここから先は話が少しばかり専門的になる。私たちが考察しようとしている考え方は重要で興味深いものだが、私たちの普段からの思い込みの多くを完全に覆してしまうため、理解するには少々努力を要する。何より、馴染みのない考え方というだけでも、なかなかしっくりは来ないものだ。とは言え、努力してみる価値は十分あるので、我慢しておつき合い願いたい。

アフォーダンス、ループ状の行動

主体は入力情報を受動的に受容して処理するだけではない。それどころか、主体は瞬時に何らかの視点から、特定の行為をアフォードしてものを見る。

——モーリス・メルロ゠ポンティ（哲学者）

辞書に「アフォード（afford）」という動詞はあるが、「アフォーダンス（affordance）」という名詞は載っていない。私の造語だからだ。この言葉で、環境と動物の両者に関連しているあるものを、既存の用語では表現できない仕方で言い表すつもりだ。あるものとはすなわち、動物と環境の相補性である。

——ジェームズ・ギブソン（知覚心理学者）

これまで見てきたように、かなり単純な動物でさえ、なすべき作業の単純化や効率化、あるいはその両方のために、自分の身体の構造と生息環境を利用して、環境との接触を極めて能動的に探索し、調節している。ギブソンの主張の多くを理解するうえで鍵となるのは、私たちが感覚、知覚、行為について抱いている思い込みの多くを骨抜きにしてしまう、能動的な動物という考え方だ。

たとえば、ギブソンがまず問いかけた疑問のひとつが「感覚とは何か？」である。[6] 私たちは普通、感覚を「感覚作用の経路」ととらえている。[7] しかし、ギブソンの見方によれば、感覚は知覚するためのシステムだ。そう言われると、とっさには、奇妙に思えるだろう。従来の見解では、感覚は知覚形成のための「素材」なのだから。しかし、ギブソンが指摘しているように、「感じる（to sense）」という動詞には二つの意味がある。ひとつは今述べたような「感覚作用を有する」という意味だが、もうひとつ、「何かを検知する」という意味があって、ギブソンはこの第二の意味を採用している。ギブソンにとっては、知覚は感覚作用ではなく、情報の検知に依拠するものだ。つまり、ギブソンのアプローチの注目すべき点は、感覚作用を引き起こす神経系への入力情報を、知覚につながるそれと分けて考えていることにある。その例としてギブソンが挙げているのが、視覚障害者の「障害物感覚」だ。視覚障害者は物体の気配を察知した時、これを一種の「顔面視覚」ととらえる。しかし、本当は反響定位によって物体の存在を検知しているので、目の不自由な人が実際に使用しているのは聴覚系だ。すなわち、自分のどの感覚が刺激されたか気づかないままに、特定の知覚を得ているわけだ。ギブソンの言葉を借りれば、これは「感覚作用のない」知覚だ。つまり、情報を検知したメカニズムとは無関係に生じる知覚なのである。

ギブソンはまた、「刺激」と「反応」という、心理学の古典的カテゴリーについても疑問を投げかけている。実験室内に限って言うなら、どちらのカテゴリーも適切だ。個々の感覚器官に個別の刺激（純音や閃光）を「押しつけて」、その刺激に対する特異的な反応を観察することができるのだから。

反応を生み出すにはどれほどの刺激強度が必要か？　その持続時間は？　反応強度は？　といった具合だ。しかし、実験室から一歩出ると、この種の個々に独立した刺激は存在しない。さまざまな刺激が空間的、時間的に重複し、融合し、それぞれの位置を変えるからである。実世界に存在するのは「刺激エネルギーの流動する配列」[8]であって、動物はそこから知覚するための情報を獲得することができる。動物が活動し、動き回り、位置を変えると、その結果として、動物が得られる刺激情報の質も変化する。自然の環境下にある動物は、実験室の中とは違って、自分の身に起きることを何でも受動的に受け入れるだけではない。必要とする情報を能動的に探し出すこともできる。言い換えるなら、「反応」が所与の「刺激」に先行することもままあるのだ（もっとも、何に「反応」したわけでもないのだから、これを「反応」と呼ぶのは無論、まったくの間違いだけれど）。ならば、知覚とは能動的に環境を探索し、環境に注意を払うことであるから、刺激と反応という二つの独立したカテゴリーが存在するという考え自体にも疑問符がつく。むしろ正確には、哲学者ジョン・デューイが提唱したように、行動を行為と知覚の継続的な統合ループと見なす、「感覚運動協調」のプロセスと考えるべきだろう。[9]

知覚には情報の能動的検知を要すると考えるなら、感覚器官に対する考え方もかなり修正する必要がある。私たちは感覚器官を、多様な刺激の受動的受容器ととらえることに慣れている。つまり、眼は光エネルギー、耳は音波を受動的に受け取る受容器だ。そこで、「眼」や「耳」を研究して、さまざまなメカニズムを解明しようとする。たとえば、音波を検知するのは蝸牛の有毛細胞だし、光子の刺激を受容するのは眼の視細胞、桿体と錐体だと分かったのも、そうした研究の賜物だ。それのどこが悪いわけでもない。私たちの受容器の仕組みが分かるのだから、興味深いこと、この上ない。だが、ギブソンが指摘しているように、動物が自分を取り巻く環境の情報を抽出する知覚システムは、これらの受容器だけでは成立しない。つまり、私たちが環境に存在する音を検知する知覚システムは「耳」ではなく、動く身体のてっぺんに載っている、動く頭部の両側に付いている左右の耳であって、その身体は神経系全体とつながっているということだ。音の発生源と正体を突き止めるには、頭部はもちろん、身体も動かさなければならない場合がある。第3章のコオロギ・ロボットの例で見たとおり、音源の位置はそれぞれの耳に到達する音波の関係によって割り出さねばならないからだ（音源から遠い耳のほうが音波の到達に時間がかかる）。片方の耳ではこれができない。能動的な動物の知覚システム全体が機能して初めてできることである。ならば、「知覚システム」は、一本の神経につながっているひとつの受容器ではあり得ない。感覚器官だけでなく全身を使わなければ情報を抽出することはできない。だから、知覚システムは神経系全体にかかわっているわけだ。ギブソンは感覚器官を単なる受動的受容器とする考え方から抜け出す一助として、触手や触角になぞらえて考えて見るべきだと言っている。[10]

さて、動物を環境探索者、つまり、単なる受動的受容器ではなく能動的な情報探求者と見なすと、それでは何を探求するのかという疑問が沸いてくる。ギブソンが出した答えが環境の「アフォーダンス」、すなわち、特定の対象、つまり情報源が動物に提供する行動の機会と可能性だ（訳注：アフォード afford は「提供する」「利用可能にする」）。動物は環境のアフォーダンスとの関係において情報を探索し、行動を調節するのである。[11]

それでは、アフォーダンスとはいったい何か？　ある程度の背丈があって、膝のところで曲がる二本の脚と物の形に馴染む軟らかなお尻を持っている人間にとっては、椅子は木の切り株同様、座る可能性をアフォードするものだ。しかし、キリンや牛には座ることをアフォードしない。フォークも同じ。人間には食べ物を口に運ぶ可能性をアフォードするけれど、魚や犬、牛にはアフォードしない。皆、フォークを握る手を持たないからだ。イチジクの木はチンパンジーに登ることをアフォードするが、象にはお尻を擦りつけたり、押し倒したりする行為をアフォードする。つまり、知覚は「行為という言語で書き表される」[12]。私たちの目に映るのは椅子ではなく、座る場所だ。ケアシハエトリが見るのは垂直のポールではなく、登る場所である。キツツキフィンチが見るのも、小枝ではなく突くためのもの、穴ではなく突く場所なのだ。

アフォーダンスの概念は、動物の頭の中で起こることが（どういう結果につながろうと）、世界におけるその身体の動きと切り離せないことを意味する。[13]探索行動は「ループ状」に循環する。それを踏まえれば、知覚と運動作用は二つの異なるカテゴリーを形成するどころか、アフォーダンスを検知し利用するための、密接に調和し、完全に統合された単一の単位であって、だからこそ極めて特異的な適応行動が生まれるのだと、認めざるを得ない。ならば、同じ環境資源であっても、動物に提供する可能性（アフォーダンス）はそれぞれの動物によって異なるはずだ。動物が異なれば身体も異なり、ひいては感覚運動能力も異なるからである。

そう考えると、アフォーダンスという考え方は、第5章でお話しした「環境世界」という考え方ときれいに結びつく。アフォーダンスは環境世界と同様、「動物依存的」だ。どちらも、環境が提供する特定の機会を、特定の神経系を持つ動物が検知し利用できる程度を反映するからである。ただし、アフォーダンスは純粋に「主観的」であるわけではない。ギブソンの言葉を借りよう。

アフォーダンスは客観的特性、主観的特性のいずれでもない。あるいは逆に、その両方だと言ってもよい。主観的・客観的の二分法の枠に収まりきらないアフォーダンスは、二分法というものの不適切さを教えてくれるよい例だ。アフォーダンスは環境の事実であると同時に行動の事実でもある。物理的かつ心理的でありながら、そのどちらでもないとも言える。アフォーダンスは環境と観察者の両方向へ向かうものなのだ。[14]

このようにして、堅い水平面は、足のある動物に歩行をアフォードする。歩く動物が実際にいるかいないかは関係ない。しかし、その一方で、このアフォーダンスは、堅い水平面という構造を足のある動物が歩行という形で利用しない限り、認識されることがない。[15]もうひとつ、よい例がある。「お助けホールド」だ。[16]ロック・クライミングで、安全、確実、しかも楽な支えをアフォードしてくれる断崖絶壁の突起物を指す用語である。延々と登り続けてきた挙げ句に、あるいは、とりわけ厳しい区間を登っている最中にこれを見つけたロック・クライマーにとってはまさに天の助けなので、こう呼ばれている。お助けホールドの性質とクライマーの感情との間には関係があるものの、そのホールドをお助けホールドならしめる特性は、それを利用する者の有無にかかわらず存在する。ホールドはずっと存在していて、知覚されれば知覚され、利用されれば利用されるのだ。

動物の行動の目的とは？

アフォーダンスの概念から見れば、前の章でお話しした、動物は環境からの影響を受けるだけではなく、自らも環境に影響を及ぼすという主張に間違いはないとよく分かる。ケアシハエトリは網を爪弾くおどけた仕草で獲物のクモの動きを能動的に模倣する。これは網が模倣する可能性をアフォードするからだ。そうは言っても、自分が他のクモの網をわざわざ揺らしている理由をケアシハエトリが承知しているとか、網を揺らせば獲物にありつける理由を理解しているという意味ではない。要は、先に述べたとおり、「本能」行動と「知能」行動はそんなにあっさり区別できるものではないということだ。行動は刺激から反応へと向かう一方向の関係の所産ではなく、行為と動作が感覚刺激に先行することも多い「感覚運動結合」の循環プロセスだとする考えも、アフォーダンスの概念が裏付けてくれる。こうして普段の発想を逆転させてみると、行動とは結局のところ、自らの知覚を制御するものだと分かってくる。[17]

制限速度一〇〇キロの区間で車を走らせているとしよう。（速度計を見るにしろ、窓の外の景色が一定の速度で流れていくのを見て確かめるにしろ）、この制限速度の知覚を一定に保つには、路面や勾配が変化するたびにアクセルとブレーキを踏む力を加減して、絶えず行動を調整しなければならない。速度計の針が上がっているのを視認したら、どうする？　ブレーキを踏む足に力を入れる。そうする理由は、次に速度計の針が下がるのを知覚するためだ。どこかで聞いたような話と思うだろう。グレイ・ウォルターが亀ロボットに使用した負のフィードバック・メカニズムと相通じるところがあるからだ。エルジーとエルマーの場合は、光が明る過ぎにも暗過ぎにもならないように知覚を制御しようとした。結果として、亀たちは環境の中で、適切な反応ではなく、適切なレベルの感覚刺激を生むべく動作したわけだ。それと同じで、制限速度を守るための動作も、「適切な反応」ではなく「適切な刺激」を生み出すための試みだ。なぜなら、ブレーキを踏む行動が「適切」であるのは、速度計の針の見え方を制御する必要がある状況に限られるからである。上り坂に差し掛かれば、アクセルを踏む。それが適切な刺激を生み出す反応なのだ。

動物にとっては、ある状況における「適切な反応」を判断するより、「適切な刺激（たいていは、空腹感ではなく満腹感の知覚や、恐怖ではなく安全の知覚など、生存に利する刺激である）」を生み出すほうがはるかに簡単だ。「適切な反応」は刻々と変化しうるからである。[18] この分野の研究者らが言うところの知覚制御理論（Perceptual Control Theory：ＰＣＴ）によれば、行動が変化する理由は、動物が世界に対する知覚の安定性を保とうとすることにある。つまり、ＰＣＴもまた、ギブソンやデューイの理論同様、動物を「目的を持った存在」と見なす行動理論なのだ。動物は自らの行動を制御し、世界における自らの行為によって運命を切り拓く。その「目的」は、内的状態を保ち（つまり、ホメオスタシスを維持し）、知覚した世界の外的状態を守って、自らの生存につながる一定の限界内に留まることだ。

本書で展開している視座からすると、ＰＣＴもまた魅力的な行動理論だ。なぜなら、ギブソンの生態学的知覚理論と同じく、環境世界という考えにきれいにつながるからである。制御する立場の動物が承知しているのは、自身の感覚信号もしくは知覚だけだ。自分自身を振り返って見ることも、自分の知覚外の世界を知ることもできはしない。[19] つまり、ＰＣＴも環境世界と同様、外部から観察した動物の行動は当然、内部から観察されるそれとはまったく異なっているという事実を突きつけるものだ。動物の行為のある側面が私たちにも見て取れ、評価できるものだという理由だけで、その行為が動物の目的達成にかかわっていると思い込むのは厳禁なのである。

体操選手を例にとってみよう。選手の演技を評価する立場の人々は、選手の動作を目でとらえることができるけれど、選手自身は自分の演技が他者の目にどう映っているか、直接認識することはできない。選手が制御できるのは、ジャッジには経験も評価もし得ない選手自身の知覚（たとえば、プレッシャーや努力、耳に届く音、目に見えるもの）だけだ。[20] ところが、典型的な刺激‐反応論の観点からすると、選手の外観や行動などの、選手自身の知覚の世界には存在しない側面を説明したくてたまらなくなる。要するに、何の事はない、選手がしていることではなく、していないことを説明する羽目になるわけだ。[21]

環境は錯覚？

真の問題は、大脳皮質が網膜から受け取るメッセージをどのように使用して質問に答え、別の質問を投げかけるかだ。これが、私たちが視知覚と呼ぶ一連のプロセスである。

――Ｊ・Ｚ・ヤング（動物学者・神経生理学者）

脳にできて、なぜ、腎臓にはできない？
——ピーター・ハッカー（哲学者）

ギブソンが知覚と行為を二つの独立したシステムと認めない理由は、彼の理論のもうひとつの側面にも見て取れる。環境を鮮明かつ詳細にとらえるには世界から流れ込む感覚入力をすべて漏れなく処理する必要があるという、従来の考え方を棄却しているのだ。[22] ギブソンの理論が従来の考え方となぜ、どのように異なっているか理解するには、まず、知覚をひとつのプロセスとする一般的な見解の何たるかを幾分なりとも把握しておく必要がある。ここでは視知覚を例に取ってみよう。

視知覚に関する従来の見解は、数学者にして天文学者でもあったヨハネス・ケプラーに端を発する。[23] 彼が眼の光学的構造を説明し（眼はカメラのように機能すると推測した。もっとも、彼の時代にはカメラではなく、カメラの原型であるカメラ・オブスキュラ［訳注：当時の画家がスケッチに利用した暗箱］だったけれど）、光線が眼のレンズによって屈折するため、網膜に結ばれる像は左右反転した倒立像になるはずと論証したのである。ところがこれが、当然のことながら、興味深い疑問に火を付けた。環境知覚の元となるのが網膜に形成される像であり、その網膜像が左右反転・倒立した二次元の静止像であるなら、私たちはどうして環境を動的な三次元の成立像として知覚できるのか？　それだけではない。眼は二つあるので、網膜像も二つできる。しかも、同じ像ではない。ならば、なぜ複像とならないのか？　二つの異なる静止倒立像が環境を三次元でとらえた像に変換されねばならないことは明らかだ。だが、どうやって変換する？　この難問にケプラーは頭を抱えた。解明を目指してさまざまな取り組みを重ねてようやくたどり着いた解答は、「不毛で場当たり的」で、ほとんど意味を成さず、とうてい納得の行くものではないと揶揄された。[24]

後に、フランスの哲学者ルネ・デカルト（彼については後で詳述する）が摘出した牛の眼球を背後から覗き込む実験を行ったところ、ケプラーの予測に違わず、網膜には倒立像が映し出された。しかし、デカルトはこの網膜像問題について、実にごもっともと言いたくなるような解答を見つけ出した。網膜像からの刺激と、それが伝わって松果体（デカルトが網膜からの画像の転送先と考えた脳の部位）に形成される像は刺激のパターンに過ぎず、私たちはそれを多様に処理して視知覚を得ていると主張したのだ。別の言い方をすれば、外界の対象を二次元化して描いた肖像や絵画が元の三次元の対象とそっくり同じではないのと同じで、外界の対象から網膜が受ける刺激も実際に当の対象と似ている必要はないと論ずることによって、網膜倒立像の問題を一蹴してしまったのである。網膜像にしろ絵画にしろ、重要なのは、対象と像とが同じ精神活動を惹起すること、それだけではないか。

一九世紀に入ると、よく心理学のニュートンと呼ばれる（言い得て妙だ）ヘルマン・フォン・ヘルムホルツがデカルトの主張をさらに発展させて、視知覚は脳による「無意識的推論」だと主張した。[25]彼によると、網膜から送られた神経インパルスは脳で感覚作用に変換される。[26]それを「素材」として、私たちの無意識の心が知覚を「推論」するのだ。知覚は推論のプロセスでなければならないと、ヘルムホルツは論じた。なぜなら、網膜から送られる情報はごくわずかだからだ。そんな微々たる情報で、世界がどう見えるかという正確な表象を得られるはずがなかろう。ならば、脳が欠落部分を埋めずにどうするのだ。ヘルムホルツに続いて、神経生理学と心理学の大御所リチャード・グレゴリーも、私たちの知覚は、入力神経信号から得られる乏しいデータを軸にして、脳が外界について立てる「仮説」であると示唆した[27]。グレゴリーと並び立つ神経科学者コリン・ブレイクモアも右へ倣えで、「ニューロンが脳に根拠を提示し……脳はその根拠に基づいて知覚に関する仮説を立てる」と論じた[28]。しかし、何と言っても有名なのは、神経心理学者デイヴィッド・マーが後代に多大な影響を及ぼした著書『ビジョン：視覚の計算理論と脳内表現』（産業図書）の中で断固として主張した、視覚は脳が行う情報解析のプロセスだとする見解だ[29]。

こうした従来の見解の要点をまとめるとどうなるか。ノエの言葉を借りよう。私たちに与えられるもの（平坦な網膜像）は思いのほか少ないらしいことからして、私たちが目にするのは世界そのものではなく、私たちが脳を駆使して内面で作り出した世界ということになる[30]。こう言い換えてもいい。私たちは、世界そのものに直接基づいて行動するのではなく、オリジナルに忠実で詳細な表象を頭の中で構成し、その復元物に基づいて行動しなければならないのだから、私たちと世界との接触は間接的なものに過ぎない[31]。したがって、私たちが見ている環境は錯覚なのだ[32]。

神経生理学者マックス・ベネットと哲学者ピーター・ハッカーが指摘しているとおり、知覚に対するこの取り組み方には概念上の問題が幾つもある[33]。中でも顕著なのは、「メレオロジーの誤謬」を犯していることだ。これは、大ざっぱに言えば、部分を全体であるかのように扱うという意味である。脳が「推論」し「仮説を立てる」と言ってしまうと、あなたの一器官に過ぎない脳、それ自体を人であるかのごとく扱うことになる[34]。つまり、あなたの頭の中に脳という人がいて、「あなた」にあれやこれやと命令するのだ[35]。要するに、脳を擬人化しているわけである。脳は活動電位を発生させる細胞から成る器官であって、知覚のプロセスには確かにかかわっているものの、脳自体が知覚するわけではないから、この擬人化はまずい。知覚できるのは全体としての動物のみである[36]。

従来の見解に付き物のもうひとつの難点は、私たちが見ているのは目の前にある世界の対象ではなくて、脳内で描かれた画像もしくは網膜像だけとする考えに固執していることだ。ここでコリン・ブレイクモアが再び登場。「被視体は対象そのものではなく、眼の瞳孔内に潜んでいる対象の平面像である[37]」。これに対してはピーター・ハッカーの言葉を返そう。「網膜像なしには何も見えないから、私たちが見ているのは網膜像だと言い張るのは、金なしでは何も買えないから、私たちが買っているのは金だと言うようなものだ[38]」。ここに挙げた二つの誤った概念を考え合わせれば、網膜倒立像が「問題」視される理由も説明できる。平面の倒立像のことで思い悩むのは、しかるべき装置を使って他者の眼を覗けば網膜像を見て取れるように、脳もこの像を「見る」ことができると思い込んでいるからだ。しかし、言うまでもないが、脳は何も見ることができないし、「私たち」も自分の網膜像は見られない（頭の中に小さな別人でもいてくれない限り、自分の網膜像など見られやしない）。そういうわけだから、網膜像が上下逆さまなのは問題ではないかと気に病むのは筋違いも甚だしい（何も、あるいは誰も網膜像を見やしないのだから、逆さまだってかまわないじゃないか。そもそも、何に対して逆さまなのだ[39]？）。視覚に関する限り、網膜像の形成は本当に重要なことのおまけに過ぎない。肝心なのは、視野にある対象から光の配列が反射された、そのことである[40]。

知覚と包囲光配列

感覚は知的プロセスの介入を必要とせずに対象に関する情報を入手できる。
——ジェームズ・ギブソン

ギブソンの生態学的知覚理論は、知覚を錯覚とする従来の見解と真っ向から対立している。ギブソンによれば、知覚の発端となるのは網膜像ではなく、環境中の光の構造（「包囲光配列」、これについては後述する）だ。情報を抽出できる知覚システムを備えた動物は、この包囲光配列、すなわち包囲光の光学的配列から情報を得る。[41] 得た情報は直接知覚できるので、何らかの方法で変換、増強、拡充する必要はない。つまり、動物の行動の基盤となるのは脳内の復元物ではなく、環境に存在する物なのである。ギブソンはこう主張して、「内的」精神世界によって「外的」世界の見え方を構成するという従来の二元論的な知覚論を切って捨てた。ギブソンに言わせれば、世界はひとつしかない。動物はその世界で手に入る利用可能な情報、すなわちアフォーダンスを検知する。[42] よって、ギブソンの理論では、網膜像の「問題」など物の数に入らない。網膜像は知覚の基盤ではないからだ。その代わり、彼は解明を要する別の問題の存在に気づいた。

ギブソンの指摘はこうだ。動物の受容器に多種多様な刺激エネルギーをコントロールしながら与えることのできる実験室で実験を行っているのでもない限り、動物が見る光や聞く音、嗅ぐ匂い、接触の強度は、場所により、刻一刻と変化する。動物は動き回るからだ。ならば、受容器の受ける刺激作用やそれに伴う感覚作用も、著しく変動するはずだ。そこでギブソンは、視知覚の大問題に突き当たった。「絶え間ない変化にさらされているなら、人間や他の動物は、どうやって一定の知覚を得ているのだろう?」

ギブソンが出した答えは、観察者である動物が移動し、そのために動物が受ける刺激作用の強度が変化しても、時間や場所によって変化しない「不変項《インバリアント》」が刺激エネルギー中にあると示唆することだった。彼の言う不変項は環境の永続的特性とも言うべきもので(だから不変的)、永続的だからこそ、動物が検知もしくは「抽出」できる環境情報を構成する。[43] たとえば、長方形のテーブルを見ても、実際には完全な長方形には見えていない。真上から見下ろさない限り、そうは見えないからだ。目に映るのは、移動する観察点によってそれぞれの内角と上底・下底の長さの比とがさまざまに異なる、一連の絶えず変化する台形だ。変化しないのは、対角同士の関係(複比)であって、これが長方形の面(しかも剛体面)であることを特定する。[44] したがって、知覚は動物と人間が環境の不変項を検知する活動である。

要はどういうことか。ギブソンが言うところの「光学的配列[45]」について、もう少し詳しく考えてみるほうがよさそうだ(ギブソンの研究は視知覚を中心としたものだが、他の種類の感覚にも同じ原理が当てはまる)。光線は透明な媒質である空気の中を伝播し、知覚対象に突き当たると、その表面から反射される。知覚者の眼がちょうどよい場所で見ていれば、知覚者はこの反射光を利用できる。光を利用できる場所を「観察点」と呼ぶ(「測点」ともいう)。こうした観察点のいずれにも、あらゆる方向から光が集束して、三次元の角度(二次元の角、つまり平面角と区別するために「立体角」と呼

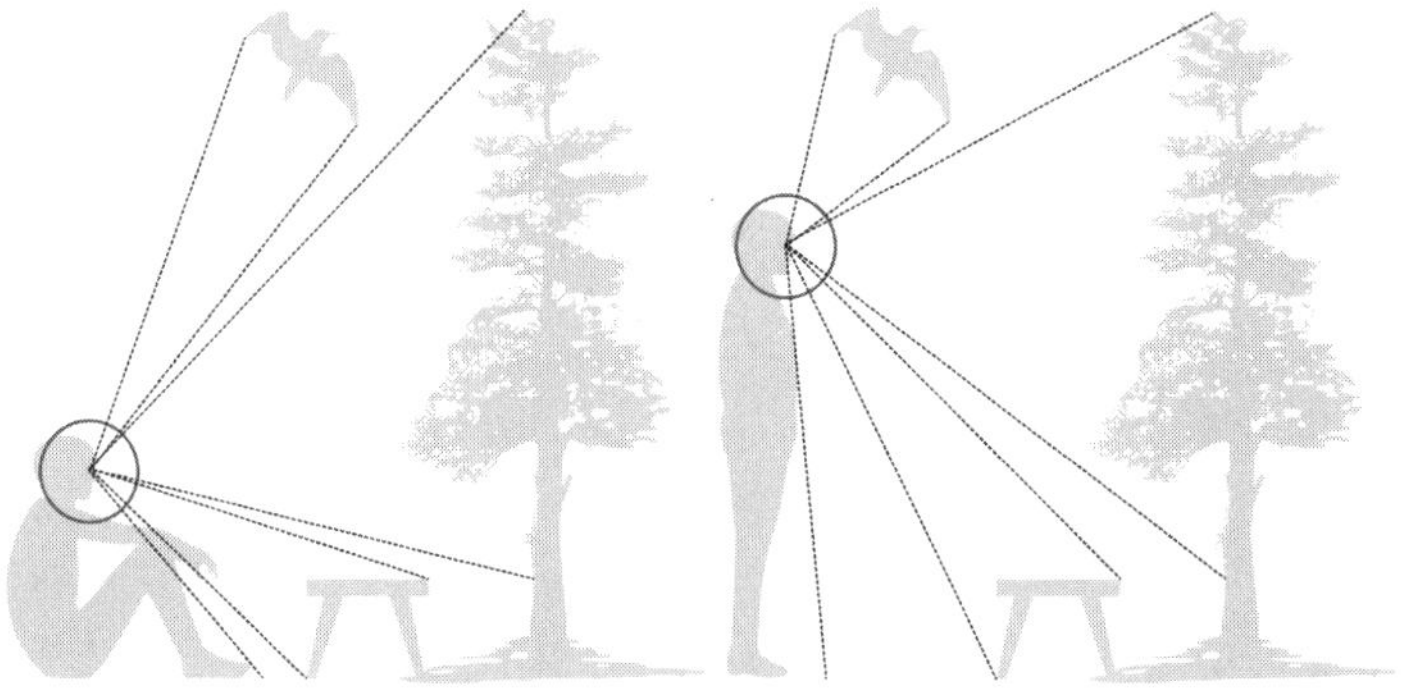

図 6-1　光学的配列。環境中の対象から反射された光によって生じる " 立体角 " が、対象を特定するコントラストを形成する。

ばれている）を形成する。立体角はそれぞれの大きさに応じて相互に入れ子構造になっている（つまり、小さな立体角がより大きな立体角に内包された状態だ）。この立体角が光の強さ、すなわち光度の差に相当する。ある立体角からの光度と混合波長が別の立体角からの光のそれと異なると、コントラストが生じる。これらのコントラストの配置は、コントラストを生む光度や波長そのものとは無関係だ。重要なのはコントラスト間の相対的な差のみである。こうしたコントラストが生み出す構造ないしパターンが光学的配列を形成する。だから、光自体が情報を持つのだ。包囲光配列の構造は、光が反射される面の種類と、環境中におけるその面の位置とによって決まる。要するに、包囲光配列は特定の環境に固有のものであり、環境が包含するものを（まさに文字どおり）反射するわけだ。

具体例で話そう。日当たりのよいベランダで新聞を読み始めたのだが、暑くなってきたので、日陰を求めて部屋に戻った。するとどうなるか。新聞からの反射光は減少するのに、新聞紙の色が突然変化することはない。従来ならば、私たちの神経系が入力情報の性質の変化を補正して、新聞の錯視像を別のものと交換したと言うところだ。しかし、そのような脳内での補正は不要とするのが生態学的アプローチだ。なぜなら、光度に絶対的な変化が生じても、包囲光配列そのものの構造は変わらないからである（重要なのはコントラストの絶対値ではなく、相対的な空間パターニングだ）。

能動的なサンプリング

ギブソンの理論の要は、利用可能な情報を抽出するために、動物が能動的に環境を探索し、注意を払わなければならない点にある。そこで、環境情報が乏しく、知覚が困難になるようなことがあれば、動物は収集する情報の質を高めるべく、直接的な行動に出ることがある。ピンの向こう側に張ってあるラベルを見たい時、あるいは、小さな字で書いてある表示を読みたい時、あなたならどうする？ラベルが手前に来るようにピンを回す。表示に目を近づける。つまり、動物は世界を動き回って光学的配列を変形させる。この変形により、世界にある対象の形状、大きさ、位置が明らかになるのだ。ギブソンの言う視知覚は、環境からの刺激を受容した後に内的表象を構成することではない。動物が世界に存在する情報を検知できるように、光学的配列を能動的にサンプリングすることを言う。こうして能動的にサンプリングするから、動物はここで述べたあらゆる観察点に共通する「不変構造」だけでなく、「遠近法構造」をも知覚できるのだ。[46]

動物が動いて光学的配列を変形させると、動物自身の身体の移動に関する情報も得ることができる。これが遠近法構造だ。遠近法構造の流動は移動を意味するのに対し、停止している遠近法構造は動物が静止していることを示す。すなわち、ギブソンの理論では、環境の知覚は常に一種の自己知覚を伴うわけだ（相互性の原理に従って動物をその環境に見事に埋め込む考え方である）。逆に、先に述べたように、動物が動いて光学的配列をどう変形させても、変わることなく一定に保たれる相もある。これが、環境中に存在する対象の種類を独特の仕方で特定する不変構造だ。ここでいよいよ、アフォーダンスがどうかかわってくるか明らかになる。アフォーダンスとは、知覚情報を利用可能にするものという意味の用語だ。つまり、特定の種類の動物にとって重要な不変項である。たとえば、地面の不変項である硬さは私たちに歩行をアフォードするし、壁の不変項である垂直性と硬さは寄りかかることをアフォードする。となれば、環境世界も無関係ではない。不変項は常に存在するが、その重要性は動物によって異なるからだ。靴がアフォードするのは、人間の場合は足の保護だが、犬にとっては囓《かじ》ることだ。足の保護には形状の不変項が極めて大きな意味をもつけれど、囓る分にはさほど問題にならない。しかし、耐久性と質感は、履くにも噛むにも大問題だ。

いろいろ例を挙げたが、ここで何よりも読み取って欲しいのは、不変構造の検知とひいては知覚が、動物が情報を利用可能にするために行う光学的配列の能動的な操作に完全に依存する点だ。言い換えるなら、知覚情報を利用できるのは、動物が何らかの方法で能動的に探索している場合に限られるのである。これは先に登場した我らがケアシハエトリにも当てはまる。覚えているだろうか。ケアシハエトリは管状眼を動かして、複雑なパターンで角膜を走査し、視野にある水平線を検知して、それに応じて動作する。これをギブソンの用語で表現するなら、管状眼による能動的な検索は、ケアシハエトリが環境のアフォーダンス、つまり水平の不変項を検知し、それに従って行動するための手段なのである。

アルヴァ・ノエも同じ路線で、知覚は世界への「〔感覚・運動的〕技能に基づいたアクセス」の一種であって、その世界においては、動物は環境と直接的に結びついていると考えた。[47] 知覚は私たちの「頭の中」にあるものでもなければ、私たち「に」起こることでもない。さて、この章の冒頭で何とお話ししましたっけ。そう、知覚はダンスのようなものだ。不変項の知覚を可能にするために光学的配列を変形させるという考え方は、知覚が動物と環境の相互作用であって、動物の脳内で起こる何かではあり得ないと論証するための最高に強力な方法だ。いかなる「認知」が行われていようと、それは動物の頭の中だけでなく、外界でも行われている。外の世界における行為は動物の頭の中で起ることに劣らず「認知的」と考えるべきものなのだ。

世界との同調

こんな風に論ずると、生態学的心理学は「反表象主義」だ、「反心理主義」だという誹りを（それもかなり頻繁に）受けることになる。[48] ギブソンが、光学的配列には環境の性質を特定するに必要な情報が常に十分含まれているので内的情報処理は必要ないと、断固主張したからだ。[49] だが、そこだけ抜き出しても、ギブソンの主張は正しく伝わらない。第一に、ギブソンは知覚に的を絞って理論を展開しているのであって、表象を要する（とされている）他のプロセスまでも生態学的アプローチで説明しようとはしていないからだ。それどころか、ギブソン自身、自分の理論は「回想や予期、想像、空想、夢が現に生じることを否定するものではない。それらが知覚に必須の役割を担っているという、そのことを否定しているだけである」と明言している。[50] 第二に、自分の理論は「神経系に言わば内包されている内的ループの存在も認める……脳が単独で生み出せるものは一種の経験であることに間違いない」とも断言している。[51] ギブソンが問いかけたのは、心的表象を表現するのに用いられている、たとえば「心像」といった類いの用語の有用性だ。その最大の理由は、そうした用語の真の意味が曖昧なままにされていたからである。「私たちが頭の中に画像を浮かび上がらせているわけではないのは確かだ。そんな画像が生じるとしたら、それを見る小人を頭の中に住まわせておかねばならない……しかも、その小人にしても、頭の中の画像を見る眼が必要なのだから、もっと小さな小人がいてと考えていったら切りがない」[52]

逆に突っ込ませてもらうと、ギブソンの理論が、従来の理論の「知覚は錯覚」という点に関して反心理主義的であったとしても、何が悪い？ それがとんでもない批判だと、なぜ頭から決めてかかる？ 考えてみれば、従来の見解には概念的な問題が間違いなくあるのにひきかえ、ギブソンの理論には裏付けとなる実証的なデータが山ほど揃っているではないか。[53] もうひとつ、忘れてはならないことがある。心的表象は、私たちが自分や他の動物の生活の特定の相をより良く理解しようとして用いる理論仮構物だ。ならば、「現実」であるとは限らない。それどころか、心的表象がなくても心理を語れることもあるのだ（これについては第10章で考察する）。

最後にもうひとつ付け加えておく。間接的ではなく直接的な知覚を支持する主張、すなわち、すべては動物の外界で起きるのであって、頭の中は空っぽという意味ではない（反心理主義と批判する者は、得てしてそういう意味にとらえているようだ）。ギブソンはただ、感覚器官は「信号」や「メッセージ」を脳に送る経路ではないし、脳にしても、送られてきた信号を解読・解釈して静的認知構造、つまり環境の画像のようなものを構築する装置ではないと主張しただけだ。こう言ってもいい。ギブソンの主張には、脳を知覚のプロセスから排除できるとか、排除すべきと示唆する要素は微塵も含まれていない。正しくは、脳に対する考え方を改めるべきと論じているのだ。だって、そうでしょう。能動的な探索が知覚を獲得するための手段であるなら、情報を抽出できるように知覚器官の制御と定位を行う脳は、行動のループの重要な一環でなければならないからだ。

別の言い方をしよう。知覚に関する考察では「眼」や「耳」について論じても意味がないのと同じで、「脳」について論じても無駄ということだ。[54] むしろ、脳については、動物が自分を取り巻くエネルギーの配列から情報を検索・抽出するための手段に完全に組み込まれた構成要素と考えるべきだ。ギブソンの見解では、脳は感覚器官の上に超然と君臨して、推論という機能を活かせるデータが送られてくるのをただ待っているわけではない。それどころか、脳と知覚システムは環境中の刺激情報を検知して「共鳴する」（本当に共鳴するのではなく比喩である）。例えて言うなら、世界を構成するのではなく、世界に同調するわけだ。ラジオのつまみをひねって周波数を合わせるのに似ている（ただし、ギブソンが言うように、これはセルフ・チューニング機能を備えたラジオでないとまずい。さもないと、脳の中の小人、ホムンクルスにつまみをひねってもらう必要が出てくる）。[55] ノイズを避けて聴きたい局を探し当てるように、知覚システムは明瞭に知覚できるまで情報の「捜索」を続ける。これは自己強化だ。情報の抽出自体が、情報抽出を可能にする知覚器官の探索活動を強化する。そして、情報が登録されれば、脳内の神経活動によって引き起こされるあらゆることが情報抽出を強化するのだ。だから、生態学的アプローチで言うと、動物の頭の中では「何も」起こらないことになる、と批判するのはお門違いだ。

したがって、ギブソンの理論については、反認知主義や非認知主義の理論ではなく、動物がいかにして自分の置かれている環境を知るかを大きな視点から解釈した、これまでの型を破った認知モデルと解するのが正解と言えそうだ。[56] 実のところ（反心理主義と批判する者にとっては皮肉なことだが）、ギブソンの理論のすごいところは、そのまま認知理論として通用する知覚理論であることだ。知覚と認知を切り離すという愚を犯していないからである。

生態学的心理学に対する反心理主義という批判は、重要なポイントも見落としていることが多い。表象問題についてどのようなスタンスを取っていようと、動物の視知覚に関する研究の第一歩は例外なく、動物の脳内で起きていることについて仮説を立てる前に、まず、環境にどれだけの情報が存在するか（あるいは、格別疑い深ければ、そもそも情報があるのか）を見極めることなのだ。[57] 哲学者で、ギブソンの見解の熱心な擁護者とも言うべきマーク・ローランズは、自分の「吠えるのは犬の特技という原理（〝その道のことはその道の者に任せよ〟という意味の古い格言〝犬を飼っているのに、なぜ自分で吠える？〟を下敷きにしている）」が進化した動物にも無理なく当てはまると指摘する。

自由に利用できる情報が環境中にあるというのに、自然選択がわざわざ苦労して、まるで同じ仕事をする脳内メカニズムを構築するはずはなかろう？　環境中に存在する利用可能な情報を考慮できないと、実は環境に丸投げできる作業なのに、動物の脳内で行われている作業と性懲りもなく思い込むことになりかねない（これについては後述する）。もうお分かりだろう。ギブソンは、脳内活動がまったく行われていないとは一言も言っていない。動物の認知能力を研究するなら、動物の頭の中だけでなく、外部環境にも同じだけ注目すべきと主張しているのだ。

動物が環境構造をいかにして直接知覚するか、また、それが従来の心理学的見解とどう異なるかというところまで正確かつ専門的に詳述するのは、ここでは蛇足だと思っている。[58] 生態学的心理学は脳内の認知メカニズムの必要性をいっさい認めようとしない見解だと悪し様に言われることが多いから（私が大学に通っていた頃など、ぼろくそにけなされていた！）、それは違うと反論しただけの話だ。もう納得していただけたことと思うが、実際はそうではない。認知プロセスは動物と環境の相互作用を反映するものだから、世界で起こる物事は認知メカニズムに関する研究の要と見ることができるとする認知プロセスの再解釈、それが生態学的心理学なのである。[59] もっと含みのある的確な言い方をしようか。表象システム、あるいは「観念」は、心的現象であるだけでなく、世界の中で行動し、活動を調節する方法でもある。私たち人間でさえ、現実をまったく踏まえない形で「観念」を頭の中で内面化したりはしない（正規の学校教育はそういう教え方をしていることが多いようだが……）。むしろ私たちは、そうした観念を、環境との接触を調節・制御するための一助として利用しているのだ。[60]

ギブソンが実際に否定したのは、従来の見解を主張するうえで不可欠な、動物と環境、知覚と行動とを切り離す誤った考え方である。ここから話を進めていくうえで、何よりも心に留めておいていただきたいのがそのこと、そして、アフォーダンスの概念である。

第7章 メタファーが生む心の場

フロイトはよく、脳を油圧装置や電磁システムになぞらえた。ライプニッツは風車小屋に例えたし、聞いた話だと、一部の古代ギリシャ人は脳を投石機のように機能するものと考えていたそうだ。今の時代、脳のメタファーと言えばもちろん、デジタル・コンピュータだ。

――ジョン・サール（哲学者）

データを駆使し、仮説を立て、選択するなど、かつては心の為せる業とされていたことが、脳の仕事と言われている。行動主義で説明するなら、どれも人がすることだ。

――B・F・スキナー（行動主義心理学者）

ここまで、周囲の世界を擬人化したがる私たちの傾向に知覚バイアスがどのような影響を及ぼしているか、また、大きな脳を持つ哺乳類である私たちはなぜ、融通が利く（つまり、「知的」である）

ように思える行動の多くが脳の働きを大して必要としていない事実に気づかずにいるのか、検討してきた。心理学の分野に根を張っている科学的バイアスにも少しばかり首を突っ込んでみて、別の考え方もありうることがおぼろげながら見えてきた。そこで本章では、そこをさらに掘り下げて、さまざまな科学的バイアスの根元にある人間ならではのバイアスが、どのような形で自然認知の本質を正しく理解する妨げとなっているのか、詳しく見ていくことにしたい。具体的には、私たちの科学的な世界観がメタファーの使用によってどう構造化されるのか、また、メタファーの使用がどのような経緯で、認知を世界から切り離された脳に依拠するプロセスととらえる見解を主流に押し上げるに至ったのか、考察するつもりだ。[1]

メタファーによる世界の構造化と理解とはどういう意味か？　日常生活の中で言うなら、ある抽象概念を別の、より具体的な経験として理解しようとする傾向のことだ。時間という抽象概念なら、私たちは空間的なメタファーを使って把握する。たとえば、こんな言い方をするだろう。春休みを「心待ちにしているの〔look forward：直訳すれば「前方を見る」〕」。何しろ、仕事が「遅れちゃって〔fallen behind：後ろに取り残されている〕」、締め切りに追われているからね。でも、もうちょっと居直りの気分。「済んでしまったことは仕方ないもの〔past is behind us：過去は後ろにある〕」。同じように、思考や考えを食べ物に見立てることも珍しくない。「没頭できる〔get our teeth into：しっかり食らいつく〕」ことって素敵だけれど、「高望みしすぎた〔bitten off more than we can chew：一口が大きすぎた〕」かもと思うこともよくあるわ。[2]そう言えば、と気がついたのではないか。私たちは、世界の中で自分が取れる動作を元にしたメタファー（時間の中を移動する／考えを噛みしめる）を頻繁に使っているのだ。これについては次の章で詳細に考察するが、こうしたことが起こるのは、私たちの世界観のほとんどが世界における行動の可能性に根差し、行動の可能性から生まれるものであるからだ。極めて抽象的な考え（数学的思考も例外ではないとする研究者もいる）[3]でさえ、私たちの身体が物理的になし得ることを反映している。

こんな風にメタファーを使っているからと言って、私たちは言葉のとおりに、思考は食物であって、まったく手に入らなくなったら餓死すると信じているわけではない。ならば、どう考えているのか。具体的領域と抽象的領域の等価の要素間には類似の関係が存在すると理解しているのだ。だから、両者を比較できる。思考は、文字どおりではないにせよ、「知能を養う栄養」になり得るのである。同じように、事物間に類似した関係を見つけて、物同士をなぞらえたりもする（要するに、ある物を別の物の観点から解釈するのだ）。鳥の巣は人間のアパートのようだし（「家」の関係）、犬がシッポを振るのは人間の笑顔のようなものだ（「友好的な行動」の関係）。並置させた異種の要素の間に存在する関係を「洞察（see beyond：直訳すれば「向こうを見る」。これもメタファーだ）」して、（つまり、観察可能な特徴の向こうに）まったく異なる二つの事物の間に類似した関係を認める能力。これは、人間の重要な、それもおそらく人間固有の特性であって、私たちが他の多くの動物よりも複雑かつ抽象的に世界を検討し、理解できるのも、この特性のおかげと言われている[4]。ならば、なぜ、そうした論理的思考が私たちを惑わすことがあるのだろう？　とても役に立つスキルのはずなのに？

そう、誰が見ても非常に有用なスキルだ。そして何より、この章の冒頭で指摘したように、科学的思考に大きな役割を担っているスキルであることが、その答えだ。科学の分野では多くの場合、私たちの日常的な経験と大きくかけ離れているせいで非常に理解しがたい、極めて抽象的な概念を扱わねばならない。そのため、メタファーは科学に不可欠な要素となっている。[5] 一説によれば、メタファーは「カタクレシス（濫喩《らんゆ》）」のプロセスによって知識の境界を拡大する。濫喩とは、そもそも表現する名前を持たないものを表すために、ある言葉や用語を意図的に使用することだ（訳注：たとえば、机の「脚」。「脚」を非人間に用いるのは「誤用」だが、比喩として通用している）。濫喩を用いれば、まったく新しい思考法を生み出し、本来なら得ることもできないはずの発想を推し進めることができるという。[6]

確かに、有名なところでは原子の構造も濫喩によって太陽系と関連づけられたし、DNAはデジタル方式の記憶装置の一種と見なされることが多い。第1章でお話ししたように、自然選択の作用はよく、人間の意図（欲求や信念）に例えられる。ただし、この自然選択がよい例なのだが、この類いの論理的思考は、使用したメタファーを真正直に受け止めすぎると、問題を引き起こすことがある。第6章で考察した従来の知覚論にしても同じだ。人間の脳は「推論」し、「仮説を検証」し、「主張」するという説は要するにメタファーなのだ。既に述べたとおり、脳は言葉そのままに推論し、仮説を検証し、主張することができるわけではないから、このメタファーを誤って解釈すると（あるいは、メタファーを使っていることに気づかないだけでも）、迷路に入り込む恐れがある。第6章に登場してもらった神経科学者たちは皆、頭の中にホムンクルスがいるなどと一言も言っていないと、断固否定するはずだ。だが、脳が「推論する」「知覚する」「質問する」と言うのは、ホムンクルスがいると言っているのと同じことだ。

ここからは、長年にわたって心理学、認知科学、人工知能の分野の構築に貢献してきた、実に強力なメタファーについて考えてみよう。人間以外の動物の認知について考える時に人間中心主義的な思考法という落とし穴にはまりがちな理由を、その辺りから説明できそうに思うからだ。具体的には、大勢の神経心理学者、認知心理学者、比較心理学者がどのようにして脳をコンピュータと結びつけて考えているか、そこのところを検討するつもりだ（第6章で考察した知覚を「推論」や「仮説」とする説はまさしく、脳すなわちコンピュータとする考え方の一例である）。実を言うと、（人間の）脳は厳密にメタファーとしてコンピュータに類似しているだけではなく、入力情報を取り込んで、さまざまな方法で処理し、特異的出力を生み出すコンピュータそのものだとまで主張する者もいるのだ。[7]

人間中心主義の傾向同様、「脳はコンピュータ」というメタファーも、私たちには当たり前のことになっていて、実にしっくりくる。そのせいで、これがメタファーに過ぎず、脳や神経系とその機能についてはほかにもそれに引けを取らないほど興味深い（しかも、より適切と言えそうな）考え方があることを、ついつい忘れてしまうほどだ。しかし、考えてみれば、私たちが脳と心に用いるメタファーは時の流れとともにずいぶんと大きく移り変わってきたのだから、今の時代の申し子というだけではない、どんぴしゃりのメタファーについに巡り会えたと喜ぶのは甘いだろう。ソクラテスは心を当時の筆記用具である蝋引きの板だと考えた。一七世紀のイギリスの哲学者ジョン・ロックが、心は何も書かれていない「白紙」で、そこに「感覚データ」が書き込まれたり描かれたりすると主張したのは有名な話だ。フロイトは、本章の冒頭で引用したとおり、脳を油圧装置になぞらえた（圧力が上昇したら放出する必要があるという意味でだけれど）。脳と心はほかにも、修道院や大聖堂、飼鳥園、劇場に倉庫、はたまたファイリング・キャビネット、時計仕掛け、カメラ・オブスキュラ、蓄音機、さらには鉄道網や電話交換機にまでたとえられている。コンピュータのメタファーは、時代時代の最も複雑な最新技術をつかみ取った、長い歴史を持つ言葉の比喩的用法の最新版に過ぎないのだ。[8] それを考えただけでも、脳はコンピュータのようなものという主張には、幾分違和感が湧いてくるはずだ。しかし、何より気にかかるのは、そもそもコンピュータのメタファーが根づいた経緯である。それを理解するには、ちょっとした歴史の勉強が必要だ。

人工知能研究はどこで間違えたのか？

人工知能も天然ボケにはお手上げ。
——無名氏

チェスは、人工知能のショウジョウバエだ。だが、コンピュータ・チェスは、遺伝学者たちが一九一〇年に始めたショウジョウバエの育種競争にばかり労力を注ぎ続けていたら、遺伝学もかくありなんという方向に発達した。幾ばくかの科学を手にはしても、最大の収穫は世代交代がとてつもなく早いショウジョウバエということになりかねない。

——ジョン・マッカーシー（初期の人工知能研究の第一人者）

コンピュータのメタファーが初めて世に広まったのは一九五〇年代初頭である。それまでは、脳を象徴するのに打ってつけのメタファーと言えば、電話交換機と相場が決まっていた。脳は、電話交換手が発信者を受信者につなぐのと同じ要領で、刺激を反応につなげる電子交換装置だと考えられていたのだ。[9] 当時、心理学の分野で最も幅を利かせていた学派は徹底的行動主義だったから、この例えはおあつらえ向きだった。行動主義者は押し並べて（若干の例外もいたけれど）[10]、内的・心的プロセスではなく、全体としてとらえた脳・身体行動を研究すべき対象としていたからだ。[11] もっと具体的に言うなら、行動主義者の関心の的は、学習によって制御できる、刺激に対する反応としての行動に絞られていたのである。しかし、この行動主義の刺激 - 反応（S - R）理論では、動物が学習できる（あるいはできない）ことすべてを適切に説明するのは不可能であることが決定的になると、何らかの内的処理が刺激と反応の間に介在しているはずとする見解が勢いを増し始めた。[12] こうして心理学者たちが行動主義を否定し、見直しを始めたのと時を同じくして、やがて「人工知能（AI）」と呼ばれることになるものの開発を進めていたコンピュータ・サイエンティストたちが、認知プロセスのシミュレーションにコンピュータを使い始めた。脳と知能は、コンピュータになぞらえるだけでなく、実際にコンピュータを使って脳の活動をモデル化し模倣することによっても理解できるというこの発想が、心理学者たちのお気にも召したのである。

チューリング・マシンへの大いなる誤解

しばしばコンピュータ・サイエンスの父として名前が挙がるイギリスの数学者アラン・チューリングは、「チューリング・マシン」の分析を行ったために、「脳はコンピュータ」というメタファーの生みの親と広く目されている。[13] このチューリング・マシン、無限に長い紙テープと、テープへの記号の書き込み、読み取り、削除ができる読み書き「ヘッド」(テープ・レコーダーのヘッドのようなものだ)から構成される、ごく基本的ながらも、実に正確な記号操作を行える装置だ。ここでご注意。チューリング・マシンは実在する機械ではない。「アルゴリズム」(順序どおりに実行していくルール群)によって論理問題を解くことができる計算装置を抽象的に記述したモデルに過ぎないのだ。[14]
チューリング・マシンは、読み書き「ヘッド」とテープ上の記号との相互関係(つまり、固有のアルゴリズム)次第で、変種を何種類でも無限に「構築」できる。それを踏まえて、チューリングは「万能」チューリング・マシンの開発も可能と提唱した。これは、考え得るあらゆる変種のチューリング・マシンの動作を模倣できるマシンなので、単一の数列の計算だけではなく、模倣相手のチューリング・マシンがありさえすれば、ありとあらゆる数列を計算できると言うのだ。不思議に思えるかもしれないが、この純粋に機械的な手順、つまりチューリング・マシンに使用された「アルゴリズム」は、あらゆる種類のコンピュータが計算できるあらゆる問題の解の計算に使用できる(要するに、数学の問題だけでなく、チューリング・マシンが使用する記号でエンコードできる問題なら何でも計算できる)と証明された。これが大きな熱狂と憶測を呼んだ。それなら、人間の思考も同じような、アルゴリズムによる記号操作のプロセスではないのか。それどころではない、脳こそ実在のチューリング・マシンかもしれないぞ。[15] こうして、人間の思考、言語、知覚、カテゴリー化など、どんなプロセスでもお

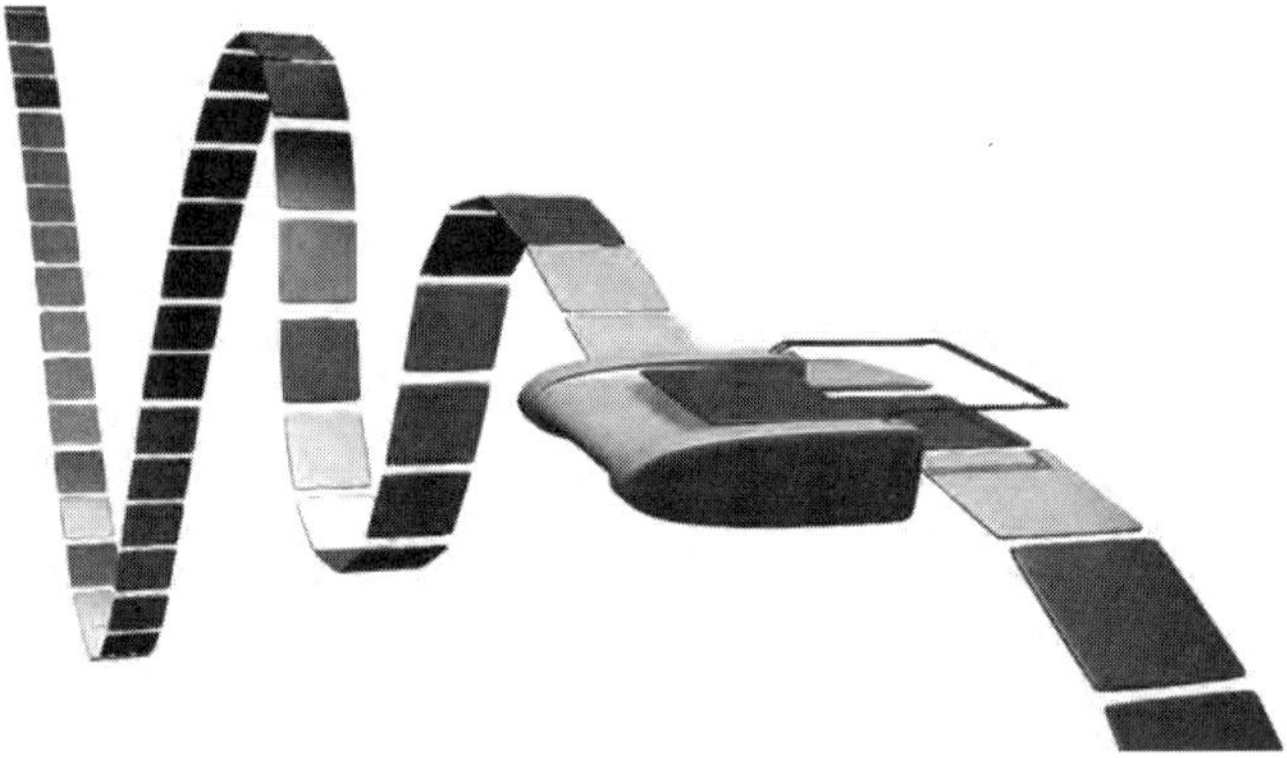

図 7-1　チューリング・マシン。イギリスの数学者アラン・チューリングが、アルゴリズム（順序どおりに実行していくルール群）を使用することによって数を計算できることを証明するために考案した抽象的な装置である。

好み次第で、デジタル・コンピュータを使ってモデル化できる可能性が開けた。なぜって？　コンピュータも、万能チューリング・マシンと、そしてたぶん人間の脳とも同じように、アルゴリズムを使って計算（あるいは演算）するからである。

こうした経緯に加えて、コンピュータが理論的提案に終わらず現実のものとなったこともあって、生物学的に進化したニューロンの代わりに人工のシリコン・チップを使って、人間のように思考できる脳を人間の手で作り出せるのではないかと考えられるようになった。[16] チューリング・マシンの計算プロセスはマシンをどんな素材で製造しようと左右されないのだから、論理的にはそうなる。チューリング・マシンは紙テープと磁気ヘッドでなくても、哲学者ジェリー・フォーダーがいつだったか言ったように「二種類の石ころとトイレット・ペーパー一巻き[17]」から、同じく哲学者のネッド・ブロックが皮肉ったように「猫とネズミとチーズ」[18]に至るまで、何でも好きな物で作れるのだ。しかも、第6章で考察したように、私たちが世界を知覚し、考えるには、感覚受容器に送られてくる情報の乏しさを補うために世界の表象が構成されねばならないとする発想に基づいて、認知を理解する鍵はすべて脳が握っていると見なされるようになった。そのため、認知研究は身体と環境を完全に蚊帳の外に置いて進められることになる。これが、コンピュータで人間のような知能を生み出せるという発想にさらに拍車をかけた。コンピュータは脳と同等と見なせるが、動き回る能動的な身体とは別物というわけである。

これを境に、心理プロセスは、人間、動物を問わず、さまざまな「情報処理」と密接に結びつけて考えられるようになった。すなわち、感覚情報が認知システムに入力されると、認知システムはチューリング・マシンやデジタル・コンピュータのようにアルゴリズムによる記号操作を行って[19]、身体を操作する出力を生成するという考え方である。ここにおいて、これまでの章で見てきたような知覚と認知と行動の分離が動かぬものとなり、心（と「思考」と「知能」）の働きを理解するための取り組みは感覚入力と運動出力の間で起こる「情報処理」を特定・解明するための取り組みと同義になった。こうしてコンピュータのメタファーが根を下ろしたからには、脳はコンピュータのハードウェアで、認知プロセスは脳のソフトウェアのように動作するととらえられるようになったのも、必然と言えば必然だ。この考え方は現代西欧文化のあらゆるレベルに浸透していった。たとえば、映画『マトリックス』では、後頭部の差し込み口にプラグを差し込むだけでコンピュータ・プログラムを人間の脳に直接ダウンロードできるので、何年も修行を積まなくても、専門的能力を身につけられる。その極めつけがカンフーだ（これにしても、身体的スキルの典型と言える技の上達にさえ、身体はほとんど無関係と強調している。第9章と第10章で考察するけれども、危険な思い込みである)。

このように身体と環境がなおざりにされているのも問題だが、「脳はコンピュータ」というメタファーができあがって、当たり前のように使われていることには、もうひとつ問題がある。心理学者アンドリュー・ウェルズがその問題をテーマにした快著で指摘しているとおり、これはチューリング・マシンそのものだけでなく、チューリング・マシンを開発したチューリングの意図まで完全にねじ曲げてしまうメタファーなのだ。[20] 話の全貌を把握して、チューリングが何を目指していたのか理解するには、本当はここにしおりを挟んでウェルズの本を手にとっていただくのが一番なのだが、そこまではしないだろうと思うので(でも、読むほうがいいですよ)、簡単にまとめておこう。

時は遡って一九三六年。チューリングの論文が発表された時、「コンピュータ(computer)」は機械ではなく人だった。計算をする人、計算者である。チューリングの目的は、この計算のプロセスを機械化する方法を考案して、人間である計算者の作業を肩代わりする労力節約装置を創出することにあった。先にお話ししたとおり、彼が考え出した機械は無限に長い紙テープである。これが映画のフィルムのようなコマに分かれていて、それぞれのコマで記号の読み書きができる。つまり、このテープ上を左右いずれかに一度に一コマずつ移動するヘッドが、コマに書き込まれている情報を読み取ったり、書き換えたりするのだ。チューリング・マシンについて考察している著書や論文を見ると、この構成要素から仕組みまでをいっさい合切ひっくるめて、心や認知プロセスの例えとして使っている。いわく、私たちの頭の中には入力情報を記号の形で受容、操作し、出力を生成するチューリング・マシンがある。チューリング・マシンのテープは要するに、人間の記憶のモデルというわけである。[21]

さて、ここからが問題だ。実はこれ、チューリングが本当にモデル化しようとしたものとはかけ離れている。彼の狙いは、人間の計算者と同じ方法で計算できる機械だったことをお忘れなく。私たちはどうやって計算する？　項がたくさんあって複雑なら、ほとんどの人が紙と――それも、ひょっとすると方眼紙と、ペンか鉛筆を使って筆算する。それを頭に置いたうえで改めて、抽象機械であるチューリング・マシンについて考えてみよう。まず、テープだが、たいていは内部メモリと目されているけれども、チューリングにとっては環境の一部だった。具体的に言うなら、計算者が筆算に使う紙である。とすると、テープは脳内メモリのモデルではなく、環境中に存在する方眼紙のモデルだ。[22]それと同じで、記号を読み書きする「マシン・ヘッド」も、人間の脳内で起こる認知プロセスではなく、ペンと紙を使って計算する人間全体を表す。ウェルズはこのセットアップを「ミニ・マインド」と呼んで、ごく単純な心の完全記述、もしくは、より複雑な心の部分記述（人間、計算ばかりしているわけではないから）だと説明している。ならば、チューリング・マシンを構成しているのは実は、有限数の状態（人間の記憶は有限だから）を持つミニ・マインドと、コマに分割された無限の長さのテープ（普通、本物の人間が実際に計算をする場合、手元にある紙の量に限りがあるだけで計算能力が制限されることはないから）と考えてよい。このミニ・マインドの状態とテープの内容との組み合わせを「コンフィギュレーション（全体の状態）」と言う。現在のコンフィギュレーションがマシンの動作、書き込む内容、次の新たなコンフィギュレーションを決定するのだ。

チューリング・マシンが操作する記号が心の一部ではなく、心の外にあることを、これ以上明快にできる説明はあるまい。[23]したがって、チューリング・マシンは、ギブソンが言うところの生態学的な仕組みそのものである。計算は人間である計算者とその環境（計算に使う紙と鉛筆）との関係次第なのだ。チューリング・マシンの動作は、ミニ・マインド（人間と言ってもいい）の状態を調べるだけでは理解できないし、計算者が何をするかも、テープ（環境）だけ眺めていては分からない。チューリング・マシンの動作を把握するには、主体と環境との関係に目を向ける必要がある。ウェルズはこう洞察することによって、心は主体と環境との継続的な相互作用によって形成、操作されると主張している。[24]チューリングがモデル化したのは、ほかならぬこの相互作用だ。ただし、極めて特異的な状況における相互作用である。彼には、人間の行動の一般的解析を行おうとか、人間の認知はすべてこの特異的な計算プロセスに適合すると主張しようとかいう意図は毛頭なかった。早い話が、チューリングの頭の中は数学でいっぱいで、心理学のしの字もなかったのだから。人間が紙と鉛筆を使って計算するようにチューリング・マシンが計算できる数とはどのようなものか？ 彼の関心はその一点にあったのだ。[25]

さて、チューリングに彼のマシンを心ないし心的プロセスのモデルにするつもりは露ほどもなかったとすると、現在、私たちが抱いている、脳はコンピュータだとする考え方はどこから生まれてきたのだろう？ 答えを出すには、大西洋を渡らねばならない。チューリング・マシンの初の現実バージョン、ENIAC（Electronic Numerical Integrator and Computer）は米国陸軍のために開発されたからだ。ただし、このコンピュータは、その製造方法に加えて、（「万能」チューリング・マシンではなく）弾道計算という特殊用途のチューリング・マシンだったため、別種の計算が必要になるたびに、ハードウェアをそっくり入れ替えて、配線し直さなければならなかった。一九四〇年代後半、ENIAC

の利便性と有用性の向上という任を負うことになった研究者らの中に、ハンガリー出身の経済学者にして数学者、ジョン・フォン・ノイマンがいた。現代のコンピュータすべてに用いられているアーキテクチャ、すなわち、CPU（中央処理装置）、メイン・メモリ（主記憶装置）、周辺機器（キーボードやモニタなど）、そして、ハード・ドライブやCD、メモリ・スティックのような外付けのセカンド・メモリを設計したのが、彼、フォン・ノイマンである。したがって、「脳はコンピュータ」というメタファーの出所は、プログラム内蔵方式のデジタル・コンピュータの誕生に一役買ったフォン・ノイマンということになる。しかも、自分のコンピュータ・アーキテクチャを脳の構造と具体的に比較して、CPUは人間の神経系の「連合」ニューロンで、入力装置と出力装置はそれぞれ感覚ニューロンと運動ニューロンに相当すると示唆したのも、彼、フォン・ノイマンだ。[26] 人工知能に関する数々の多様なプロジェクトや計画に使われてきたのは、この「フォン・ノイマン型アーキテクチャ」である。つまり、私たちの心のメタファーの元になっているのは、万能チューリング・マシンではなく、ノイマン型アーキテクチャなのだ。現在の認知観の根底にチューリング・マシンがあると考えるのはまったくのお門違いである。

　ここまで長々とお話ししてきたのはもちろん、チューリング・マシンの真の心理学的意味合い（つまり、チューリング・マシンは「計算者」とその環境との継続的な相互関係を反映しており、環境から切り離された心のモデルではないこと）を世の人々が正しく認識していたなら、認知と脳についてもまったく異なる見解が生まれて、心理学は別の方向へ向かっていた可能性があるのではないかと、声を大にして言いたいからだ。実のところ、これこそ、ウェルズの主張の核心でもある。彼は、ギブソンの生態学的な理論とチューリングの計算理論とを合体させればどこに出しても恥ずかしくないアフォーダンス・モデル（現在有効とされている代替モデルよりも優れたモデル）ができあがる、[27]それも、これまでの認知モデルに取って代わるモデルになりうると、明言しているのだ。

ここでは紙面が許さないのでウェルズの主張を詳細に検討することはできないが、要点をまとめれば、アフォーダンスはチューリング・マシンの「コンフィギュレーション」（「ミニ・マインド」の状態とテープの内容）によって特徴づけ、研究することができると言っているわけだ。ギブソンの理論の枢要とも言うべき動物と環境の相補性をしっかりととらえた見解である。[28]アフォーダンスは、動物と環境の両方向へ「向かう」。チューリング・マシンのコンフィギュレーションも同じだ。チューリング・マシンのモデルは、ギブソンのモデルに対する多くの批判の原点となっている、生体の内部構造と環境中の外部構造の問題をも解決できる。ウェルズが指摘しているとおり、チューリング・マシンにおいては、内部構造と外部構造の間に理論的なトレードオフが存在する。内部状態が二つだけのチューリング・マシンは、十分な大きさを持つ外部アルファベット、すなわち有限集合へのアクセスが可能であるなら、計算を行える。同様に、二記号のアルファベットのみにアクセスできるチューリング・マシンは、多数の内部状態を持ちうるならば、計算可能だ。つまり、チューリング・マシン・モデルは、動物の内部構造が環境中の構造を補完すると示唆しているのだ。[29]言い換えるなら、特定の行動が環境の構造に対する動物の内部構造もしくはその逆のみによって決まると単純に思い込んではならないということだ。行動は両者間のトレードオフを反映するはずだ。そのトレードオフの正体をつかむには、自分で調べて突き止める必要がある（これこそ第6章の論点である）。

結局のところ、万能チューリング・マシンの理論も、正しく理解すれば、ギブソンが唱えた世界観を裏付けるものと言えそうだ。常に白紙のテープで始まる特定の数列だけを計算するチューリング・マシンとは違って、万能チューリング・マシンは既に記号列が記述されているテープで動作を開始するので、模倣対象であるチューリング・マシンの出力を生成することができる。この記号列の書き込みが済んでいるテープは紛れもなく環境の一部である。ならば、万能チューリング・マシンは、知覚に利用できる情報は頭の中ではなく、主に環境中に存在するという考え方の裏付けと言っていい。[30] チューリングの理論とギブソンの理論を合体させたウェルズは、見る者によってはとんでもない破壊分子だ。何しろ、心理学におけるあらゆるモデルの最も認知的な部分、つまり、チューリング・マシンは孤立した脳とする説を寄せ集めて、動物と環境との完全な相補性を必要とする理論にまとめ上げてしまったのだから。しかし、視点を変えれば、もうお分かりのように、彼を破壊分子と呼ぶのはまったくの言いがかりだ。チューリング・マシンの理論は「脳はコンピュータ」とするメタファーの裏付けという、巷にあふれている誤解を正した。彼がしたのはそれだけである。

チェスの世界チャンピオンには勝っても

ここでチューリング・マシンを生態学的観点から考察して、チューリング・マシンとフォン・ノイマン型アーキテクチャとの相違をはっきりさせておきたい。これは要チェック・ポイントだ。フォン・ノイマン型アーキテクチャに基づいたコンピュータの比喩は、さまざまな形で役立ってはいるし、古典的人工知能[31]（「古き良き時代の人工知能［Good Old Fashioned AI: GOFAI］」とも呼ばれる）の研究がそれなりに成功を収めていることも確かだけれども、ここで認知進化について詳しく検討しようとしている私たちの立場から見る限り、どうも限定的に思えるからだ。

大勢の認知科学者やロボット工学者が長年にわたって指摘し続けてきたとおり[32]、フォン・ノイマン型アーキテクチャを使用する、アルゴリズムによる記号操作に重点を置いた古典的人工知能観は、認知機能の中でも自然言語や形式推論、計画、数学、チェス・ゲームなどの、いかにも抽象記号の論理的処理といった側面に、当たり前のように引き寄せられていった。結果として、古典的人工知能の研究も、人間を中心に据えて、知能のとりわけ人間的な側面の解明に真っ向から取り組むことになった。問題は、どれも運動神経をさほど必要としない側面であることだ。ギブソンが言うところの感覚運動面で能動的な動物の出番がないのである。さらに言うなら、環境との相互作用もいっさい不要な側面ばかりだから、環境を計算の答えが披露される舞台と素直に受け取れない。あいにくなことに、そもそもの初めに、こうした特定の（それも特化した）論理的で、アルゴリズムに基づいた脳機能にかなり恣意的に重点が置かれて、それがそのまま研究の主流として勢いを増したため、研究者らは、脳がすることはすべて（人間らしいこともそうでないことも一様に）論理的推論の一形態に過ぎず、アルゴリズムを用いるプロセスによって実現できるという結論に達した。ここで「あいにくなことに」と言ったのは、そうした見解に立ったおかげで（結果的には）チェスの世界チャンピオンを打ち負かせるコンピュータを生み出せはしたものの、私たちがこれまで見てきたようなもっと自然な形の知能の基盤となっているメカニズムのほうは、今のところ、解明できずにいるからである。めまぐるしく変わる環境の中で、適応行動はいかにして生じるのか？　人間について言えば、私たちはどうやって人混みの中で顔を認識するのか、紅茶を入れるためにどのように自分の運動を協調させ、必要な物すべてを操作するのか、あるいは基本中の基本に思える、歩く、走る、顔から着地せずに地面のでこぼこを飛び越えるといった行動をどのようにこなすのか？　本書で解明したいと思っているのは、そういったメカニズムなのだ。

そろそろ問題点が見えてきたはずだ。私たちが使っている脳の、ひいては認知プロセスのメタファーは、元をたどれば、人間の認知機能の中でも抽象記号の操作と結びついた少数の特別な機能だけを重視する、極めて人間中心主義的な考え方に由来しているのだ。ここで見てきたとおり、そのそもそもの原因は、計算可能数に関するチューリングの論文を読み違えたことにある。彼の論文には、心理と認知全般に当てはまる記述は一言もない。彼が取り組みの対象としたのは、計算という極めて具体的な人間の活動のみである（チューリングは自分の研究の目的を実に明確に打ち出しているのだから、脳のメタファーに人間中心主義を植え付けた元凶と彼を非難するのは筋違いだ）。ウェルズが明言しているとおり、チューリング・マシン・モデルは、正しく理解すれば、現在の認知的アプローチに対する批判のひとつと見ることができる。むしろ、生態学的心理学の根本原理を（ひいては、後述する「身体化され」「分散化された」認知という考え方をも）支持するモデルである。[33]　人間の認知に記号的表象の操作にかかわる計算プロセスとして理解・分析できる側面があることは確かだし、そう例えるのが一番分かりやすいと言う向きもあるだろうが、そんなプロセスが認知の全体像にほど遠いものであることは、もう十分お分かりのはずだ。これは私たち人間だけでなく、言語を持たない他の動物種の認知にも間違いなく言えることである。

　では、欠けている要素とは何か？　ギブソンとチューリングの研究について考察する中で見てきたとおり、こと認知に関する限り本当に重要なのは身体と環境だという認識が抜け落ちているのである。考えてみれば、脳の進化はそもそも、既に身体を所有している動物の内部で起きたことだ。動物は、私たちが脳と認めるようなものを手に入れる遙か以前から、身体を有していた。[34]この点を計算に入れなかったため（さらには、チューリング・マシン自体の性質を完全に見誤ったために）、コンピュータのメタファーは、認知を脳の中だけで起きる、身体や外界とは実質的な結びつきのないプロセスととらえる見解を生み出したわけである。

　しかも、認知は脳の「チューリング・マシン」の内部で行われる、脱身体化された、つまり身体から切り離された内的表象の論理的操作だとするこの突飛な認知観を受け入れて、それをそのまま他の動物にも適用してきたのだからなお悪い。こんなコンピュータのメタファーと心の計算・表象理論が、比較認知科学の研究を牛耳っている[35]（そればかりか、そうした研究に見られることさら人間中心主義的／擬人的な解釈を批判している論文でさえ、フォン・ノイマン型コンピュータのような計算・表象プロセスの存在を、検証すべき仮定ではなく自明のこととしてとらえているのだ[36]）。人間自身の自然認知の諸相についてさえ適切に説明できない計算モデルを人間以外の動物に当てはめているのも、おかしなことではある（このモデルの最初期の提唱者らはそもそも、自分たちのモデルがこんな心理学的普遍性を持つようになると夢にも思っていなかったという事実は、ひとまず置いておく[37]）。

　入力‐出力（刺激‐反応）構造を持つコンピュータのメタファーは本質的には脱身体化認知観なので、

動物の生態を極めて静的なものとする含みもある。動物は、あなたの机に置いてあるコンピュータのように、ただ座して、行動につながる刺激（入力）を与えられるのをひたすら待っていなければならないということだ。しかし、これまで見てきたとおり、そういう意味で受動的である動物などまずいない。能動的かつ活発に、必要とする重要な資源を探し出すのが動物だ。これもまた、脳だけでなく、身体もあってこそ（それも、脳より先に身体があってこそ）可能なことである。動物がいかにして「知的」行動をとるか考えるに当たって身体と環境をないがしろにしては、控えめに言っても、全体像の半分は見えてこない。現に、コオロギやケアシハエトリの自然環境における行動を理解するうえでも、コオロギの耳、ケアシハエトリの眼が必須の要素だったではないか。この後の章でもっと納得がいくようにお話しするつもりだが、私たちが日常目にしている（そして、私たち自らがかかわっている）自然な野性の知能の解明は、脳ばかりでなく身体も重視しなければ進みようがないのである。

「計算」モデルから「力学」モデルへ

蒸気の力は百年前と少しも変わらないのに、今ではずっとうまく利用されるようになった。

——ラルフ・ワルド・エマーソン（思想家・作家）

「脳はコンピュータという例え」にこれほど問題があるとなると、認知プロセスについてはどう考えればよいのだろう？　解決策のひとつは、今お話しした、アンドリュー・ウェルズが提唱している「生態学的」計算論的アプローチだ。しかし、こうしたコンピュータ中心のメタファーとは異なるモデルも一考に値する。オーストラリアはメルボルン大学の哲学者ティム・ヴァン・ゲルダーの言葉を借りれば、「計算ではないなら、認知とはいったい何だ？」である。[38]動物の感覚システムが運動システムと動的に相互作用し、両システムが世界と相互作用していると認めている点からすれば、彼が提唱している理論は幾分なりとも、生態学的心理学者のそれを引き継ぐものと言える。脳と身体と環境は継続的な調整サイクルにおいて同時に変化し、相互に影響を及ぼし合うので（これを「動的カップリング」されていると言う）、「認知システム」はこの三つの要素を包含するひとつの統合システムであって、脳だけに特権を認めたシステムではない（抽象的な入力関係を同様に抽象的な出力関係に変換する脱身体化された自律システムであることなど、なおさらあり得ない）と考えてしかるべきだという。[39]おもしろいのは、システムの一要素のあらゆる変化が他のすべての要素の変化方向に絶えず影響を及ぼすというこの動的カップリングの考え方が、別の機械ベースに例えられることだ。ヴァン・ゲルダーが示唆しているところによると、認知機能のモデルにふさわしいのは、現在のデジタル・コンピュータではなく、ワットの調速機のようなものらしい。

振り子調速機とか遠心調速機とも呼ばれるワットの調速機は、エンジンの負荷や燃料の供給量の変動とかかわりなく蒸気機関の回転数、つまり速度を調整する装置だ。世界初の蒸気機関用に調速機を設計した、ジェイムズ・ワットにちなんで名付けられた（ただし、調速機の発明者はワットではないのでご注意を。風車には同じような設計の調速機が、その何十年も前から使われていた）。この調

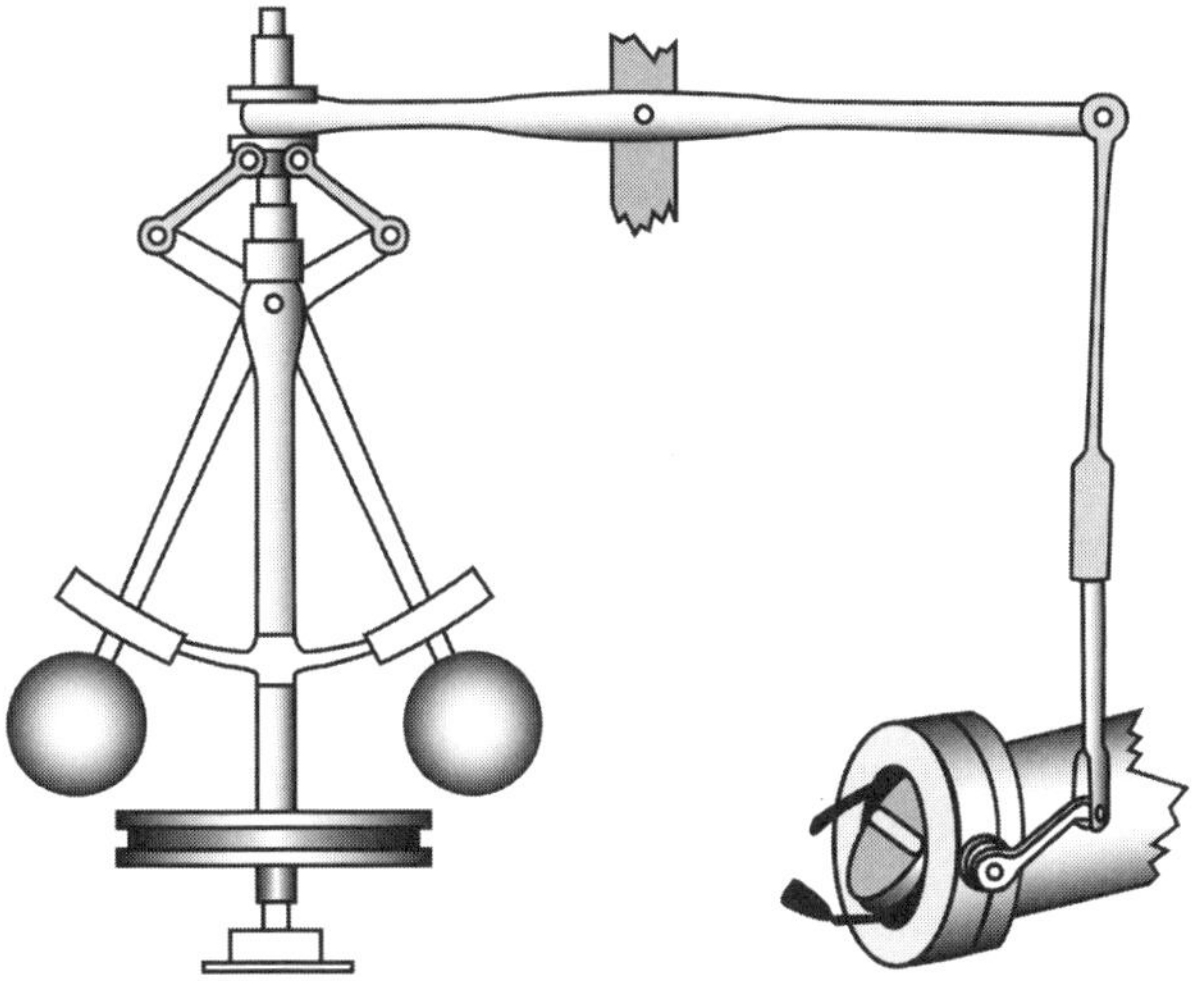

図 7-2　蒸気機関用のワットの調速機。蒸気機関に送られる蒸気の量を制御する蒸気弁と、機関の駆動軸に連結されている回転軸に、遠心振り子が接続されている。

速機、先端に金属球がひとつずつ付いている二本のアーム、つまり遠心振り子が回転軸に取り付けられた構造だ（だから振り子調速機という）。回転軸は蒸気機関の駆動軸に直結されている。蒸気機関の回転数が増して回転軸の速度が上昇すると、金属球に遠心力が働いて外側に振られるため、それに引かれて遠心振り子が上に上がる。ここがこの装置の仕組みの賢いところだ。遠心振り子は蒸気機関に送られる蒸気の量を加減する絞り弁にテコを介して接続されているので、機関の回転数が増加すると遠心振り子が上昇し、その動きが絞り弁を閉じる。すると、機関に送られる蒸気が減少するため、機関の回転数が低下するのだ。言うまでもないが、機関の回転数が落ちれば回転軸の速度も下がるので、遠心振り子が下降する。これがテコの原理で絞り弁を開き、機関に流入する蒸気を増やして、機関の回転数を増加させるわけだ。

このように回転軸と遠心振り子と絞り弁が絶え間なく調整されるため、蒸気圧と負荷に変動があっても、蒸気機関の回転数も迅速かつスムーズに調整されて一定に保たれる。こんな風に説明はできるものの、この調速機で起こる一連の事象を個別に特定するのが極めて難しいことは明らかだ。すべてが連続して流れるように、それも同時に起こるからである。機関の回転数を決定するのは遠心振り子の回転軸に対する角度だが、遠心振り子の角度を決定するのは機関の回転数だ。遠心振り子の角度と機関の回転数は常時互いを規定し、また規定される。つまり、ワットの調速機は、完全に非計算的かつ非表象的に機関の調速問題を解決するわけだ。

ヴァン・ゲルダーも言うように、原理上はもちろん、ワットの調速機と大差ない機能を備えた計算論的・表象論的な調速機を考案することはできる。ヴァン・ゲルダー自身、そうした計算アルゴリズムの一例を挙げている。

①機関の速度（回転数）を測定せよ。
②測定した速度を所期の速度と比較せよ。
③両速度が一致している場合は手順①に戻れ。一致していなければ、
ⓐ現在の蒸気圧を測定せよ。
ⓑ蒸気圧の適切な変更量を計算せよ。

待っているかもしれないのだ。機関の調速問題に対する非計算論的な解比べて、少しも遜色ない。ただ異なっているだけだ。計算論的な解決策以上とは言わないまでし程度にはうまく機能する。しかも低コストで済むのである。

ットの調速機も大したものじゃないか、これなら完全な計算アルゴリズムによる調速機でなければならない理由はないとは認めても、まだ反論の余地はある。ワットの調速機自体、実は表象を使っているのだから、計算論的調速機ではないかとする反論だ。遠心振り子の角度は機関の速度と相関しているのだから、機関の速度を「表象」していると言ってもよいのではないか。ならば、理論的には、この角度が機関の速度の代理をしていると言えそうなものだ[40]。しかし、この反論は、調速機の動作の肝心要の部分を見落としている。遠心振り子の角度と機関の速度との間には確かに相関関係が存在するが、この角度は機関に送られる蒸気の量を絶えず決定しているので、遠心振り子の角度が機関の速度に依存しているのと同じで、機関の速度も常に遠心振り子の角度に依存している。ならば、一方がもう一方を「表象」するという主張は短絡的に過ぎるし、このシステムが動的で絶えず流動的な状態にある事実も把握できていない。（計算はルールに従って行う表象操作だとする定義にこだわるなら）厳密に表象的とは言えない調速機は、計算論的でもあり得ない。表象と言えるものが存在しないうえに、調速機の各構成要素が互いの性質を相互に決定し合っているわけだから、調速機の動作においてアルゴリズムの個々の手順を見極めるのは不可能だ。つまり、このシステムには、単純に計算論的とは言えない一面が存在する（この点については後ほど、少々別の形で再考する）。何より言っておきたいのは、認知は、定義の上でも論理的推論の上でも、純然たる計算プロセスである必要はないということだ。してみると、融通が利く知的なシステムを「ハードウェア」と「ソフトウェア」という構成要素（そして人間の脳という厄介な「ウェットウェア」とその認知プロセス）とに分けて考えるにも及ぶまい。これらはまったく同一のものなのだから。こう言ってもいい。コンピュータのメタファーは（人間の）心理のある側面を予測・説明するための一助としてずっと役に立ってきたし、今も有用であることに間違いはあるまい。しかし、だからと言って、自然認知はまさしく計算論的なのだから脳は紛れもなく一種の生物学的コンピュータだと考えるのは誤りなのである。

タイミングがすべて（たぶん）

物事をなすべき期限に心せよ。何事につけ、時宜に適うことこそ最も大切なのだから。
——ヘシオドス（古代ギリシアの叙事詩人）

言うまでもないが、脳が本当はコンピュータのようなものではないのと同じで、認知システムも言葉どおりにワットの調速機に似ているわけではない。どちらも単なるメタファーだ。ところが、コンピュータのメタファーのほうは、言葉のままにすっかり真に受けられて、実に独特な認知観を広めることになった。それを幅広い分野の大勢の研究者が、全面的に支持している。[41] そんな中、ワットの調速機がコンピュータに代わる有用なメタファーのひとつと見られているのは、認知システムが実際にワットの調速機のように働くと考えられているからではない。ならば、どうしてなのか？　認知システムは、入力、内部処理、出力が――もっと具体的な言うなら、環境、脳、身体の動作が――調速機の回転軸、遠心振り子、絞り弁のように連結された「力学系」としてとらえるほうが、理解しやすいと思えるからである。物理的に身体化されて環境に埋め込まれている動物について理解し、考えるには、標準的な計算モデルよりも力学系のほうが便利な手段なのだ。

この点をもう少し詳しく説明しておこう。チューリング・マシンについて考察してみて分かったように、力学系を状態依存的に変化する（つまり、システムの将来の状態が因果的に当のシステムの現在の状態に依存する）システムと定義するなら、計算システムもまた、定義の上では力学系と言えるからだ。[42]チューリング・マシンの場合、テープの将来の状態は、ヘッドの現在の状態とテープに現在書き込まれている情報に依存する。これはまさに、ミニ・マインドとテープ環境とのカップリングだ。そういう見方をすれば、計算システムは、ワットの調速機をはじめとする力学系の特殊なサブセットと考えられる。[43]この包括的な定義によれば、二種類のまったく異なるプロセス、すなわち、計算プロセスと力学系プロセスとがいかにして生じるに至ったのか、また、両者がどのように整合するのかを説明しなければならない状況に追い込まれる心配もなく、あらゆる認知プロセスを力学系アプローチによって説明できることになる（実際問題としてはそううまくはいかないが、ともかく、説明できる可能性はある）。

ここまでは、まあよしとしよう。だが、計算システムが力学系であるなら、この計算論的な力学系とワットの調速機との実質的な違いは何なのか？　哲学者マイケル・ウィーラーに言わせれば、両者を区別する鍵は少なくとも二つある。[44]まず、計算システムは、定義の上では、表象の使用を必要とする。システムが機能するには、記号にアクセスし、操作し、変換しなければならない。先に述べたように、それが確かならば、ワットの調速機の表象バージョンに賛成の論を唱えることもできる。ところが、やはりここでお話ししたように、表象がなくても調速機は機能するのだ(ワットの調速機の例で一番重要なポイントだ)。したがって、第一の相違は、計算論的な力学系には表象が絶対不可欠だが、非計算論的力学系はその限りではないということになる。

さて、第二の相違だが、実はこちらの方が重要だ。お笑いのツッコミと同じで、要はタイミングである。計算システムでは、時間は単なる事象の順序に還元されている。チューリング・マシンについて言えば、事象は正しい順序で起こらなければならないのだが、状態遷移に要する時間は完全に度外視されている。事象が所定の時間内に起こらなければならないとする具体的な理論的根拠は皆無だ。同様に、マシンが特定の状態を維持すべき時間の長さも考慮されない。チューリング・マシンでは、この時間の長さに具体的な役割はないからだ。一言で言えば、時間はどうでもよいのである。もちろん、実世界では、計算的な事象が速やかに起こってくれなければタイミングよく問題を解決することはできないのだが、実世界から一歩出ると、時間の出番はいっさいなくなってしまうのだ。

しかし、ワットの調速機の例で見たように、非計算的力学系にはそれが当てはまらない。それどころか、非計算的力学系は「豊かな時間構造を持つ現象」を示す。[45] これの意味するところは単純明快である。特定のプロセスを特徴づける実際の速度とリズムが重要な中心的役割を担って、システムをきちんと機能させるのだ。脳の基本的な物理的プロセスは、そうした豊かな時間構造(たとえば、一酸化窒素やグルタミン酸などの神経伝達物質が脳内で拡散したり、ニューロンの活動を調節したりするのに要する時間）を持って機能するのではないか。そして、それが他の生理的プロセスの固有の持続時間や変化速度に影響を及ぼすのだろう。同様に、身体固有のリズムも、身体の他の力学的特性、たとえば動物がどこへ、どれほどの速さで移動できるかを決定する筋肉の機械的特性などに劣らず、重要なのではないか。つまり、こうした身体プロセスもまた、動物の体外の環境中で起こる、時間構造を持つプロセスと正確に同期しなければならないと考えられるのである。

このタイミングの問題を如実に見て取れるのがワットの調速機の例だ。この調速機が蒸気機関の速度をうまく制御するには、さまざまな部品のカップリングと、個々の部品に固有のリズムとタイミングが極めて重要だった。興味深いことに、ワットの調速機の後に、より精巧な調速機が次々と開発されたのだが、いずれの動作効率も初期のモデルにはとうてい及ばなかった（常識的に考えれば、そんな馬鹿な、と言いたくなるところだ）。新しい「改良」モデルが「追求」したのは一定の速度だった。つまり、定常状態を円滑に維持する代わりに、絶えず加速・減速を行おうとしたわけだ。開発方針がその方向に向かったのは、構成部品の製造技術が向上して摩擦が小さくなったおかげで、調速をはるかに迅速に行えるようになったからだ。一方、旧モデルのほうが摩擦は大きかったから、機関の速度が変化するたびに、システム全体に情報が伝わるのに時間がかかった。ところが、この固有の特性が、目の前の作業を効率よくこなすのに役立ったのだ。もちろん、摩擦と熱は計算システムの特徴でもあるが（コンピュータにファンが内蔵されているのもそのためだ）、肝心なのは、計算システムの場合、摩擦も熱もエンジニアが克服すべき課題であって、計算プロセスに不可欠な要素ではないという、その点である。

「豊かな時間構造」を持つ力学系の観点から考えれば、環境の変化に直面した際に進化した知識が犯す「失敗」についても、別の見方ができる。ジガバチに話を戻そう。巣穴を整え、獲物のミツバチを引きずり込んで卵を産み付けるという彼らの決まった手順は、ジガバチの内部状態（産卵準備ＯＫ）、外界での行動（狩りと巣穴掘り）、環境（巣穴の存在、入り口近くに置いたミツバチ）の動的相互作用と見なすことができる。ジガバチが「決まった手順」を途中から再開「できない」のは、私たちがジガバチの行動の基礎にアルゴリズムがあるのを当然と思っているからこその「失敗」だ。しかし、ジガバチの脳と身体は、ジガバチ自体の存在によって絶えず変化する、（そして、ジガバチが環境の状態を変化させると同時にジガバチの状態を変化させる）環境に絶え間なく適応していると考えれば、途中から作業を再開できないのを失敗とは思えなくなってくる。それどころか、私たちの目に映っているのは、動的カップリングされたシステムが作動しているのだと分かるはずだ。

ただし、さらに力学系寄りのアプローチを採用するには、少々注意が必要だ。とりわけ、認知科学分野の哲学者とも呼ぶべきアンディ・クラークは、力学系理論によるアプローチはシステムの全体としての状態を対象とする、いわゆる全体状態の説明なので、計算論的アプローチを捨てて力学系アプローチを採ると、得るところが大きい代わりに失うところも大きいと指摘する。力学系アプローチは、世界に存在する河川の流動系などの他の物理的な力学系とは異なる生物の認知システムの特徴である、「知能に基づいた」進化成功への道筋を分かりにくくしてしまうというのが、クラークの主張だ。[46]

第５章で述べたとおり、脳は動物が自らの環境と運命に対する制御力を高められるように進化した。この章では脳をあるべき場所に納めるために長々と時間を費やしてきたが、だからと言って、脳などどうでもよいとほのめかすような愚を犯すつもりはない。脳は行動に関連した活動の座としては極めて重要な存在だ。ならば、クラークが言うとおり、脳がかかわる力学系は他の種類の物理的力学系とは大きくかけ離れたものであるに違いない[47]。本書で注目している融通の利く行動を、脳を基盤とするシステムがもたらすのは、脳がシステム全体の「情報の流れ」を低コストで多様に変えられるからにほかならない。したがって、認知システムの全体的な状態にだけ目を向けていては、脳によって情報の流れがどのような経路でどの方向に向けられるかという側面が抜け落ちてしまう。だが、その可能性に留意しつつ、脳内の情報の流れについてもシステムの全体状態と同様に十分に配慮すれば、クラークが言うところの「説得力のある興味深いハイブリッドである、言うなれば力学系的計算主義」を打ち立てることができる。クラークは、「標準的」な計算・情報処理の概念は、真の力学系のカップリングおよび豊かな時間構造を持つ現象と両立可能だと言いたいのだ。

クラークの示唆するところをまとめると、計算システムをここで紹介した非計算システムとは根本的に異なるものとして扱うのではなく、両者を合体させて、従来の計算論的アプローチに、新たに力学系の側面を持たせるべきということになる。要するに、ウィーラーの言う、計算システムを力学系の特殊なサブセットとする考え方を採用する一方で、豊かな時間構造を持つ現象も考慮することにより計算システムと力学系の垣根を取り払って、標準的な計算論的アプローチを生まれ変わらせればいいというわけだ。これも、進展につながる生産的な方法のひとつではあろう。先にも述べたように、感覚システム、運動システムおよび生理的システムの複雑さが増して、より精緻な行動が可能になるほど、脳は豊かな時間構造を持つ適応行動の創発に必要な時間的協調を生み出すべく、脳・身体システムの情報の流れの変化に強くかかわってくるはずと予測されるからだ。

それを踏まえれば、軍配は速度とリズムと同期性を重視する力学系アプローチに上がる。なぜなら、定義の上では、こと認知プロセスに関するかぎり、身体と世界を当然のごとく十分に考慮するのは力学系アプローチであるからだ。その理由は、ウィーラーが説明しているように、身体と環境という非神経成分も、脳内で起きていることと連動して、因果的に重要なペース・メーカーおよびリズム・セッターとして作用することにある。[48] それにも勝る利点と考えられるのは、力学系アプローチが脳を、身体になすべきことを「命令」する強大な特権を持つ全能のコンピュータではなく、身体と切り離せない一部としてとらえている点だ。脳の神経活動にも、非神経的な身体プロセス同様の固有のリズムがあって、さまざまな速度で変化する。しかも、有効な行動を生み出すには、それが、身体と環境中で起こる事象と同期しなければならない。知覚と行動と認知を別個の独立したプロセスととらえ、それらがリアルタイムではなく順番に起こる必要があると（暗黙のうちに）仮定している標準的な計算モデルは、根本的に「脱身体化」され（すなわち、認知が動物固有の身体性のいかなる側面にも依存していない）、しかも「脱埋め込み化」された（つまり、環境は認知システムの調節に役立つ固有の役割をいっさい持たず、脱身体化された認知プロセスの産物が展開される「舞台」でしかない）モデルである。だが、私たちが目指すのは、豊かなリズムを持つ時間依存的な本物の動物の生活と合致する、豊かなリズムを持つ時間依存的な理論である。そういうわけで、次の章でも力学系アプローチの追究を続けることにする。

第8章 裸の脳なんてない

四歳児の脳みそを買ったたって？　そりゃあ、そのガキ、せいせいしたこったろう。
――グルーチョ・マルクス（コメディ俳優）

力学系理論による動物の認知と行動へのアプローチについては、第7章で考察した抽象的なシステムから離れて、本物の脳と、脳と環境とのカップリングの仕方に目を向けてみれば、もっといろいろなことが見えてくる。カリフォルニア大学バークレー校の神経生理学者ウォルター・フリーマンはここ三〇余年にわたって(主に)ウサギの嗅覚、視覚、触覚、聴覚に関する手の込んだ綿密な実験を行い、力学系アプローチが提唱している脳と環境の動的カップリングに基づいた学習モデルを構築した。[1] ここでは彼の研究を詳しく紹介するつもりだが、その前にまず、力学系の理論をもう少し深く掘り下げておきたい。そのうえでフリーマンの研究に話を戻せば、彼が脳、身体、環境の連動をどうとらえているか、より正しく理解できるはずだ。

数学的に言えば、力学系は、ある時点における力学系の状態を指定する複数の「状態変数」（ワットの調速機を例にとれば、機関の速度や遠心振り子の角度など）と、それらの変数の経時的な変化を記述する一組の方程式から成る。そのほかに、系の状態を変化させうるけれども、その結果として自らが変化することはない量を指定する値もあって、これを系のパラメータと言う。これらをすべて考え合わせれば、力学系は一種のグラフ、すなわち、多次元の「位相空間」ととらえることができる。位相空間の次元数を決定するのは系の状態変数の数である。位相空間においては、系が取り得る状態（全状態変数の可能な組み合わせ）はそれぞれ、一個の点で表せる。したがって、力学系の状態の経時的変化は位相空間内の曲線として描けるわけだ。この曲線を系の「軌道」と呼ぶ。何事もそうだが、この位相空間と軌道という概念も、力学系の具体例を挙げて説明するのが一番分かりやすいだろう。ただし、今度は、ワットの調速機に話を戻す代わりに、ロルフ・ファイファー（チューリッヒ大学人工知能研究室）とジョシュ・ボンガード（ヴァーモント大学形態・進化・認知研究室）が紹介している「パピー」の例を使うことにする。[2]日本のロボット工学者、飯田文也が開発した独創的なロボット犬である。

パピーは四足歩行のロボットだ。四本の足の膝関節と足関節）があって、四足の上下部分はバネによって連結されている。足には地面との接触を感知する圧力センサーもついている。このロボットの制御系は単純そのものだ。肩関節と股関節を律動的に前後に動かすモーター。それだけ。パピーを地面に下ろしてやると、しばしジタバタともがいているけれど、やがて足でしっかりと地表をとらえてトコトコと走り始める。股関節・肩関節の制御動作と解剖学的な他の要素（全体的な形状とバネの取り付け方）と環境（地表ともちろん重力によって足裏に生じる摩擦力）との密結合された相互作用がパピーを走らせるのだ。これだけ情報がそろえば、先に述べた力学系の一般的な特徴の観点からパピーの行動を解釈できる。ファイファーとボンガードの例に倣って言うと、四本の足の関節の角度は状態変数なので、その経時的変化（位相空間内の軌道）を追えば、パピーの動作の特徴をつかんで把握することが可能だ。足一本あたりの関節数は二個（膝関節と足関節）だから、位相空間は八次元で、空間内の各点は関節全八個の値の組み合わせということになる。空間内で近くに位置する点同士の関節角度の値は大差ないが（つまり、似たような動作ということだ）、離れている点の値は大きく異なる（たとえば、歩行と走行ほどにも異なる動作を表している場合もある）。パピーが動き回っている間、関節角度は絶えず変化するので、特定の時点における関節角度の値を表す点もそれに応じて位相空間内を移動して、系の軌道を描く。言い換えれば、パピーの動作パターンが経時的に変化するわけだ。

ところで、力学系にはもうひとつの特徴がある。アトラクターだ。ごく簡単に言えば、時間が十分に経過した後に力学系が漸近していく、位相空間内の優先的な状態がアトラクターである[3]。アトラクターはさまざまな形状を取り得る。たとえばパピーが歩いて移動し、関節角度の値が経時的に絶えず反復する、言うなれば定常歩行時には、系は「周期アトラクター」と呼ばれる状態に落ち着く（もっとも、ファイファーとボンガードが指摘しているように、関節角度が毎回まったく同じように反復する可能性は低いことを踏まえれば、「準周期アトラクター」と言うべきかもしれない[4]）。パピーが転倒して完全に停止すると、関節角度は位相空間内の単一の固定点に収束する。これが「固定点アトラクター」だ（アトラクター、つまり「惹きつけるもの」という割には、おもしろくもおかしくもない状態だ）。軌道が位相空間の明確に定義された領域内をくまなく巡るけれども、その領域内での正確

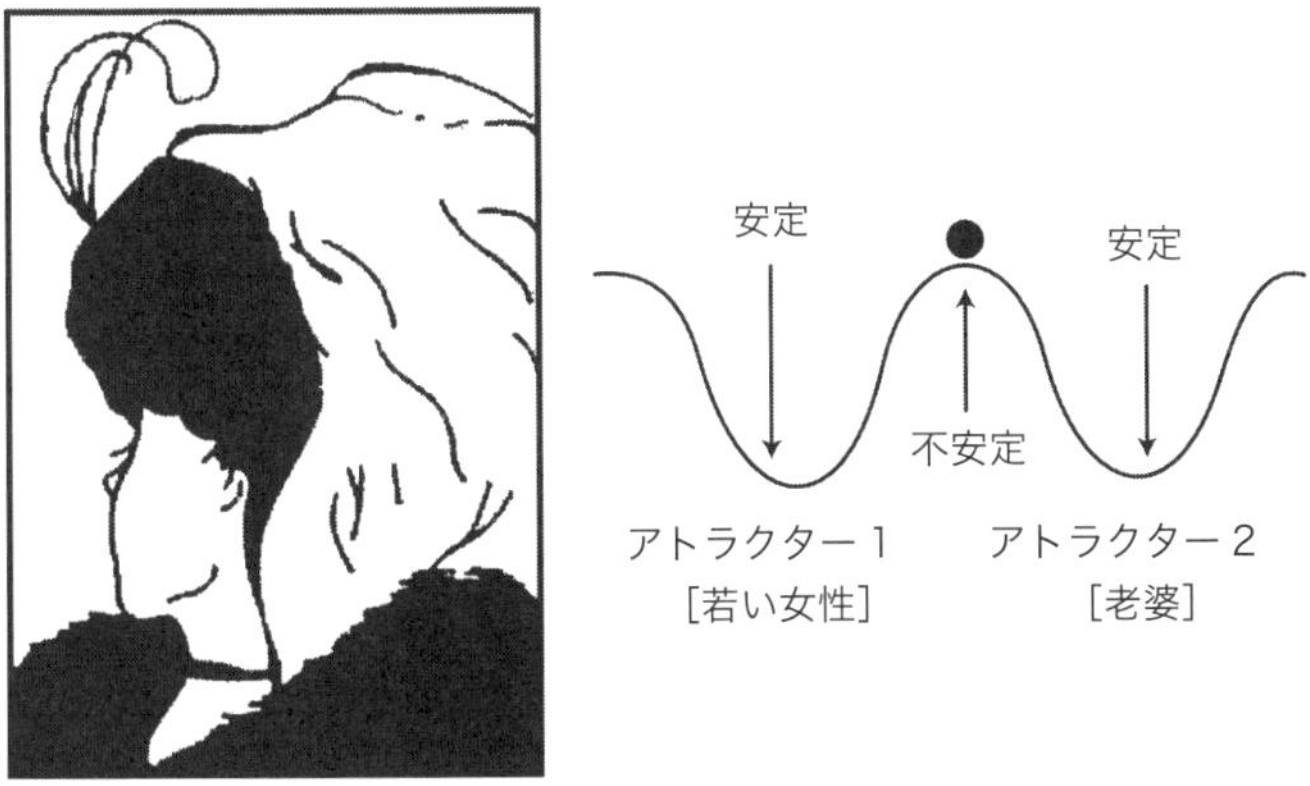

図8-1　アトラクターの状態は、力学系における低エネルギーの安定した状態だ。上の図を使って、この考え方をざっと説明しよう。老婆の横顔に見えるけれど、まじまじと見つめているうちに、顔を背けた若い女性にも見えてくるはずだ。老婆の像も若い女性の像も、安定したアトラクターの状態だ。あなたの知覚が一方からもう一方へと切り替わる時、あなたは一方のアトラクター状態を出てもう一方のアトラクター状態へ入り込む。ただし、両方が同時に見えることはけっしてない。それは力学系の安定状態ではないからだ。

な軌道は予測不能であるなら、このアトラクターは「カオス」である（ぴったりはまる例えではないけれど、パーティーで即興のダンスを披露しようとするダンサーに少々似ている。ダンス・スタイルは決まった動作の組み合わせだから、見た目には大差ないかもしれないが、その時々の踊りを正確に予測することはできない）。これがカオスの工学的・数学的な定義だ。すなわち、無秩序に見えるけれども、初期条件が同じであれば正確に再現されうる緻密な基本構造を持つ状態をカオスと呼ぶのだ。[5]

　軌道は初期条件にかかわらず、特定のアトラクターに収束しうる。サラダ・ボウルの縁のどこに乗せた球も、ボウルの底に転がり落ちていくようなものだ。そのため、同一のアトラクターに収束するさまざまな軌道の集合を「アトラクターのベイスン（吸引圏）」と言う。アトラクターという状態はおもしろい。アトラクターが生じる系は絶えず継続的に変化しているにもかかわらず、アトラクター自体は個別の実体として容易に特定できるからだ。実例で言うと、パピーの関節角度が経時的・継続的にスムーズに変化しても、パピーを見ている私たちには、パピーが歩いているのか、走っているのか、停止しているのか、一目瞭然だ。力学系のグラフでも、パピーの軌道がひとつのベイスンから出て別のベイスンに引き込まれるのをはっきり見て取ることができる。[6]

大切なのは良い匂い

過去の記憶を何より克明に蘇らせるのは、それにまつわる匂いである。
——ウラジミール・ナボコフ（作家）

捨てずにとってあったコミック本を一箱見つけた。蓋を開ける。例の匂いが立ち上った。あの古紙特有の匂い。とたんに、記憶が奔流となって押し寄せた。少年期の自分の感覚がその匂いの中に閉じ込められていたような気がした。

——マイケル・シェイボン（作家）

さて、力学系入門を済ませたところで、人工のパピーから、本物のウサギを対象としたウォルター・フリーマンの研究に話を移そう。フリーマンが行ったのは、ある匂いの価値をウサギに教える単純な条件付け実験（たとえば、喉を渇かせているウサギにある匂い刺激を与えた後、報酬として水を与えると、ウサギはその匂いと水を連合学習する）による、嗅覚の神経生理学的研究である。このウサギたちを条件付けした匂いに曝した時の嗅球全体の活動をモニターして調べたのだ。嗅球というのは、匂い情報を処理する脳部位である。

フリーマンが得た興味深い所見のひとつは、ウサギの脳が反応するのは条件付けされた匂いだけで、他の匂いでは賦活しないことだ。言い換えるなら、ウサギが匂いを認識するには、その匂いがウサギにとって何らかの意義もしくは意味のあるものでなければならない。つまり、ウサギにアフォーダンスを提供する匂いであることが必要なのだ。条件付けされていない匂いは認識されずに終わったことからして、ウサギの環境（環境世界）においては匂いの数に入っていないのだろう。ならば、実験条件下ではない、もっと自然な条件下ではどうか？　たとえば、以前にニンジンを食べた経験のあるウサギがおなかを空かせている時、ニンジンの匂いを嗅ぎつけたら、嗅球が賦活するはずだ。なぜなら、ニンジンの匂いはニンジンが提供する、食べるというアフォーダンスの一部であるからだ。しかし、ニンジンとコリアンダーのスープのような、ニンジンを材料とした食べ物の匂いでは、嗅球は賦活しまい。スープになったニンジンはウサギにとっては無意味なのだから。

フリーマンの考えどおり、この所見は、匂いを嗅ぐというウサギの行動が現在の自分の状況を能動的に改善するための行為であることを示唆している（動物の行動にはこのような目的があるとするデューイとギブソンの考え方と結びつく所見だ）。嗅球の神経連絡は、ウサギが嗅ぎつけた匂い（たとえばニンジンの匂い）がウサギの現在のニーズ（つまり、空腹を満たす食べ物）を満たすに役立つところまで強化される。これもまた、前出の見解と結びつく。具体的に言えば、行動は、与えられた特定の刺激に対する「適切」な反応ではなく、多くの場合は、さらに「適切」な刺激を得るための「反応」を生み出すことなのだ。[7] これまでに何度となく指摘してきたように、行動に対する型どおりの考え方を転換することが極めて重要なのは、この逆転の発想によって、所与の状況における「適切」な行動（すなわち、動物の現在の状況を改善する行動）の判断が非常に容易になるからだ。動物にはそれぞれ、自らの生存を確実に維持するための、自然選択によって形成された生理的欲求がある。それが、現在の状況を「良いもの」と知覚するか、「悪いもの」と知覚するかを分けるのだ。つまり、ニンジンの匂いは食べることをアフォードするから良い知覚だが、キツネの匂いは追いかけられること（しかも、下手をすれば食われること）をアフォードする悪い知覚だ。要するに、動物はしかるべき入力（ある状況におけるしかるべき知覚）を得るために行動し、そうして得た知覚が次に得るべき望ましい入力を左右することになると考えればよいわけだ（たとえば、おなかがいっぱいなら、次の望ましい入力は暗い巣穴で一休みしたいなあという感覚かもしれない）。[8]

手掛かりはカオスにあり

見せかけの秩序のすぐ後ろに不気味なカオスが潜んでいると分かる。しかも、そのカオスの奥底に、さらに不気味な秩序が隠れている。
——ダグラス・ホフスタッター（認知科学と人工知能の研究者）

フリーマンは、学習プロセスの間に生じる初期のニューロン結合の強化はヘッブ学習則（この説を初めて提唱した神経科学の大御所ドナルド・ヘッブにちなんでいる）によって起きると考えている。[9] すなわち、ある事象に反応して同時に発火したニューロンは相互に配線されて、連合を形成するというのだ。あるいは、ここまで述べてきた生態学的観点から言い換えるなら、ウサギは実験条件下に存在する匂い、水の不変項を抽出して、水と匂いの連合を高次の刺激として学習すると言ってもよい。

フリーマンはこの知見に基づき、実証的研究に数理モデルを併用して、対提示（訳注：二種類の刺激を同時に、あるいは短い間隔で提示すること）された特定の匂いと水を学習する過程で相互結合したニューロンがヘッブの言うところの「神経細胞集成体（nerve cell assembly：NCA）」なるものを形成する、という考えにたどり着いた。NCAを構成するニューロンのどのひとつであれ、刺激によって興奮すると、NCA全体が活性化する傾向にあり、この活動がさらに嗅球全体に波及するという。これは実に便利なことだ。動物が匂いを嗅ぐ時、受容するのは強化された匂いのほんの一嗅ぎに過ぎず、受容体すべてが活性化されるには至らないからだ。NCAのどの部分が刺激されても全体が賦活するほどに結合が強化されるということは、NCAが環境から受容した低強度の信号を増幅しているにほかならない。つまり、NCAは、匂い固有の特徴的なニューロン活動パターンを嗅球全体に波及させる重要なメカニズムとして機能しているのである。

モデル化研究では、嗅球ニューロンが興奮してＮＣＡが形成されると、嗅球全体が特定の匂いと報酬の対提示に対応するカオス・アトラクターを形成できる状態になると確認されている。動物にとって意義のある新しい匂いと報酬が対提示されるたびに新しいアトラクターが形成されるため、ウサギの嗅球ニューロンの活動パターンは、その経験に基づいて、固有の形状、すなわち「エネルギー地形」をとる。これにはいくつかのアトラクターのベイスンがあって、それぞれのベイスンが、学習した固有のクラスの匂いと報酬の対に相当する。[10] おもしろいことに、新たなアトラクターが形成されると、嗅球全体の他のアトラクターも残らず再編成されるため、固定された単一のアトラクター・パターンが時を超えて存続することはない。つまり、嗅球のニューロン活動の地形は絶えず変化しているのだ。したがって、有意義な新しい経験はそれぞれに、ウサギのそれまでのあらゆる経験の意義を幾分なりとも変化させる。その変化がまた、ウサギのその後の匂い経験に影響を及ぼす。別の言い方をすれば、このシステムは相互決定的だ。新しい経験がウサギの脳内の変化につながり、その脳内変化が、ウサギが経験する環境とそれに応じた行動とを変化させる。それがまた脳を変化させ、ひいては環境経験を変化させるのだ。世界に対する動物の反応の仕方（対提示された新しい有意義な匂いと報酬に対する新たなアトラクターの形成）が、その後の世界の知覚の仕方を左右する。先に考察した「ループ」を成す行動の相互性の原理からすれば、まさにそうあってしかるべきである。

私たちの観点からして何より興味深いのは、ウサギの嗅球から大脳皮質に送られる神経活動パターンはカオス・アトラクターのみであるとするフリーマンの見解だ。これには大きな意味がある。アトラクターは、当のウサギが経験する特定の刺激と、それを経験した状況、そして、ウサギにとってのその刺激の意義の総和を反映するうえに、(新たな匂いを学習するとアトラクター地形全体も変化するため)当のウサギが経験した他の匂いと報酬の対の痕跡も留めている、極めて個体差の大きい神経活動パターンであるからだ。

唯一、大脳皮質に送られないのは、ニンジンの匂い分子が鼻の嗅覚受容体に接触してニューロンの反応を惹起した際に、その匂い分子自体によって最初に生成された神経活動パターンである。カオス・アトラクターが形成されるまでに、嗅覚受容体への刺激の痕跡はすべて完全に消失していたという。この点においてフリーマンが正しいなら、脳内プロセスを心理・認知プロセスと結びつけようとする者にとっては一大事だ。嗅球のアトラクターは、たとえばニンジンのような特定の物の匂いはもちろんのこと、ニンジンの他のいかなる側面の「表象」とも言えないからだ。なぜなら、アトラクターにはニンジン以外のもの、つまり、ニンジンの匂いがウサギにとって意味のあるものとなる状況も含まれるためである。[11] 嗅球全域にわたって生成されるパターンは、物としてのニンジンの本質的な「ニンジンらしさ」ではなく、ウサギが過去にニンジンを食べた経験に基づく、ウサギにとってのニンジンの現在の意義に対応するのだ。

それればかりではない。嗅球におけるNCAとアトラクター状態の形成が、ウィーラーの提唱している非計算論的力学系における豊かな時間構造の意義をも裏付けるものであることは明らかだ。たとえば、NCAの形成速度はアトラクター形成のタイミングに影響を及ぼすし、NCAの形成自体はウサギの律動的な匂い嗅ぎ行動の時間特性に依存する。この時間特性によって、匂い分子が受容体に達する速度が決まるからだ。要するに、ウサギの身体(匂いを嗅ぐ鼻)と脳(一嗅ぎごとにアトラクター状態に入る）と環境（匂い嗅ぎの対象物によって提供されるアフォーダンス）とを結びつける直接的な動的カップリングが存在するということだ。

このプロセスを説明するには、ギブソンが用いた「共鳴」のメタファーが役に立つ。つまり、ウサギの嗅球は、ウサギにとって有意義な不変項に「共鳴」すべく、選択的に「同調」するのである。[12] 共鳴するシステムは同調の仕方次第で同じ刺激にも異なる反応を示すから、新規の有意義な匂いに遭遇した時にアトラクター地形が変化するのもうなずける。また、動物によって検知する世界の不変項が異なるのも、これで説明が付く（言うまでもないが、「共鳴」という概念を言葉どおりに受け取るのは禁物だ）。脳と神経系は世界と共鳴する。活動パターンは匂いそのものではなく、匂いの持つ意義に対応する。この二つの特徴が相俟って、知覚と行動とをカップリングさせるのだ。[13] 運動システムを嗅球全体の活性化状態が誘導するのは、すべての状態がループとしてリンクし合っているからだとフリーマンは主張する。食べることをアフォードするニンジンが呼び水となって、運動システムに適切な反応を生じさせる。その反応は、ウサギがこのアフォーダンスを知覚することの一環なのである。ならば、動物の行動の仕方は少なくとも動物の考え方に匹敵するほど重要だと言う。なるほど、このアプローチでは、行動は思考の一形態に過ぎないから、動物が示す組織立った行動パターンを説明するのに、線形の内的表象的入力・処理・出力手順を持ち出す必要はまったくない。グレイ・ウォルターをはじめとするイギリスの「サイバネティクス研究者」に関する快著を著した科学社会学者アンドリュー・ピカリングは、脳と脳の機能は「表象的」ではなく「遂行的《パフォーマティブ》」と呼ぶべきと提唱している。[14]

こうしたメカニズムが働いているならば、動物はあらかじめ目標とする状態の「表象」を持たなくても、さらには、自分が目標状態に到達しようとしているという感覚さえなくても、その状態に到達できる可能性がある。[15] と言うよりは、動物が感じているのは、（たとえば、ひとつのアトラクターのベイスンから離れて別のベイスンに近づくために活性化が起きて）平衡点から外れる時の、感覚運動システムの「緊張」だけかもしれない。自分が何をしているか、なぜそうしているかをはっきり認識しないままに、その緊張を低減する動作や行動へと誘導されるのではないか。人間の場合は確かにこれがしばしば役立っている。私がリヴァプールに住んでいた時に経験したことが、そのよい例だ。当時は毎朝、ジョギングをしていた。家を出て、カルダーストーンズ公園を一周して戻ってくるのだ。帰り道はいつも決まった通りを走る。その通りに出ると歩道に上がるのだが、半ばほどまで来ると、いつの間にか車道に出ている。自分がそうしているとは、なかなか気づかなかった。気づいてからも、自分がどうしてその決まった通りの決まった区間に限って、（ずっと安全な歩道ではなく）車道を走っているのか、皆目見当がつかなかった。そうするうちに、ある日、ようやく合点がいった。通りの途中に小さな緑地があって、そこを回り込むように道がカーブしており、そこから歩道の傾斜が徐々に大きくなっていたのだ。この傾いた歩道を走ると、リズムが乱れる。ドレイファスの言葉を借りるなら、感覚運動システムに緊張が生じて、ジョギング中の快い安定したアトラクター状態から追い出されると言ってもよい。そこで平な車道に降りて、快適かつ効率よく走るという面で、自分の現在の状況を改善していたわけだ。しかも、長いことそうしていながら、自分がそうしていることも、その理由も、私の意識にはなかった。それどころか、自分の行動に納得してからでさえ、たいていの場合は、なんの心積もりもないままに車道に移っていて、いつ、車道に出ようと判断したのか、思い出そうとしても思い出せなかった。[16]

物事は見せかけどおりとは限らない

俺は胡桃の殻に閉じ込められても、無限の宇宙を統べる王のつもりになれる男だ。
――シェイクスピア『ハムレット』

論理によればAからBへとたどり着ける。想像を働かせれば、どこへでも行きたい放題だ。
――アルベルト・アインシュタイン

このように、力学系アプローチによれば、表象と計算理論にがんじがらめにされずに、世界における知的な行動を検討し、説明することができるし、身体と世界とを当然のこととして、しかも役に立つ形で、認知システムに組み込むことも可能になる。第6章で取り上げた生態学的心理学によるアプローチでは、環境自体の構造が有用な情報をいかにコスト効率よく動物に提供できるか考察したが、力学系アプローチはそれを補完する理論と言える。

ただし、はっきりさせておきたい点がひとつある。本書では表象主義を批判的に評価しているけれども（おまけに、表象がいかなるものであるか、正確なところは今もって分かっていないのだが）、表象はまったく存在しないとか、行動や行為の説明に表象は役に立たないと結論を急ぐのは誤りということだ。アンディ・クラークが示唆しているところによれば、（少なくとも）人間の世界には、「表象を必要不可欠とする」側面が多々ある。[17] その例として、彼は、アメリカで合法的に販売できない銃が製造されているのを倫理的に容認できるかという問いかけを挙げている。この問いかけには、身体化された感覚運動プロセスをどうひねくり回そうと、答えは出せない。なんとしても記号的表象が必要になる。倫理観や武器売買、犯罪、商慣行などの問題は、ジョン・サール（彼も心の哲学を専門とする哲学者だ）が言うところの「制度的事実」、すなわち、具体的・物理的な形では存在しないものの、誰もがその存在を認め、生活を構造化するために使用している事実を抜きにしては語れない（たとえば、お金だ。紙切れそのものに固有の価値はなくても、それがある国において通貨として通用し、商品やサービスと引き替えに使用できることを誰もが認めれば、それは制度的事実である）。

このセクションの冒頭に挙げた二つの引用句にも、やはり「表象が必要不可欠」なプロセスがかかわっている。想像するためには、目の前にない、あるいはそもそも存在すらしない環境の側面を思い浮かべる能力が必要なのは言うまでもない。つまり、一概に、表象主義的な考え方を全面的に排除せよと言っているわけではないのだ。ここで紹介したクラークの代替的な視座は、「表象」についてはご名答と言える答えが見つかっていない、未解決の問題であることを指摘しているに過ぎない。[18] 具体的に言うなら、彼が強く推しているのは多元的なアプローチだ。人間以外の動物を研究する手段を必要とするならなおさらだと言う。多元的アプローチとはすなわち、表象を必要とする認知活動があれば、必要としない認知活動もある、さらには、まったく同一のプロセスの一環として非表象的成分と表象的成分の両方を必要とする認知活動もあると認めることだ。二者択一の理論ではないと言いたいのだろう。

この説は要注意だ。だが、表象は無関係ではない、存在しないわけでもないと認めても、表象主義をよしとするにはなお慎重を要する。何かにつけ、動物と環境、それも、当の動物にとっては存在しないにも等しい環境との間に無理矢理線を引こうとするのが表象主義であるからだ。百歩譲って、外的行動と強く相関している脳内の内的プロセスを特定することができたとしても、そうした内的プロセスが動物の行動を誘導する世界の表象を構成すると結論するのは間違いだ。なぜか？　内的メカニズムと外的行動とを人間の外的な基準枠で同時に測っているからだ。すると、一方をそのまま安易にもう一方に対応づけてしまうことになる。しかし、当の動物、つまり、能動的に行動している動物にとっては、私たちが外側から見ているだけの内的活動は、その動物が経験している世界であって、世界の表象ではないのである。

カエルの脳内地図

もう少し詳しく説明しよう。それには、ノーベル生理学・医学賞を受賞した神経心理学者、ロジャー・スペリーが行った古典的な神経生理学的実験を引用するのがよさそうだ[19]。スペリーが実験に使ったのは一匹のオタマジャクシだ。これの視神経を切断して、片眼を上下一八〇度回転させて移植しなおした[20]。さて、このオタマジャクシが成長してカエルになった。そこで、正常なほうの眼を覆っ

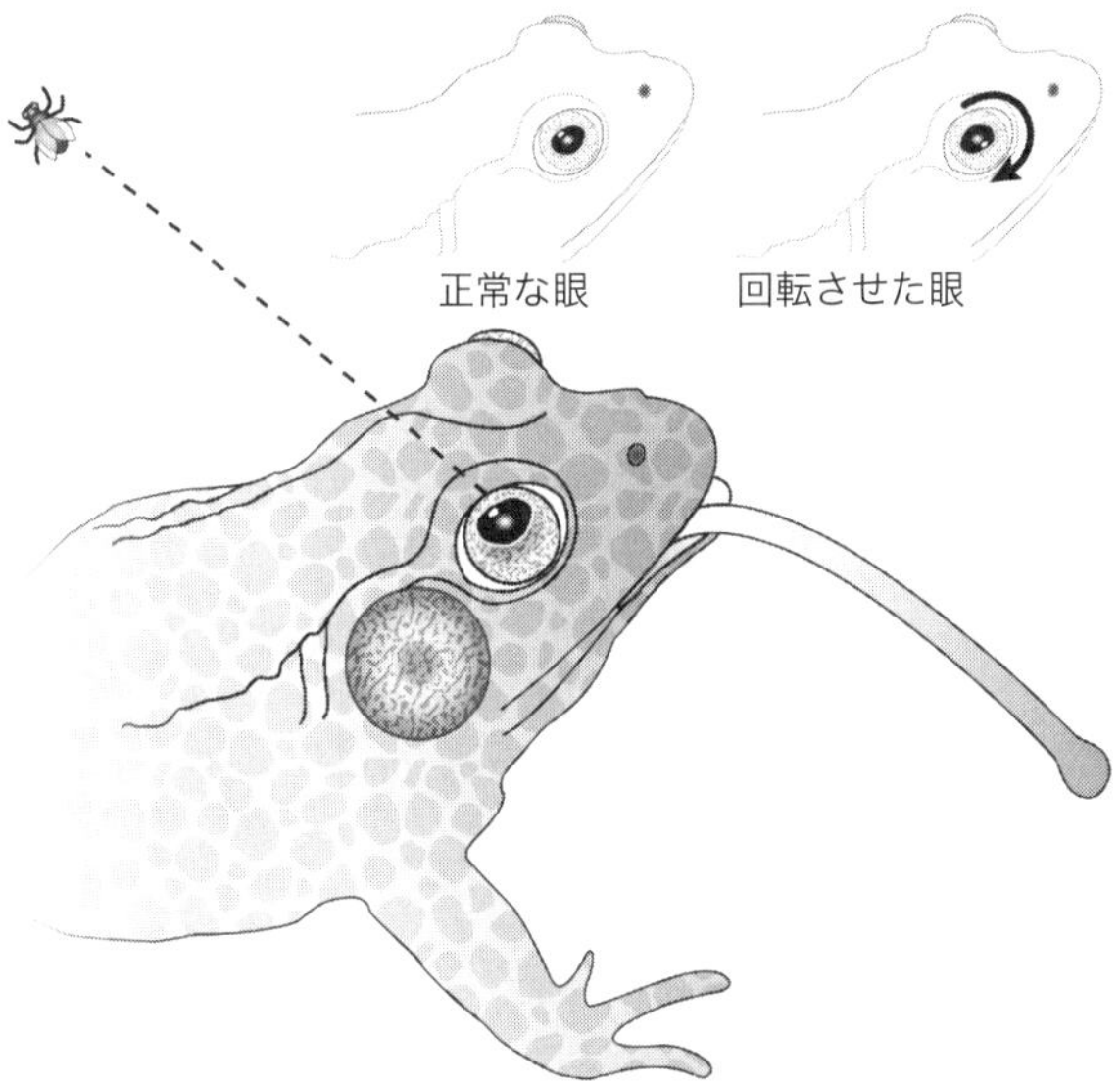

図 8-2 ロジャー・スペリーの古典的実験。オタマジャクシの眼を 180 度回転させてから、成長してカエルになるのを待った。このカエル、餌のハエを捕ろうとして、まったく逆の方向に舌を伸ばした。

て、上下逆さの眼しか使えないようにしたら、どうなったか？　餌のハエを採れなかった。餌を正面に置くと、自分の後ろをめがけて舌を伸ばす。足下に置くと、舌を上に向けて伸ばす。カエルは自分の眼が正常な向きについているように行動したのだ。要するに、眼球が上下逆さになって網膜の神経節細胞の位置が変わったのに、眼を脳のしかるべき部位（視蓋）とつなぐ神経細胞軸索は再生するに当たって、切断前に結合していた視蓋細胞と正しく結合し直したということである。しかも、何度餌を採り損なっても、行動を修正して舌の動かし方を変えるには至らなかった。ならば、このカエルに関する限り、「研究を行っている観察者とは異なり、外界と関連させて上下、前後を認識してはいない」と言える。[21] では何を認識しているのかと言えば、網膜地図上に投射された像の位置と舌の動きとの内的な感覚運動の相関、それだけだ。カエルには私たち人間のような外界という概念もなければ、私たちが感じる眼が上下逆さという感覚もないのである。[22]

ところで、ここで注目していただきたいのが、今使った「網膜地図」という用語だ。これは神経系が構築する「トポロジカル・マップ」と呼ばれる地図である(トポロジーとは局所的な関係性のことで、網膜地図の場合は網膜上の位置と皮質上の位置の対応関係を意味する。たとえばロンドンの地下鉄路線図も、駅間の関係を表す必須の要素だけを残した簡易図、すなわちトポロジカル・マップである)。一言で言えば、感覚野でひとつの刺激が隣接部位に波及していくにつれて、脳内ではそれに対応する隣り合うニューロンが次々に発火していくことを意味する。したがって、皮質ニューロンの活性化パターンを観察すれば、動物が何を見ているか分かることが多いのだ。だが、動物がこういうニューロン「地図」を構築するからと言って、ロンドンの地下鉄路線図が本物の地下鉄網を表しているように、ニューロン地図も外界を表す「表象」と考えてよいものか? そうは問屋が卸さない。体性感覚野や運動感覚野のニューロン地図をそういう視点でとらえてしまうと、まさに上述のような誤りを犯すことになる。私たちがこうした地図を把握できるのは、カエルの脳内と外界とを同時に観察して、相互の関係を見て取れるからにほかならない。「内側」から、つまり、カエル自身の観点から言えば(そして、実は、私たち人間の知覚行為においても)、こうした地図は外界の表象ではなく、動物が経験している外界にほかならない。動物が感じ取っている外界、動物の目に「映っている」外界、それを表しているのがトポロジカル・マップだ。[23] 特別な表象「層」など存在しないのである（結局、落ち着くところは、第6章でギブソンから引用したとおり。路線図のような外界の地図がカエルの脳内にあるなら、誰がそれを見ているの？　という話になる）。

この脳内地図の話は、第6章で考察した生態学的心理学によるアプローチと完全に矛盾しているように思えるかもしれない。何しろ、生態学的アプローチでは、動物は世界と「直に」接し、世界を「直接」知覚できるとお話ししてきたのだから。ならば、自分の脳内地図だけを頼りにしているように見える、眼を回転させたカエルの行動については、生態学的アプローチではどう考えれば辻褄が合うのか？　ここで忘れてはならない肝心な点は、ひとつには、カエルの行動は常に外界（餌の存在）によって直接誘導されること、そしてもうひとつには、先にも述べたように、生態学的アプローチは認知プロセスに寄与する脳内神経系の存在を否定してはいないことだ。環境刺激をどう受容するかは、神経系の構造と、それが進化の過程でどう形成されてきたか（特に、環境中で入手できる情報の種類）によって決定的に左右される。たとえば、カエルの環境世界には、小さくて黒っぽい色をした動く物が含まれているので、知覚システムは、舌で捕獲することをアフォードする羽虫という不変項なら抽出できる。しかし、網膜に投影された像の空間配置を示す諸特徴、つまり上下前後はカエルの環境世界には存在しないものだから、ハエをうまくキャッチできるように行動を調節するうえで役立つ情報を提供してくれる不変構造は抽出できないのだ。

もっと広く言えば、前章の要点を繰り返すことになるが、神経系は紛れもなく、動物が感じ取っている世界の一環であって、「外にある」世界をただ検知するための手段ではない。カエルが利用できるのは脳内地図「だけ」と言ってしまうと、本書で最初からしつこいくらいに指摘してきた間違いにつながる。動物と環境との間にありもしない線を引くことになるのだ。なぜそういう区別をしてしまうかと言うと、私たちが研究対象とする動物の基準枠の外側にいるからだ。人間以外の動物の行動を科学的にうまく説明できてしまうのも、そのためである（詳しいことは後述する）。たとえば、魚には自分が泳いでいる「水が見えていない」とよく言われる。哲学者であるルートヴィヒ・ヴィトゲンシュタインもかつて、人は眼鏡越しに見えるものと眼鏡そのものを同時に見ることはできないと指摘した。それと同じで、神経系と身体は動物が利用できる世界に組み込まれている一要素であって、どんな動物であれ、世界をあるがままに「見る」ことはできない。ただ、それぞれに固有なやり方で経験するだけだ。優れた哲学者にして認知科学者であったジョン・ホーグランドは、これを動物と環境の間に存在する「親密性《インティマシー》」と呼んでいる。[24]

動物の「心」を理解するために

我々は、存在は◎◎である、時間は◎◎であるとは言わずに、存在している、時間があると言う。

——マルティン・ハイデガー（哲学者）

生きているだけで楽しいってことを、私は忘れたことがないの。

——キャサリン・ヘプバーン（女優）

とは言え、私たちは自分や他の動物について、そんな風に考えるのには慣れていない。自分の身体が世界と切っても切れない親密な仲にあるとは気づかない。皮肉な話だが、世界における自分の立ち位置を考えるとなると、世界から一歩下がって客観的に見なければ、自分を観照できないからだ。こうした客観的なものの見方は、少なくとも西洋では、哲学者ルネ・デカルトにまで遡ることができる。かの有名な命題「我思う、ゆえに我あり」を掲げて、唯一本当に確信できるのは思考する己の存在だと宣言した哲学者だ（具体的に言えば、私たちの感覚はいずれもさまざまな形で欺かれる恐れがあって、外界も私たち自身の存在も単なる幻想に過ぎないかもしれない。しかし、自分の思考の存在にすら疑問を投げかける思惟を行えるという事実は、論理的に言って、そう思惟している何物かが存在していなければならないわけだから、私たちの存在証明であるに違いないと考えたのだ）。ここからデカルトは、心は身体を構成している物質的なものとはまったく異なる実体だとする立場をとるに至った。「実体二元論」と呼ばれる彼の見解は、現在では唯物論（基本的には、心は脳であるため、本質的に身体と同じ物質だとする立場である）に座を譲ったものの、私たちには自分の身体の完全に外にある世界を眺める「心」があって、世界を知覚するには表象を介して間接的に見る以外にないという考え方は今なお抜けきれていない。これ自体、動物と動物が住む世界との間に明確な境界線を引いているのだから、一種の二元論だ。それも、実体二元論と同じく、誤った方向に私たちを導く二元論である。

これとは異なる見解を打ち出したのが、ずっと時代が下ってから登場した哲学者、マルティン・ハイデガーだ。[25] 私たちは根本的に（「客観的なものの世界に向かって方向を定めた主観的なもの」として）世界から分離されてはいない。常に世界の中にあり、世界のただ中に留まっているのだから、「外的圏」という見方など存在しないと主張したのだ。[26]

より具体的に言うなら、私たちの普段の日常的な世界との接し方は、非表象的な「配慮的な気遣い」だとハイデガーは考えた。彼が挙げた、その最も有名な例がハンマーだ。ハンマーを使う時、私たちは自分自身を、物体としてのハンマーに向き合っている主観的な心とは見ていないと彼は言う。ハンマーをうまく使いこなすために、「私はここにいて、ハンマーを持ってたたいている」などと、自分自身を表象する必要はないのだ。ただ、ハンマーでとんとんたたくだけである。うまく使いこなしていれば、ハンマーは私たちにとって「透明」になるから、私たちは自分自身と世界との区別にまったく気づかない。ハンマーの存在様態は、ハイデガーの用語で言うなら、「道具的存在性（使用できること）」である。現代のもっとしっくりくる例を挙げれば、コンピュータのキーボード、マウス、ジョイスティックといったところだろう。コンピュータに向かって仕事やネット・サーフィン、ビデオ・ゲームに没頭している時は、マウスもキーボードもジョイスティックも物体として意識していない。私たちは画面に表示されるものをコントロールする手段としてではなく、ゲームの環境として直接接触しているからだ。ハイデガーによれば、私たちの日常の認知の大半はこの形で生じているのである。

ところが、ハンマーの頭部がいきなりスポンと抜けてしまったり、ジョイスティックが利かなくなったりすると、その物体とそれに対する自分の見方が意識に上ってくる。ハンマーの存在様態が

「非道具的存在性（使用不能であること）」になるのだ（この説明は何ともぎこちなく思えるだろうし、確かにうまい説明とは言えないが、ハイデガーとしては直接デカルト的な世界観に逆戻りしないような形で自分の概念を理解させようとしたので、これは致し方あるまい。私たちの標準言語ではどうしてもデカルト的な方向に向かってしまうからである）。この存在様態もまた、私たちが日常生活の中で遭遇することだ。物が壊れた時、無くなった時、あるいは、ただ邪魔になる時には、配慮的に交渉するために、その障害に対処しなければならないからだ。

ハイデガーはさらに、世界における人間の第三の見方・行動の仕方も挙げている。「事物的存在性（ただそこにあること）」だ。たとえば、正しく科学するには、世界の中の物体に対して特定のスタンスをとらなければならない。日常生活の中で同じ物体を実際に扱う時とは、たいていの場合まったく異なるスタンスである。この見方・行動の仕方では、私たちはデカルトが関心を抱いた類いの本格的な「表象する」主体になる。すなわち、一見独立した外界についての知識を得て、予測し説明したいと望み、世界の表象を形成することによって世界をとらえようとする個人になるのである[27]。私たちの主観的な状態に関しては、デカルトは間違っていなかった。デカルトの過ちは、「事物的存在性」を私たちの「デフォルト」状態と決めてかかったことだ。しかし、これはハイデガーが主張しているように、人間が時折、特殊な状況下で到達しうる、極めて特殊化したトリックである可能性が高いように思われる。

動物の心という問題が厄介なものになっている元凶は、この「事物的存在性」という概念にあるのではないかと、私は考えている。私たちは、自分が動物の認知の性質を概念化し、予測し、説明しようとする際に用いる「事物的存在性」という思考の前身のようなものを人間以外の動物も示すに違いないと決めつけている。それと言うのも、この種の思考が人間のあらゆる認知の特徴であると、誤って思い込んでいるからだ。事物的存在性が世界に対処するための人間のデフォルト状態だという頭があるから、進化の過程には人間がこのデフォルト状態にたどり着くまでの連続した流れがあったものと信じて疑わない。だが、この特殊化された客観的なスタンスはおそらく人間が新たに取り入れたもの、人間ならではの歴史が刻まれる中で（とりわけ複雑な音声言語に刺激・増幅されて）共進化してきた生態と文化の所産であって、動物界にはそんな先例はなかったのではないか。人間と動物との進化の連続性は、私たちが自分自身の思考や他の動物たちが持つと思われる思考について考える際に用いる、極めて再帰性の強い特殊な思考法ではなく、むしろ、私たちの日常的な経験の大半を構成する配慮的な気遣いにある可能性が高い。

同様に、表象に頼らざるを得ない、計算理論に頼り切った心脳論の本当の問題点もまた、「事物的存在性」を自然な状態ととらえて、認知プロセスを動物の脳と他の神経系、身体および動物が暮らしている世界から切り離していることにある。この見方にこだわって人間以外の動物がどのような心を備えているか読み解こうとすれば、誤りの上に誤りを重ねるのが関の山だ。この執着を解かない限り、他の動物がいかにして行動し世界を理解しているか、満足のいく洞察などできるはずがない。融通の利く知的な行動は脳内で起こる認知プロセスだけの所産ではないからだ。裸の脳など存在しないのである。

第9章 世界は生きている

私たちの生活を取り巻いている意味のある物体は、私たちの心もしくは脳に記憶されている世界のモデルではない。それらの物体こそが世界そのものなのだ。

——ヒューバート・ドレイファス（哲学者）

ちょっと寄り道して（少しばかり哲学的に）脳とそのメタファーについて考えてきた結果、たどり着いた見解をここでまとめておこう。認知はルールに基づいた記号的表象の操作にほかならないとする「古典的」な認知観は、いくつか問題を抱えていることがはっきりした。その原因はおしなべて、二つの要因を軽視している傾向にある。ところがこの二要因、これまで考察してきたとおり、動物の環境との柔軟なかかわり方を理解するうえで極めて重要と思われるのだ。ひとつは、動物の身体的特性、つまり、文字どおりの物理的な構造だ。そしてもうひとつは、特定の身体構造が環境との特定の相互作用をアフォードすると同時に、他の相互作用を制約する事実である。そこで、生物学者にして哲学者のヤーコプ・フォン・ユクスキュルやJ・J・ギブソンらの主張を容れて、環境と「相関的」

で環境に「埋め込まれた」認知観、すなわち、動物と環境はともにループしているため、一方をもう一方から切り離して考えるのは理に適わないという見解をとることにしたわけだ。

身体の復活

頭の中で地面をほじくり返しても畑は耕せない。
――アイルランドのことわざ

アンディ・クラークの「行為指向的な表象」

認知については、もうひとつ別の見方もある。アンディ・クラークが提案している区別の仕方だ。[1] 彼によれば、「古典的」な認知観は脳を、環境を映し出す「鏡」と解釈する理論であるのに対し、本書のテーマである「身体性認知」の理論は、脳を環境における行動の「制御装置」と見ている。前者の場合は知覚と行動が実に明確に分離される。脳は「受動的」に得た外界の内的記述（表象）を記憶した後、それを操作・処理して、運動系に送る出力を生成する。運動系はその出力を受けて初めて、世界における行動を生み出せるのだ。他方、後者においては、この知覚と行動の境界が消失する。動物の内的状態は受動的に与えられる世界「像」ではなく、環境とかかわるための行動計画であるからだ。[2] したがって、「動物の内側の主観世界」とそこに描かれる「動物の外側の外的世界」との区別も消失する。クラークは環境とかかわるためのこうした行動計画を「行為指向的な表象（action-oriented representation）」と呼ぶ。これには前章で考察したような問題点があるものの、分かりやすさを買って、ここではこの用語を使うことにする。ただし、動物の観点からすれば、行為指向的な表象と環境経験との間に内外の区別がないことだけはお忘れなく。

ここでもう一度、ロボットの世界に話を戻そう。行為指向的な表象の例として打って付けな例がある。ロボット工学者マヤ・マタリックは、周囲環境の内的「地図」を構築する能力を備えているため、雑然とした環境でも走り回れるラット・ロボットを製作した。[3] ただし、この地図、誰でもよく知っている、景観の「絵」地図のようなものとは訳が違う。このロボットが環境中を動き回る際のロボット自体の動作とセンサーからの信号の組み合わせから成るマップだ。ロボットが壁に突き当たっても、マップには、「堅い垂直の物」のようには表されない。ロボットが壁に衝突した時に何をしていて、何を感知したかが記憶されるのだ。たとえば、「南方向に直進中、横方向短距離の信号をキャッチ」といった具合である。したがって、傍観者本位の観点からは環境配置図に見えても、ロボットの視点に立てば行動計画にほかならない（ここにも、動物が知覚する世界対外部の評価の構図がある）。[4] ロボットが動き回るうちに遭遇した特定のランドマークに対応する「ノード」、つまりマップ上のある点を示す基本要素が活性化すると、ロボットの移動方向に活性化が波及するので、ロボットは次に遭遇するランドマークを「予想」する（ロボットが意識しているわけではもちろんない）。ロボットがどこか特定の位置に到達「したいと思う」と、現在位置に加えて、その目標位置に対応する「ノード」も活性化する。マップ上の活性化波及は当然、検出されるノード間の最短ルートで行われるから、「認知」の出番は皆無だ。マップ上の位置は既に、そこへ到達するために必要な動作とそれに相関したロボットへの知覚入力（ロボットが動き回る際に感知するもの）によって指定済みなので、この知覚マップを知覚プロセスによって行動計画に変換する必要はない。要するに、アンディ・クラークの言葉を借りれば、「マップ自体がマップのユーザー」なのだ。[5] この行為指向的マップは、知覚と行動が「認知」の入り込む隙間のないほどしっかりと絡み合っていることを示す完璧な例である。何より興味深いのは、本物のラットの四肢を動かせないようにして、初めての環境内を連れ回しても、海馬（この類いの空間マッピングにかかわる脳部位）の活動にまったく変化が見られないことだ。してみると、本物のラットにおいてもロボット同様、マップ作成には動作が不可欠ということらしい。ならば、本物のラットもロボットと同じ類いの「行為指向的」な表象を用いていると仮説を立ててもよさそうだ。[6]

アンディ・クラークは、人間においても行為指向という考え方を正当化できる、格好の例をいくつか挙げている。なかでも説得力があるのが、被験者に歪んだ眼鏡をかけてダーツをさせた実験だ。[7] 眼鏡が歪んでいるせいで対象物が少し片側にずれて見えるから、被験者は全員、最初こそ的外れなところに投げていたが、練習を繰り返すうちに慣れてきて、見事、的中させられるようになった。ただし、それは飽くまでも、同じ側の手でオーバースローした場合の話で、反対側の手で投げたり、同じ手でもアンダースローで投げたりすると、的にかすりもしなかった。歪んだ眼鏡への適応は、練習した利き手でのオーバースローという特定の知覚・行動ループに限定して起きたのである。

知覚と行動は別個の独立したシステムとする標準的な見解にはそぐわない所見だ。標準的見解が正しいなら、歪んだのは知覚だけであることを考えると、新しい知覚入力に適応した被験者はどんな投げ方でもダーツを的中させられなければ筋が通らない。適応した知覚システムは正しい信号を運動システムに送っているはずだし、知覚から独立しているとされる運動システムは、その信号に適切に反応できてしかるべきだ。ところが、被験者が歪んだ眼鏡に適応できたのは特定の条件を満たしてダーツを投げた時だけとなると、知覚と行動は二つの独立したシステムどころか、密接に協調している完全な統合ユニットと考えざるを得まい。調整されたのは利き手によるオーバースローという特定の知覚・行動ループだけであって、全体的なパターン調整は起こらなかった。これもまた、動物の知覚システムは餌あさりや隠れ家探し、捕食者の回避など、世界における行動に合わせて調整されるのであって、脳内に世界の複製を生み出すわけではないと仮定するところから出発した、ギブソンの生態学的心理学に符号する所見である。

　私が教えている心理学部で行われた実験も、この行為指向的な観点の有用性を裏付けている。[8] 具体的に説明しよう。「ミッシング・ファンダメンタル（失われた基底音）」と呼ばれる聴覚の錯覚があるのだが、興味深いことに、プロのミュージシャンと素人ではそれに対する感受性が異なる。この現象を研究テーマとして修士号取得を目指したのが、自分自身、なかなかどうして大したミュージシャンである、私の教え子のジョン・グランゾーだ。ミュージシャンの耳には世界の音が実際に素人とは異なって聞こえているかもしれないと思いついた彼は、これは研究に値すると考えた。「ミッシング・ファンダメンタル」というのは（端折って言うと）、ある音の音高《ピッチ》、つまり基本周波数の知覚の仕方（音が高く聴こえるか、低く聴こえるか）が、基本周波数の一連の倍音（高調波）と合わせて聴かされると、当の基本周波数の音エネルギーの有無に左右されなくなる現象を言う（倍音は音に音色を持たせる成分だ。音色というのは音の質のことで、たとえば、同じ音でもトランペットとオーボエのどちらの音か聴き分けられるのは、音色が異なるからである）。手っ取り早く言うと、音色の情報を提示されただけでピッチを聴き取れるということだ。[9]

ジョンがミッシング・ファンダメンタルに関心を抱くきっかけとなった研究は（これもとんでもなく端折って言うと）、ミッシング・ファンダメンタルを推定して知覚しているのか、それとも倍音に反応しているだけなのかを実験者が判別できるように、ピッチと音色を操作した音の対を、被験者に聴かせるというものである。[10] 被験者は二つの音を続けて聴かされたら、二つ目の音が最初の音より高いか低いか答えるだけでいい。聴かせる音は、倍音なら第二音が高くなり、基本周波数なら第二音が低くなるように（また、その逆にも）操作した。こうして対比させて音を提示すれば、実験者は被験者が基本周波数と倍音のどちらを元にしてピッチを判断しているか、特定できるわけだ。結果、優れたミュージシャンはミッシング・ファンダメンタルをたどるのに長けていて、「正解」を連発した（つまり、第二音の高低を基本周波数に基づいて判断した）。一方、素人は倍音を追いかける傾向にあって、音色の違いをピッチの違いと勘違いした（要するに、第二音の基本周波数が実は低くなっているのに、倍音を基準にして高くなったと判断した――ジョンがこのオリジナルの実験を再現した時、私も被験者として参加したのだが、成績はもう散々。辛うじてDの評価をもらった……）。

指導教官ジョン・ヴォーケイの叱咤激励を受けて拡大再現実験に取り組んだジョンは、はてと首を傾げた。回答時間を制限したところ、ミュージシャンの好成績につながっていた演奏経験の効果が完全に消失したからだ。ミュージシャンの成績が素人を上回ったのは、急《せ》かさずに答えさせた場合だけだったのである。ジョンに閃きを与えてくれたのは、時間制限を設けても好成績を上げたひとりの素人の何気ない一言だった。聴いた音をハミングしてみたら音が高くなったか低くなったか分かったと言うのだ。それどころか、ハミングしてみると最初の印象と真逆だったり、記憶していた音が変化したりしたと言う。その意味するところをじっくりと考えた二人のジョンは、ミュージシャンたちが正解できたのは聴覚の優劣の差ではなく、実際に演奏に携わってきた経験のせいではないか、ならば、行動も感覚入力に劣らず重要なのかもしれないと思い至った。そう言われれば、グランゾーのほうのジョンも、ギターを調弦する時は、合わせたい基準音（たとえばピアノで鳴らした音）と弦の音とをハミングして、弦の張り具合を調節している。だから、ミュージシャンたちは、ハミングする時間があれば、自分の声を「楽器」代わりにして音の曖昧さを取り除けるから、正解できる。ところが、答えを急がされてハミングする暇がなくなると、せっかくの演奏経験という強みを活かせなくなるのだろう。この考えは確認実験で証明された。ミュージシャンに回答時間を十分に与えたうえに、ことさらハミングするよう勧めたところ、演奏経験効果は失われなかったどころか、ほぼ一〇〇パーセントの正解率が得られたのである。

従来の一方向の聴覚モデルでは、音が入力されて反応が出力されるだけで、反応自体が知覚の性質を変えることは一切ないから、この所見にはうまく当てはまらない。むしろ、今までの章で考察してきた生態学的な「ループ状」のフィードバック理論のほうがはるかにしっくりくる。本人の反応がその後の知覚に情報を提供する。つまり、人は、自身の行動によって自分の見るもの、聴くものを確かに変化させることができるのだ。ところが、ほとんどの聴覚実験は、単純に一方向の関係しか想定していないから、身体化された知覚がしてのける離れ業を確認できるデザインにはほど遠いと、ジョン・グランゾーは言う。実験デザインのこうした系統的なバイアスのせいで、私たちは興味深い行為指向的現象を数多く見逃している可能性があるのだ。

掃除ロボット「ルンバ」の誕生（昆虫のような知能）

表象を受動的な世界像ではなくある種の行動計画とする見方は、私たちの探究対象、すなわち、内的資源と外的資源が相互に活かし合い制約し合うとする、アフォーダンスと力学系アプローチに重点を置いた生態学的心理学ときれいに符号する。前の章を繰ってみれば、エルジーとエルマー、コオロギ・ロボット、スイス君のセンサーとモーターも、ここでお話ししたより精巧な行為指向的な表象の先駆けと見ることができる。それだけではない。これらのロボットの例は、世界の内部モデルなど構築しなくても、興味をそそられる複雑な行動はいくらでも生み出されることも明らかにしてくれた。

この行為指向的アプローチを誰よりも精力的に推し進めてきたのが、マサチューセッツ工科大学（MIT）のロドニー・ブルックス（コンピュータ科学・人工知能研究所の所長を務めるロボット工学者で、現在はiRobot社の創立会長）だ。[11] 我がロボットは「速く、安価で、制御不能」であるべきというのを長年来のモットーにしている人物である。ブルックスが初めてロボットに関心を持ったのは、母国オーストラリアの小学校に通っていた時だ。グレイ・ウォルターの著書を手に入れた彼は、真空管の代わりにトランジスタを使って自分の亀ロボットを製作した。ノーマンと名付けたその亀は、グレイ・ウォルターの亀に負けじと、床を歩き回り、光に反応し、障害物があれば押しのけて突き進んだ。やがて、スタンフォード大学に進んだブルックスは、亀より「伝統的」なＡＩスタイルのロボット工学に取り組むことになった。ロボットに環境の内的表象を持たせ、タスクを実行する前に解を計算させる、古典的な「感覚・表象・計画・行動」アプローチによるロボット工学である。しかし、こうしたロボットは問題を抱えていた。古典的な制御アーキテクチャーのせいで、動作が非常に緩慢だったのだ。たとえば、ブルックスが手がけたロボットを屋外で走らせた時など、あまりに鈍くて、空を渡る太陽の動きとそれによって生じる影の変化にもついて行けず、表象の内部処理に混乱が生じるほどだった！[12]

これにはブルックスも心底がっかりして、苛立ちを募らせた。グレイ・ウォルターのロボットは安上がりだったのに、変化する世界の中でありとあらゆるおもしろい行動を見せてくれた。一方、スタンフォード大学のロボットはとてつもなく高価だし、内部処理能力に関して言えば、亀ロボットなど比べものにならないほど賢い。だが、動作は亀ロボットに及びも付かないのだ。ブルックスの言葉を借りれば、「外部の観測者にとっては、ロボットの内的認知などなんの価値もなかった」のだ。[13]

そういう経緯があったから、自分の研究所を持つことになったブルックスは、そもそもの最初にインスピレーションを得たグレイ・ウォルターの亀ロボットに立ち戻ることにした。彼の目標は、中央処理装置（つまり、脳）を内蔵しないため、金額のかさむ大量の内部電子回路も、時間のかかる計算プロセスもなしで済ませられるうえに、動的な環境の変化に着実かつ効率よく対処できるロボットを設計することにあった。[14]もっと具体的に言うなら、進化はその歴史のその大半を、動物が世界を動き回り、環境と能動的にかかわり合うのに役立つ知覚と行動のメカニズムの向上に費やしてきたのだから、自分のロボットにも「昆虫のような」知能を持たせればいいと考えたのだ[15]。言語や問題解決行動、推論、専門知識などの「高次」認知能力はいずれも、進化の観点から言えば、最後の最後になって現れるものではないか。ならば、これらの高次認知能力は、最も複雑な能力とされているけれども、動物が世界で活動するのに不可欠な知覚と運動のプロセスさえ整ってしまえば、実は極めてたやすく実装できると考えてよさそうだ。そればかりではない。そうした知覚・運動プロセスは、直接の結果として「高次」認知機能自体の進化と精緻化を下支えするに違いない。だとすると、「高次」認知は得てして身体の影響とは無縁と思われがちだが、実際はここで考察したように、やはり「行為指向的」であるはずだ。こう言い換えてもいい。「高次」認知については、知覚と行動のメカニズムはいかにして動的環境における適応行動につながるかをきちんと理解したうえで、考えるべきなのだ。

ブルックスのロボットには「サブサンプション（包摂）」・アーキテクチャーと呼ばれる理論が用いられている。複雑な行動を、それぞれに固有の目的を達成できるように作られた一連の単純な行動モジュール、すなわちシステムに分割するという理論だ。それらのモジュールが個々に、他のどのモジュールともまったく異なる「見方」で世界を「見る」。これらのモジュールは、いくつかの「層」に階層化されている。各層の目的はそれぞれひとつ高次の層に「包摂される」、つまり利用されることにある（第3章でお話ししたエルジーとエルマーの光センサーと触覚センサーがこれに近い。触覚センサーが作動すると、光センサーからの信号がうまい具合に「無視」される仕組みだ[16]）。重要なのは、首尾一貫した世界概念を形成するためにモジュールを統合する必要がいっさいないことだ。ブルックスがこのアプローチを駆使して製作したロボットの中でも特筆に値するのがハーバートだ（人工知能のパイオニアで、ノーベル経済学賞を受賞したハーバート・サイモンにちなんで名付けられた）。コカ・コーラの空き缶を集めて片付けることのできるロボットである。ハーバートにとっては、超音波センサーで障害物を検知することは、それと同時に動作を停止することだった。ハーバートは障害物を障害物として「見た」わけでもなければ、障害物を実世界に存在する固体として内部処理し、表象を得たわけでもない。「障害物」、イコール、停止、それだけだ。これとまったく同じ原理を用いて、ブルックスはやがてルンバを誕生させる。ゴミを見つけて、障害物を回避し、バッテリーが切れかかればエルジーとエルマーのように（ただし、ずっと効率よく）自分で充電する、大ヒット商品となった家庭用掃除ロボットである。

こうして数々のロボットを作り続けたブルックスは、何を目指していたのか？「認知処理」、すなわち、内的な記号的表象などなくても、ロボットを見事に機能させられると証明することだ。知覚と行動を密結合させ、その知覚・行動ループを環境とカップリングさせれば、「認知」の出番などない。「世界を自らの最良のモデルとして使用した」ロボット、それが彼のロボットだった。[17] 第4章で考察したケアシハエトリの行動も、この観点から見ることができる。そのスキャン行動と運動のパターンを限られたニューロン数と考え合わせれば、ケアシハエトリが世界を「鏡」のように映し出す「像」を形成しているとは思えない。むしろ、（構造的にとは言わないまでも機能的には）ブルックスのロボットたちと同じようなアーキテクチャーを使っているのではないか。ケアシハエトリが現実的な設定において見せた、スキャンと運動とがかみ合ったパターンから考えられることは何か？ケアシハエトリもまた世界を自らの最良のモデルとして使用していて、ロボットと同様の知覚と行動の密なカップリングが始動と停止のパターンを決定しているのではないか。先に述べたとおり、水平のルートに途切れ目を検知することは、ケアシハエトリにとっては同時に、転向行動でもあった。サーボ機構が眼球運動と身体運動の角度とを連動させていたからだ。ならば、ブルックスのロボット同様、「計画」という内的認知プロセスの存在を仮定する必要など実際になかったと結論できる。スキャンし、方向転換し、移動する、スキャンし、方向転換し、移動する。それだけで、ケアシハエトリは獲物へと続くルートにどんどん近づいていくことができたわけだ。

並列緩結合プロセス

ブルックスのロボットに用いられているサブサンプション・アーキテクチャーをもっと一般的な用語で言うなら、「並列緩結合プロセス」だ。[18] 一連の独立したプロセスが次から次へと起こる（つまり、ロボットが世界を感知し、内部でその表象を形成し、何をすべきか計画してから動作する）のではなく、ロボットのさまざまなモジュールと層は「緩やかに」、つまり、内的計算プロセスにいっさい頼らず、環境を介して結合しているだけだ。でも、それって、どういう意味？　動物の内部ではなく、外部の環境が、いったいどうして動物の行動を協調させられるわけ？　そこを疑問に思ったら、もう、動物と環境は相互に絡み合って「定義し合う」存在ではなく、完全に分離した二つの実体と考えてしまう落とし穴に逆戻りだ。落とし穴から覗き見るから奇妙に思えるだけで、皮膚（この場合は、後で述べるように外骨格）はそれほど重要な境界ではないと認めれば、動物と環境の相互関係という観点から考えるほうがずっと自然だと分かってくるはずだ。

ナナフシの脚、ラットの団子

昔から知られていることだが、ナナフシのような生き物の場合、脚一本一本が独立して自律的に制御されるようになっていて、脳には脚の運動を協調させる中枢はないらしい。だが、脳にそれぞれの脚が何をしているか「知る」術がなくて、脚自体も他の脚がどう動いているか「感じ」とれないとなると、ナナフシはつまずいて転びもせず、身動きできなくなることもなしに、どうやって脚の協調運動を生み出しているのだろう？　ここで登場するのが「緩結合」だ。ナナフシの脚はすべての脚と環境との相互作用を利用して協調している。[19] たとえば、脚を一本後ろに蹴り出すと、身体を前進させるために必要な力が生じる。その力が他の脚のすべての関節角度を自動的に、しかも同時に変化させる（四足歩行ロボット、パピーの例を思い出していただきたい）。こうして、身体が前に進むと、すべての脚も自動的に前方へ引き寄せられるため、それに応じてまた関節角度が調節されるのだ。

ナナフシが利用しているのはこうした関節角度の必然的な変化であって、何もしなくても脚間の協調が可能になる。全体的な情報伝達が行われるのはすべての脚がまったく同時に環境と相互作用するからだ。ナナフシの内部の神経連絡はいっさい不要である。このように環境の構造とそれが関節角度に及ぼす影響とを利用するほうが、脚の運動をモニターできる複雑な神経回路網をナナフシ自体の内部に組み込むより安上がりだし、効率もよい。ウサギの嗅球ニューロンにしても同じく、環境を介した緩結合と言える。環境内にウサギにとって有意義な匂いがあると、ニューロン同士が「協働」して、特定のアトラクター状態に入る。

動物間の行動にも、環境を介した緩結合のおかげで特別な認知制御をまるで必要としないものがある。ラットの赤ちゃんを例にとってお話ししよう。生後間もない赤ちゃんラットはピンク色をしていて体毛もなく、体温調節がうまくできない。だから、母親が出かけてしまうと、体温の低下を補うために身を寄せ合うのだが、そうしてできる団子状態の形状がさまざまなのだ。この寄り集まり行動を長年にわたって詳しく研究してきた神経生理学者ジェフ・アルバーツは、赤ちゃんラットが示す行動の複雑さを支えているのはいくつかのごく単純なルールだと結論した。生後一週間までのラットが従うルールは、「垂直面から離れるな」[20]（壁際に集まる「走触性」）と「暖かいものの方へ移動しろ」の二つらしい。さらに生後一週間を過ぎて一〇日までのラットには、第三のルールが加わるようだ。「同腹仔と同じことをしろ」（つまり、一緒に生まれたきょうだいたちが動き回っている時は一緒に動き回り、じっとしている時はじっとしていろということだ）[21]。そこで彼は、博士課程を修了した教え子のジェフ・シャンクとともに、赤ちゃんラットの寄り集まり行動をコンピュータでシミュレートしてみた。最初の二つのルールに沿ってシミュレートしたラットを動かすと、生後七日のラットそっくりに行動したし、第三のルールを追加すると、生後一〇日のラットのように行動する寄り集まり画像が得られた[22]。生後一〇日未満のラットの協調行動を生むのは環境との相互作用だ。それぞれの赤ちゃんラットが同じ「ルール」に従う結果として、きょうだいの存在を互いにまったく意識していなくても、ラット団子ができあがるわけである。

コンピュータ・シミュレーションの代わりに「ロボラット」を使って実験すると、この緩結合がもっと鮮明に見えてくる。ロボラットと言っても、赤ちゃんラットをごくおおざっぱに模したものだから、見た目は少々、先の尖ったミニカーに似ている（本物のラットと同じく、尖っているほうが鼻先だ）。このロボラットを使ったさまざまな実験の中でも、私たちの観点から言って何より興味深い所見が得られたのが、ロボラットの制御アーキテクチャーを完全なランダム制御にして行った実験だ。つまり、ロボラットにルールをいっさい設定しなかったのである。[23] それにもかかわらず、ロボラットたちを実験スペースに放してやると、「ルール」を使ったシミュレーションの場合同様、生後七日と一〇日のラットの中間の行動もしくはどちらかと同じ寄り集まりのパターンを示した。[24] そこで、ロボラットたちの行動をさらに注意深く観察したところ、ロボラットたちに協調行動をとらせているのは環境との相互作用であると分かった。壁に突き当たると、鼻先が尖っているから壁に沿って滑る。滑って左右どちらを向くかは、壁と接触した時の角度次第だ。この接触が他の動作選択肢（つまり、ロボラットが壁から離れることになる動作）を制約するので、結果として、ロボラットたちは壁際に集まる行動をとることになった。実験スペースの隅に突き当たった場合にとれる動作は、それ以上に制限された。基本的には後退りが唯一の選択肢だったのだが、後退りするしかない状況で他のロボラットたちがランダムに押し寄せて来るから、この選択肢もなくなってしまう。左右から他のロボラットに押されて、本物の赤ちゃんラットがみせる典型的な「寄り集まり」や「隅に潜り込む」行動が起きた。どのロボラットもラット団子を作ろうという「目的」を持っていたわけではないのに、環境を利用することで協調行動が生まれたのである。

忘れては困るが、だからと言って、本物の赤ちゃんラットにはランダム制御アーキテクチャーしかないと言いたいわけではないし、アルバーツたちもそれを証明しようとして実験を行ったわけではない。彼らの実験によってはっきりしたのは、赤ちゃんラットは専用の感覚運動ルーティンや固有の神経情報処理装置などなくても特徴的な行動をとれることだ。赤ちゃんラットに固有の「ルール」による「プログラミング」は必要ない。環境を介した緩結合さえ整えば、現実的な行動の生起には十分なのだ。それだけではない。ここが肝心な点なのだが、緩結合は赤ちゃんラットの身体の構造にも依存していた。環境だけでは緩結合は成立しない。動物自身もしかるべく「セットアップ」されていなければならない。壁際に沿ってラット団子が形成されるには、ロボラットの尖った鼻先が不可欠だったのだ。ロボラットが本物の赤ちゃんラットとそっくり同じ行動をとれないケースもあったのは、本物のラットは胴体を曲げられるのに、ロボラットにはそれができなかったからである。

スイス君に話を戻そう。同様の作用についてお話ししたことを覚えているだろうか。スイス君が物体を検知するための近接センサーは斜め前方に向けて取り付けてあった。左右のキューブは避けて通るのに、真正面にあるキューブはそのまま鼻面で押して進んだのは、このセンサーの角度のせいだ。片方のセンサーを真正面に向けて付け替えて、スイス君の身体を変えてしまうと、行動も全面的に変化して、目の前のキューブを、鼻面で押さずに避けるようになった。つまり、キューブ押し行動が起こらないわけだから、スイス君はお片付けをしなくなった。プログラミングされた「ルール」はまったくそのままなのに、センサーの向きを変えただけで、スイス君の行動の「目的」と思われるものまで変化したのである。ナナフシの歩行から赤ちゃんラットの寄り集まり、スイス君のお片付けに至るまで、どの例においても、特定の身体構造を備えているところに環境との相互作用があって、融通性の高い適応行動が創発されたのだ。

脳の負担を軽減する

英知は深遠なる哲学よりも、身体の中にたくさん詰まっている。
――フリードリヒ・ニーチェ（哲学者）

ロボット工学と人工生命（Artificial Life：ＡＬ）の分野で今、精力的に追究されているテーマのひとつが、認知の負担を軽減するための身体の活用法だ。そうした中、現実の物理的制約が障害になるどころか強みになるという、ワットの調速機の例で考察した原理がいくつか取り入れられているばかりでなく、複雑な行動の創発において重要な役割を担うのは脳だけとする思い込みは誤りであって、身体は本来なら脳が負担しなければならないはずの「負荷（エネルギーと認知的な負担の両方の意味だ）を波及」させるのに役立っていることの裏付けも上がってきている。

例として、人間の脚について考えてみよう。歩行する時の脚の振り出しは、脳から筋肉に送られて、また脳に戻る信号によって制御されているのではない。重力と摩擦と推進力を利用することによって、「受動的」に起こる。この原理を説明するには、「受動歩行機」というかわいい装置に一役買ってもらおう。[25] センサーもモーターも、どんな制御システムもないのに、重力だけで、まるで人間そっくりの歩き方で斜面をとことこ降りる装置である。[26] ある研究者たちの言葉を借りれば、「ブランコ歩行ロボット」だ。[27] 脚部が振子のように振れる構造になっていて、足に十分な弾性がありさえすれば、重力推進だけで斜面を下っていく。もちろん、斜面がなければ歩行機は立ち往生してしまう。先頃、ある研究チームが、受動歩行機のアーキテクチャーを土台にした二足歩行ロボットを製作した。足関節と股関節に小型動力源があるので、平らな地面でも歩行できる。これも、受動歩行機と同じに、生きているように歩く。歩行が、動力源としての重力のみに依存しているのではなく、しかるべき形態も費用対効果の高い運動の鍵となることの証明である。ホンダのヒューマノイド・ロボット、アシモ（モーターが複数搭載されていて、複雑な制御アーキテクチャーによって制御される）は人間が歩く時の一〇倍近いエネルギーを消費すると言うのに、この二足歩行ロボットの歩行効率は人間のそれとよい勝負だ。[28] 受動歩行機とその従兄弟にあたる二足歩行ロボットは、しかるべき材料を使って（重力のような）信頼性の高い環境特徴を利用すれば、脳を主体にした場合の行動コストを削減できることを示す、この上ない例と言える。

私たちの膝も、この「形態による計算[29] (morphological computation)」の一例だ。「形態による計算」とは、形態による情報処理機能で、身体の一部の物理的・力学的特性が本来なら特異的な神経制御を必要とする作業をうまくこなすことを意味する（ご想像どおり、白状すると、私はこの用語が実は好きではない。認知はすべて計算であって、身体が脳のために「計算」の一部を請け負っているような、事実に反するニュアンスがあるからだ）。生体力学的に言うと、私たちの筋腱系は思いのほか、バネのようで弾性が高い（これはあらゆる動物に言えることだ。四足歩行ロボットのパピーにバネが使われたのは偶然ではない）。足が地面を蹴った時の膝の動きは、脳や脊髄が制御するのではなく、脚部の力学的特性がもたらす結果に過ぎない。唯一、中枢神経系がかかわるプロセスは、筋肉の弾性度の調節である（これは歩くか走るかによって変える必要がある）。後はすべて、膝が自力でしてのける。私たちがでこぼこの地面を苦もなくすいすいと歩けるのは（少なくともひとつには）そのためだ。[30] 人間は、ぎくしゃくとぎこちない動作（弾性材料でできていないため）で、しかも、中央制御装置から信号が送られてこなければ始動しないモーターによって関節と脚部の動きが制御されるせいでゆっくりとしか歩けないヒューマノイド・ロボットとは、わけが違う。言い換えるなら、本物の動物とロボットの歩行の相違は、プログラミングのスキルや処理速度の差ではなく、ロボットの素材によって生じるのである。

想像以上に神経の活性化を必要とする動作について検討してみれば、「形態による計算」の例がもうひとつ見えてくる。具体的に話そう。サルが指を一本だけ動かすには、（げんこつを作ったり、物をつかんだりする時のように）親指と残り四本の指を同時に動かすよりも、多くの神経を活性化させなければならない。とっさには、そんな馬鹿なと思うだろう。動かす指が多ければ、筋肉も余計に動かさねばならない。ならば、五本の指の運動を制御するには、より多くの運動神経を活性化させて、より多くのニューロンを働かせることになる。そう考えるのが常識ではないか。ところが、その常識が間違っている。手の筋肉と腱は、手を握ると自然に単一の運動単位として働くように進化してきた。だから、神経制御がはるかに少なくて済む。手を握ると、指は都合のよいことに、どうしても一緒に動くようになっているのだ。[31] 私たちの手はなぜ、このように動くことになったのか？　霊長類の進化の歴史を振り返ってみれば、明々白々とは言わないまでも、直感的に納得できる。最も初期の霊長類において、手を握る動作、つまり把持動作は、樹上でうまく移動するため、そしておそらくは、夜行性の昆虫を捕まえるために進化した。だが、この制御された把持動作を生み出すために自然選択が働きかけたのは、脳と神経系ではなかった。手を構成している諸組織の力学的特性を利用し、筋肉と腱との協働を生み出すことによって、負担が大きい（しかも、時間もかかる）中枢神経系制御を節約することにしたのである。やがて、さまざまな条件が変化して、自然選択が正確な把持などに有利に働くようになった頃には、この無意識に起こる機械的反応を無効にしなければ、手を細かく制御することができなくなっていた。平たく言えば、サルの五指は単一体として開閉するのが当たり前なので、全部は動かさずに一本だけ動かそうとしたら、その当たり前の動きを無効にして抑制しなければならない。だから、余計な神経まで活性化させなければならないのだ。面倒なシステムになってしまったものだが、進化の過程とはそんなものだ。ゼロからまったく新しい解決策を考案するわけにはいかないので、既存のものを何とか手直しするほかない。

最近では、より便利な義肢の開発に、同じような機械的反応の原理が用いられている。「横井の筋電義手（訳注：現・電気通信大学の横井浩史教授が開発）」は、上肢切断患者の腕断端にある筋肉から神経信号を読み取り、それによって動きをコントロールできるロボット・ハンドだ。[32]弾性材料の腱と、物や面に触れた時に変形する可塑性材料でできた指先（本物の指先に少し近い）が特徴である。これが筋電義手の二つの大きな利点の源になっている。第一に、把持する物に義手が「自己適応」するので、手の個々の動きを何から何までモーターで制御する必要がない。だから、義手を軽量化できるばかりか、把持できる物のレパートリーも広がる。正しい把持動作に近い動作ができさえすれば、後は可塑性材料が確実な適応を約束してくれるからだ。第二の利点も第一の利点と関係している。義手自体が把持作業の大半を「オン・ザ・フライ」で、つまり動的に変化しつつ行うから、断端からの大まかな信号さえあれば義手を制御できる。有効で安定した把持動作の「計算」は、義手が把持しようとする対象物に適応していく中での一瞬一瞬に、義手自体が行うのである。

「形態による計算」が働いている可能性を理解することもまた、「脳をあるべき場所に納める」のに役立つ。こう言うと、脳を軽視しているように聞こえるかもしれないが、そんなことはない。私たちは往々にして、身体そのものを脳になぞらえてしまうほど脳を重視している。具体的に何が問題かと言えば、身体を、脳のてっぺんを走っている体性感覚野、すなわち、身体の感覚神経が投射し、刺激されれば、その刺激の源がある身体部位に感覚を生じさせるニューロン群としてまとめ上げていることだ。これらのニューロン群の数とパターン形成を、身体各部に対応する感覚野の相対的な大きさを示した「感覚ホムンクルス」として表すこともある（ホムンクルスの絵や模型は見たことがあるのでは？　両手、口、舌は巨大だが、脚部と足はちっぽけな小人だ）。身体が脳内にこのように「表象」されているとする考え方は、脳に生の情報を提供して、脳が立てた「マスター・プラン」を実行するだけが身体の仕事であるような印象を与える。それではまるで、感覚機能は脳に埋め込まれていると言っているようなものだ。しかし、「ホムンクルスを外にめくり返して」[33]、つまり、裏返して、脳は身体の延長上にあると見るほうが理に適う。

ホムンクルスが脳内に住み着いて内側を覗き込んでいるというお決まりの観点からすれば、「水槽の脳」の思考実験は実にまことしやかで、思わずうなずきたくなる。これは、摘出されて水槽の中で培養されている脳でも、十分な入力情報がある限り、生身の身体で歩き回っている人間とまったく同じに世界を経験できるとする考え方だ（私たちが目にしている世界のほとんどはどのみち脳が作り上げたものという考え方を捨てきれないでいるなら、その通りじゃないかと思うだろう）。中には、これは思考実験どころの話ではないと極言する者までいる。「私たちは皆、水槽の脳にほかならない。頭蓋骨が水槽で、〝メッセージ〟は神経系への影響を介して流入してくる」のだと言う。[34] しかし、複雑かつ適切な適応行動の生起に身体自体がどれほど役立っているか理解できていれば、そんな主張は根底から覆すことができる。私たちの世界経験の大部分が身体の物理的構造と環境との接し方に依存しているなら、水槽の脳の経験が生身の私たちの経験と同じであり得るはずはない。

立役者は「眼」

身体は脳の負担をどう軽減しているのか？　それを説明するのに格好な例をもうひとつ紹介しよう。昆虫の複眼である。複眼は個眼と呼ばれる小さな眼がたくさん集まってできた眼で、それぞれの個眼（細長い筒状で、底部に感光性細胞がある）が独立した視覚受容体として機能する。複眼は明暗のドットでパターンを形成する。新聞の写真を拡大して見ればこんな画像になろうかという感じだ。個眼の数が多いほど、「粒子の粗さと不鮮明さ」が低減する。ハエやトンボなど、さまざまな昆虫の複眼を間近で観察すると、個眼が眼の表面に均等に配置されているわけではないと分かるはずだ。複眼の側面より正面の部分（つまり、昆虫の進行方向）に密集しているのだ。こうした配置になっているのは「運動視差」を補正するためである。[35]

視差とは、対象物を見る視線が変わった時に対象物の位置が変化して見える仕組みを言う。片眼をつぶって対象物を見た後、つぶる眼を代えて見ると、対象物の方向が幾分違うように見える。これは両眼の位置関係のせいで、対象物をとらえる視野の角度がわずかに異なるからだ。私たちはこの視差を使って奥行きを知覚し、距離を測っている。運動視差は自分が移動した結果として得られる、奥行きを知る手掛かり《キュー》（不変項）だ。私たちが一定の速度で移動する時、手前にある対象物は遠くにある対象物よりもはるかに速い速度で目の前を通り過ぎていくように見える。この不変項を利用すれば、対象物までの距離を判断できる。バスの窓から外の景色を眺めていて、ゆっくりと後ろに流れていく木が視界をさっと横切っていく木より遠くにあると分かるのがそれだ。

複眼に個眼が均等に分布していれば、運動視差は必ず起こる。飛んでいる昆虫のひとつの個眼がとらえた遠くの光点の情報が隣の個眼へと次々に移動していくには一定の時間がかかるのだが、近くにある対象物の光点情報が個眼間で伝達されていく時間はずっと短いからだ。ところが、個眼が正面に密集していて、側面ではまばらな複眼は、この効果を完全に補正できる。ハエが飛んでいる時、遠くの光源から届く光が正面に密集した個眼間を移動していく時間と、近くの対象物から届く光が側面のまばらな個眼間を移動していく時間に変わりはない。したがって、近くの対象物も遠くの対象物も同じ速度で視野を通り過ぎていく。ハエは奥行きの手掛かりを利用できないのだ。

これがなぜ、役に立つ？　一説には、そのおかげで、労せずして費用対効果もよく、対象物からの横方向距離を一定に保って飛べるからだという。運動視差を補正できる眼を備えていれば、昆虫は個眼間の「オプティック・フロー」、すなわち視覚の流れを一定に保つように飛ぶだけで済む（要するに、対象物からの光が個眼間を移動するのに要する時間が常に同じであるように飛ぶということだ）。そうすれば、障害物があっても、それとの距離が変わらないように平行に飛ぶことになる。こうした条件下でオプティック・フローが変化することがあるとすれば、昆虫が横方向の平行ルートから外れた場合だけだ。だが、個眼が均等に分布していたら、この方略は使えない。運動視差もオプティック・フローを変化させる原因となるから、オプティック・フローを一定に保ちながら飛ぶのは不可能になるのだ。その場合、昆虫は何らかの方法で、運動視差に起因するオプティック・フローの変化を補正もしくは除去しなければならない。つまり、個眼の複眼上の位置に応じて神経回路を別様に調整する必要があるわけだから、プロセスの複雑さもエネルギー・コストも増大する。裏返して言えば、個眼の配置さえ変えれば、そんな不経済なことをしなくても、眼自体が運動視差を元から断ってしまう。[36]

この「昆虫は眼の形態を変えることによって対象物と平行の経路を常時維持できるようになった」という説には、「アイボット（Ｅｙｅｂｏｔ）」という移動・歩行・飛行ロボット用のコントローラーを使った車輪型移動ロボットの実験で、強力な裏付けも得られている。アイボットはグラフィック・ディスプレイとデジタル・カメラを備えたマイクロ・コントローラーで構成されている。このデジタル・カメラの撮像素子は、底部に感光セルを備えた可動撮像管を並べたものだ（つまり、機能的には本物の個眼と同じだ。違いは、本物の個眼は可動式ではないことだ）。[37] この車輪型移動ロボットに、対象物からの横方向距離を一定に保ちながら移動するというタスクを与えた。しかも、そのタスクをこなすうちに、自ら撮像管の配置を変えて「進化」できるようにしたところ、なんとわずか五時間で、撮像管の大半が正面に移動し、側面には少数の撮像管を残すだけという、昆虫の複眼そのままのデザインをとるに至った。しかも、その進化につれてロボットの動作も変化し、当初より効率よく障害物からの距離を保てるようになったのだ。

脳がなくても、ダンスは上手い

プログラミングより先にダンスを習わなければ。
――ジョン・グランゾー（心理学研究生・ミュージシャン）

素材が適切だと行動が一変する例も紹介しておこう。それに打って付けなのが、ロルフ・ファイファーとジョッシュ・ボンガードの著書に登場するロボットたちのうちの一台、スタンピーだ。[38] スタンピーはロボット工学者の飯田文也が製作した踊るロボットで、ひょうきんな「ダンス」の妙技をあれやこれやと披露してくれる。だが、スタンピーの興味深い点は、発明者たちがこの踊る歩行ロボットを製作するに当たって、上半身だけをモーター駆動にしようと決めたことだ。下半身は完全に「受動的」で、自力では動けないのである。

スタンピーはT字型の構造物を二つ、上下に重ねた仕組みだ。「上半身」はTの字そのままだが、「下半身」は逆Tの字で、Tの横棒に当たる部分に弾力性のある太い足が四本付いている。二つのTの接続点がスタンピーの「ウエスト」に当たる。この関節のところで上体を左右に曲げられるけれど、前屈、後屈はできない。上半身のTの字の横棒にも関節があって（一見「肩」に見える）、「腕」を左から右に振ることも可能だ。一言で言えば、スタンピーは、モーターでは上半身の限られた動作しかできない、脳のないロボットだ。ならば、その場で上半身を揺らすくらいが関の山と思うだろう。ところがどうして、スイッチを入れると、足を踏み鳴らしたり、跳んだりはねたりしながら、部屋中を踊り回る。スタンピーの踊りには脳も配線も関係ない（脳はそもそもないけれど……）。すべては身体各部のバランスと素材がさせていることだ[39]。

だから、スタンピーの上半身のTをずっと小さくして、肩関節もなくしてしまうと、しゃれた踊りを披露できなくなる。上半身の重量が足りなくて、弾むようなステップや推進力を生み出せなくなるからだ。逆に、上半身と肩関節はそのままでも、弾力性のある足を取ってしまうと、スタンピーはやはり踊れない。それどころか、あっけなく転倒してしまう。上半身が生み出す力と運動を相殺できなくなるためである。こうした不具合を調整する手はいろいろ考えられる。たとえば、上半身を小さくすると動かなくなるという問題を解決するには、足にもモーターを搭載してうまく制御できるようにすればいいし、弾力性のある足をなくしたせいで転倒するのを防ぐには上半身の制御を強化すればいい。だが、特定の素材が本来備えている制御特性（弾力性、摩擦、剛性）を利用して制御力を手に入れる経済的な方法に比べると、これらの解決策は複雑だしコストもかさむ。スタンピーの発明者たちは、適切な形状を適切な素材と組み合わせるだけで、制御されているけれども融通性の高い動作を実現できると証明してみせたわけだ[40]。

「形態による計算」というものをもう少しよく理解すれば、人間以外の動物が世界をどう見ているのか、世界についてどう考えているのか（考えているならの話だが）を検討する際に身体が重要なかかわりを持ってくると、間違いなく合点がいくはずだ。動物の行動を理解しようとするなら、内的認知プロセスだけを取り出そうとするのではなく、動物を丸ごととらえるべきとする論点を補強するものであるからだ。繰り返し指摘しているとおり、認知プロセスにしか目が行かないと、進化が身体の他の部分に「請け負わせた」かもしれない仕事まで脳の手柄と思い込みかねない。蟻の例えと同じことで、行動には認知が不可欠と認知を過大評価して、行動モデルも説明も必要以上にややこしくしてしまうことになる。

全身という視点に立つことは実に「生態学的」でもある。有効な適応行動の生起に材質や形状といった身体の属性が重要な役割を担っていることを理解しさえすれば、身体は論理的に考える脳が生存にかかわる諸問題の解決策を実行するために使うただの道具ではないと認めるにも抵抗がなくなる。それどころか、アンディ・クラークが言うように[41]、身体は行動コストの削減やより有効な行動の生起、あるいはその両方のために、さまざまな適応性の高い形で利用できる資源であると分かってくる。多様なシステムが協調・連携する際に体内で作用している関係に目が行くようになるから、脳は「行動の司令官」、身体は（文字通り）心を持たない従僕とする見方から抜け出せるはずだ。

「脳至上主義」を克服せよ

「脳は行動の司令官」という発想への批判には、最初は違和感があって当然だ。何しろ、現代の西洋文化には、「万事脳が仕切っている」という脳主体の見方を煽るものが蔓延しているのだから。私が子供の頃、漫画雑誌『ビーザー』に『ナムスカル』という人気漫画が連載されていた。ナムスカルというのは頭でっかちで線のような手足をした小人たちのことだ。「うちのオヤジ」の頭の中に住み着いていて、オヤジの行動をコントロールしている。耳を担当していたナムスカルの名前はラギー、目を操作していたのがブリンキーだったけれど、子供心にも何よりびっくりしたのは、脳を管理するブレイニーがいたことだ（！）。ナムスカルは興味深い哲学的難問をいろいろと提起する存在だが（ナムスカル自身の頭の中にももっと小さなナムスカルがいて……と考えていくと、無限後退に陥る）、ここで言いたいのは、多くの人々が幼い頃から、脳至上主義にどっぷりと浸かっているため、それを振り払うのは容易ではないということだ（一九九〇年からの「脳の一〇年」を経て、脳が極彩色で輝いているｆＭＲＩやＰＥＴの息をのむような画像を見られるようになった今はなおさらだ）。蒸し返すようだが、だからと言って、対極に走って、脳がなんぼのものだ、脳なしでもやっていけると言いたいわけではない。それは誰がどう考えても荒唐無稽な話だ。しかし、バランスを取り戻すことは大事だと、私は思う。脳は身体の一部であって、脳と身体があってこそ、動物は完全なる存在となる。その完全なる存在の最大の目的は、状況に即した行動をとることだ。脳は、身体や環境の物理的特性と同様、動物がその目的を達成するために利用できる数々の資源のひとつに過ぎない。そうしたさまざまな資源すべてがどう組み合わさって動物の究極の目標に役立っているのか？　その解明に挑むのは、実にやりがいのあることだ。

ソフト・アセンブリ

身体性認知というアプローチにはもうひとつ、自由な発想を可能にしてくれる目からウロコの側面がある。行動の個体差を新たな観点からとらえることができるのだ。個体間の多様性はたいてい、処理対象とならない不要な情報である「ノイズ」、つまり、代表的な値である中心傾向を巡る無意味な変動（測定誤差）として片付けられている。だが、力学系理論による身体性認知のアプローチでは、多様性は恵みでありこそすれ、災いではない。各個体が示す行動パターンは、固有の環境において動作する固有の身体力学系に対応するからだ。つまり、局所的な現状と動物の身体固有の特異性（idiosyncracy）との相互作用は必然なのだから、行動に多様性が生じるのは当然ということだ。別の言葉で言うなら、行動は「ソフト・アセンブリ（柔らかな集積・組み立て）」のプロセスなのかもしれない。[42] さまざまな局所レベルの制御因子が局所的な（多くは時間的な）固有の諸条件を動物の身体固有の力学系と合わせてうまく利用し、横井の筋電義手と同じように「オン・ザ・フライ（実行中に動的に変化する）」で有効な行動を生起させる（行動は柔らかく集積される）。肝心なのは、この多様性がランダムではないことだ。個体の身体力学系から見れば、完全に予測可能で、すべて説明できる。多様性はデータであって、ノイズではないのだ。

このソフト・アセンブリという重要な概念はきちんと把握してほしいので、分かりやすい日常的な例を挙げて、もう少し詳しく説明しておこう。[43] ある会社の話。大勢の社員がそれぞれのオフィスで異なる時刻に書類をプリントアウトしようとしている。全員のパソコンがネットワークで何台ものプリンターと接続されていて、どのプリンターも誰の書類でも印刷できる。さて、目の前の課題は、全社員が自分の書類をしかるべき時に効率よくプリントアウトできるように、印刷ジョブを割り当てることだ。ひとつの解決策としては、入ってくる印刷ジョブをモニターし、印刷待ち行列をチェックし、それに応じてジョブの割り当てを行う人員（あるいは物、つまり中央コンピュータ）を置くという手が考えられる。ただし、いずれの要素も確率的に、幾分予測不能な形で変動するから、これは複雑な作業になる。しかも、書類によって必要な印刷の種類（カラー、写真、大判など）も異なるだろうし、プリンターの性能にも差があるかもしれない。こうした解決策は、古典的な認知観そのものと言っていい。知覚情報（プリントアウトを要する印刷ジョブ）がシステムに入力されると、計画が立てられ、「運動」指令がプリンターに伝えられる。そこでようやく、プリンターは中央制御装置の命令を実行するのだ。

これに代わる代替案がソフト・アセンブリである。書類のプリントアウトを必要としているそれぞれのパソコンからプリンターに「ビッド・リクエスト（入札要請）」を送信させる。すると、それぞれのプリンターがジョブ完了までの推定所要時間を返信する。当の印刷ジョブにぴったりの性能（カラー・プリントなど）を備えている、待ち行列の短いプリンターが他のプリンターに「競り勝つ」わけだ。印刷ジョブは最高入札者となったプリンターに送られる。こうしたパソコンとプリンター間の局所的な相互作用によって、印刷ジョブは自動的に最も効率よくプリンター間に割り当てられることになる。

要するに、アクティブなパソコンとプリンターとの間で、局所レベルで起こる告示と入札の相互作用によって、効率よいジョブ・スケジューリングが行われるのである。中央制御装置も計画も要らない。一台のコンピュータもしくは一人の人員がシステム全体に責任を負う必要はないから、システムのロバスト性（訳注：ある系が外乱の影響によって変化するのを阻止する内的な仕組み）も高い（中央制御装置モデルの場合、中央で情報の組織化を行うコンピュータが故障したり、担当者が欠勤したりしたら、システム全体が崩壊する）。このソフト・アセンブリがPCTともつながるものであることは言うまでもないだろう。プリンターがどれか一台、完全にお釈迦になった場合、そのプリンターは入札を行わなくなるから、遂行できないジョブが割り当てられることはない。つまり、システム全体が自動的に壊れたプリンターの分を埋め合わせるので、ロバスト性はいっそう高くなる。特定の状況に固有の特性（たとえば、各社員の経時的な印刷ジョブのニーズの変化）を考えれば、このロバスト性にはある程度の多様性が付き物だ。だから、二社が同じようなシステムを使用していても、それを比較してみれば、スケジューリング・システムにはそれぞれのコンピュータ、プリンター、社員たちの特異性を反映した相違がある。

このプリンターと印刷ジョブとの関係が、動物が世界で能動的に行動するためにこなさなければならない作業の「スケジューリング」にもきれいに当てはまる。固有の環境との関係における動物の身体特性が、時間帯と個体によって異なる行動パターンを生む。これは動物が機を見るに敏に、利用可能な局所レベルの資源をうまく使いこなしていることを示す多様性である。

ソフト・アセンブリという考えは、第7章でお話しした、マイケル・ウィーラーによる真の力学系と力学系ととらえることのできる計算システムのサブセットとの区別にも相通じる。動物に本来備わっている身体力学系の相違は、動物を世界とカップリングするペース・メーカーおよびリズム・セッターとして作用する、豊かな時間構造を持つ現象の相違につながる。したがって、身体化された真の力学系は狭義の計算システムよりも適応性に優れた多様な行動を示すはずだ。厳密にこの意味で言うなら、その多様性こそ、「しかるべき」行動の鍵である可能性が高い。こう言ってもいい。重要なのは、特定の静的な能力の有無ではなく、さまざまな個体に時間や状況を超えて見られる行動の相対的な安定性だ。このように重点を変えて考えることが大きく役に立っている研究分野のひとつに「発達」がある。そこで、力学系のソフト・アセンブリの例を、摩訶不思議な生き物で見てみることにしよう。人間の赤ちゃんである。

第10章 赤ちゃんと身体

赤ちゃんって、頭と目が大きくて、ちっちゃな身体に短い手足が付いているよね。ロズウェルのエイリアンそのままじゃない！　そんなものさ。

――ウィリアム・シャトナー（映画監督・俳優）

人間の赤ちゃんはとかく見くびられがちだ。パロディ新聞『ジ・オニオン』に、こんな見出しのトップ記事が載ったことがある。「赤ちゃんは間抜け：研究で明らかに」。記事が伝えるところによると、何しろ赤ちゃんは車のパワー・ウィンドウに挟まれないように頭を引っ込めることもできなければ、スキューバ・ダイビングをマスターすることも、海図を読んでエリー湖の真ん中から岸に戻る航路を見つけることもできなかったのだそうだ。これを読んで思わずニヤリとしてしまうのは、そんなことは当たり前で、赤ちゃんにそうしろと言うほうが無理と分かっているからだ。赤ちゃんにはこういう作業をこなせるだけの感覚スキルも運動スキルも備わっていない。そうと承知しているから笑える。

ところが、赤ちゃんについて、きちんと理解できていない面もある。一見でたらめに手足をバタバタさせたり、自分の手に奇妙なほど見惚れていたり、自分の足を口に押し込むことに没頭していたりする赤ちゃんは、スキューバ・ダイビングに必要なスキルよりもはるかに大切なスキルを山ほど学習している最中ということだ。赤ちゃんの行動のほとんどは無意味で間が抜けているように見えるかもしれないが、自分自身と自分が住む世界全体に関する概念的知識の土台固めに励んでいるところなのである。

発達心理学の大御所であるジャン・ピアジェとレフ・ヴィゴツキーはともに、世界における行為こそ、最終的に脳内で構築されることの大本であり原因であるとの認識に立っていた。ただし、ここで二人の研究を詳細に見ていくつもりはない。二点だけ挙げておけば十分だからだ。一点は、ピアジェとヴィゴツキーが考えたこのプロセスは細部で異なっていること（もっとも、発達論関連の教科書がこぞって私たちに信じ込ませようとしているほどの相違はない）、もう一点は、発達と認知に対する二人の見解に誰もが賛成しているわけではなく、中にはどう考えてもおかしい点があるとする者もいることだ。本書の意図するところに合わせて言えば、二人とも、世界を概念的に理解するための発達には、身体化された行為が不可欠としていると言ってよいだろう。考えてみれば、ほかに手段はあるまい？　完成度の低いもの（赤ちゃん）から完成度の高いもの（大人）を作り出す手がほかにあるだろうか？　もちろん、必要な知識をすべて頭に詰め込んで生まれてくるというのもひとつの選択肢だ。しかし、第3章で見たように、まったくの生まれながらのメカニズムは、本当に融通の利く行動を生起させるにはおおざっぱ過ぎるか、もしくは特異的に過ぎる。

新奇な経験や変化に対処するという意味では、個体がそれぞれに自分固有の身体に「住む」ことを学習し、世界の中で自分の身体がなし得ることから知識を蓄えていくとする、もっと「建設的」な見方のほうが、許容度も融通性も高い。私たち人間が総じて世界を人間ならではの独特な見方でとらえることについては、誰もが人間としての身体性を共有しているからだと説明できるが、私たちの融通性の秘密は、第2章の顔認識実験で考察したように、より複雑な知識、つまり、自分が遭遇する特定の世界と自分の身体とに応じた知識の構築につながる一連の経験‐期待バイアスなのである。

身体の豊かなリズム

二歳児はミキサーみたいなものだけど、蓋がないんだよな。

――ジェリー・サインフェルド（『となりのサインフェルド』のメイン・キャラクター）

身体性がいかにして心を形成するか、長年にわたって答えを模索してきた哲学者、ショーン・ギャラガーは、人間が抱える経験‐期待バイアスのひとつ（この場合は単なるバイアスとして片付けられるものではないのだが）は「身体図式」であると言う[1]。身体図式とは、空間内における自分の身体感覚と身体各部の相対的な位置関係の認識を可能にする感覚運動統合システムを言う。目を閉じて、手を上げてみよう。手は見えていないのに、どこにあるか、正確に分かるはずだ。立って片足を上げると、身体が勝手にバランスをとるのも同じことだ。足以外の身体各部のさまざまな筋肉が収縮するからまっすぐ立っていられるのだが、自分ではそうした調整が行われていることに気づかない。意識的な気づきがなくても、視覚によるモニタリングが行われなくても、身体図式は機能するからだ。空間内における自分自身と身体部位の定位を行うこの能力を固有受容性（proprioreception）というので、ギャラガーはこうして認識した自己を「固有受容的な自己（proprioreceptive self）」と呼ぶ。身体図式は、私たちが自分の身体について抱いている意識的な知覚、態度、思い込みなどから成る身体イメージとは別物だ。今、この文章を書いている私にしても、目はパソコンの画面に向けたままで、キーボードに指を走らせている。なぜだか、自分の指がどこにあるのか分かっている。指をどう動かそうと考える必要もないし、指が何をしているか意識しているわけでもない。もちろん、キーボードを叩いている指に意識を向けて、知覚の焦点を指に合わせることはできる。だが、そうしたとたんに、ミスタッチを連発することになる。私にタイピングの動作をうまくこなさせてくれるのが身体図式で、私がその気になった時にタイピングの動作を知覚させるのが身体イメージだ。

ギャラガーに言わせれば、思考プロセスの構造は、意識的か無意識かを問わず、基本的に身体図式が形成する。そこが肝心な点だ。なぜなら、身体図式こそが知覚領域の中枢であるからだ。したがって、私たちの身体についての意識はあらゆる世界経験の基準点としてまさに知覚と行動の構造に組み込まれているのだが、この身体意識は「与えられた」ものに過ぎない。私たちは常に自分の身体感覚を持っているけれど、これは自分の身体を対象物としてとらえる自分の「意識的な見方」に左右されるものではない（左右されたら、頭の中で網膜像を眺めている例の小人のように、無限後退の落とし穴へと真っ逆さまだ）。

私たちの身体図式は、少なくとも芽生えたばかりの時には、生得的だ。赤ちゃんには赤ちゃんなりの身体感覚があって、それを使って自分の動作を制御し、連携させている。赤ちゃんの身体図式は胎内での自発的な運動によって形成されるらしい。だから、生得的ではあるけれど、脳内に習得回路が備わっているわけではない。筋肉に固有受容器が現れるのは受精後九週目で、胎児はその後すぐに自発運動を繰り返すようになる。一二週目に入ると、胎児は反復的な指しゃぶりの動作も始める。ギャラガーが言うように、こうした運動が身体図式の形成と発達を促すのかもしれない[2]。ならば、そこからもうひとつ考えられることがある。身体図式は同じ基本計画に沿って私たちを形成するのだから、誰もがほぼ同じように育つわけだが、そこに行き着くまでの過程もすっかり同じとは限らないのではないか。

なぜなら、身体はそれぞれに皆異なっているからだ。私たちは自分固有の身体資源の利用法を学習する。それには、「カスタマイズされた」、つまり自分に合った学習方略と発達軌跡が必要だ。その点を見事に浮き彫りにしているのが、赤ちゃんの歩行行動に関する研究である。生まれたばかりの赤ちゃんは、身体をまっすぐ支えてやると、歩くような原始歩行と呼ばれる動作を自動的に見せる。ところが、生後二か月ほどになるとこの行動は消失してしまう。歩行動作が再び見られるようになるのは、生後六か月を過ぎて、自分の体重を自分の足で支えられるようになってからだ。なぜ、こんな奇妙な発達パターンをたどるのか？　従来は、ごく初期の原始歩行は幾分「ランダム」な不随意運動なので、神経系が十分に成熟すると抑制されるためと説明されていた。再度現れた歩行動作は本当に歩くように設計された動作であって、きちんと制御された意図的な運動だと言うのである[3]。もうひとつ、この歩行動作を練習させた赤ちゃんは、生後二か月を超えてもこの動作を続けることが多いという実験所見を根拠にした（もっと認知主義的な）説もあった。[4] つまり、初期の原始歩行を脳の高次学習プロセスが「獲得」して、これを随意運動に変えるとする説である。歩行動作がいったん消失する理由については、自然な条件下では赤ちゃんに実験の時と同じような歩行「練習」をさせることはないから、不用のスキルとして消失するのだと説明された。[5]

いずれの説も、歩行動作の消失と獲得に付随して起こると思われる歩行動作の意図性の変化（すなわち、不随意運動から随意運動への切り替え）を、このプロセスの唯一の原因としている。だが、乳児の原始歩行は、不随意ではあっても、足をでたらめにばたつかせているわけではない。制御された「正しい」歩行同様、股関節、膝関節、足関節をすべて同時にきちんと協調させ、屈曲・伸展を交互に繰り返す。しかも、赤ちゃんを仰向けに寝かせても、同じ運動パターンで「蹴り」の動作をする。蹴りをしている赤ちゃんを抱き上げて身体を起こすと、原始歩行を始めるのだ。「蹴り」と「原始歩行」は異なるプロセスではなく、異なる体位でとっている同じ動作を別の名称で呼んでいるだけのことなのだ。「蹴り」と「原始歩行」を区別してしまうのは、言葉の定義付けだけの問題ではない。原始歩行とは違って、蹴りは生後二か月を過ぎても失われず、一歳になるまでずっと続く。それに加えて、生後二週から六週の間に体重増加が特に大きかった赤ちゃんは、原始歩行の消失が他の赤ちゃんより早い。歩行が脳の成熟度だけの問題であるとしたら、原始歩行を水平方向に行っているに過ぎない蹴りが原始歩行のように消失しないのはなぜか？　しかも、なぜ、赤ちゃんの体重が関係してくるのだろう？

発達心理学者のエスター・セレンとリンダ・スミスは、自己組織化とソフト・アセンブリに重点を置いた力学系理論の観点から研究を行い、原始歩行が生後二か月で消失する謎を解き明かす別の説明にたどり着いた。[6]一言で言えば、脳の成熟度より足の質量が重要とする説である。生後二か月を迎える頃には、赤ちゃんの足は丸々と肥って、重力に勝てなくなる。原始歩行消失の原因はそれだけだ。これは実験で証明できる。原始歩行の見られる赤ちゃんの足に域値を超える重量の重りをつけると、歩行動作を抑えることができるのだ。一方、原始歩行が消失した赤ちゃんを水中で支えてやると（浮力が働いて足を支えるから）、赤ちゃんは自発的に歩行動作を再開する。歩行動作の「練習」をさせた赤ちゃんが生後二か月を過ぎても歩行動作を続けたのは、脳が歩行のなんたるかを認識したからではなく、筋力が鍛えられたからだろう。[7]この歩行練習の実験では、「練習」群の赤ちゃんたちには身体を支えて歩行動作をさせたのに対し、対照群の赤ちゃんたちは仰向けに寝かせたままにしておいた。赤ちゃんの身体を起こし、重力が働く状態にして運動させれば（大人が重力に逆らって腹筋運動をするようにものだから）、足の筋肉に「過負荷」がかかる。この筋肉に対する抵抗の増大が脚力強化につながり、ひいては、成長に伴う足の質量増加に耐えられるようになったということだ。欧米以外では、赤ちゃんが生後二か月を過ぎても歩行動作を続けるばかりか、歩き始めるのも早い文化圏が多いのだが、その理由もその辺にありそうだ。[8]母親をはじめ、赤ちゃんの世話をする人々が、何かと言えば赤ちゃんに直立姿勢をとらせ、脚力を高める動きをさせるので、実験の「練習」群の赤ちゃんたちと同様、「鍛えられる」のである。

もうひとつ、別の実験を紹介しよう。原始歩行が消失した生後七か月の赤ちゃんをルームランナーに乗せてやると、交互に足を動かす、完璧に協調がとれた歩行運動を示すという結果が出ている。しかも、ルームランナーを二台平行に置いて片足ずつを乗せ、それぞれ異なる速度で動かすというセットアップでも歩行運動を見せた。この歩行行動は間違いなく不随意であるにもかかわらず、原始歩行が消失していない生後二か月までの赤ちゃんとそっくりそのままの歩行動作である。しかも、ルームランナーに合わせて足を動かす赤ちゃんは、自分の足元を見てもいないし、自分の動作に注意も払っていない。まるで、足が自然に調整しているようだ。ここでピンと来てほしい。そう、一種の「形態による計算」である。どうやら、ルームランナーが歩行動作を「柔らかく集積する」助けをしているらしい。ルームランナーの動きによって、赤ちゃんの足は後ろに伸ばせる限界ぎりぎりのところまで引っ張られる。もう、これ以上後ろに伸ばせないとなると、突然、足がぽんと前に戻る。バネを両手で引き延ばして、片手を放すようなものだ。[9]

ルームランナーに乗せられた赤ちゃんが自分のしていることを文字どおりの意味で「考える」必要がない理由は、足の筋肉と腱のこうしたシナジー、すなわち協調的運動にある。何も考えていなくても、足の構造、ルームランナーの構造、そして両者の相互作用のおかげで、足の運動が自己組織化される。原始歩行をしなくなった赤ちゃんが造作もなく歩行動作を再開できるのはそのためだ。この行動には、赤ちゃん本人だけでなく、環境も大きくかかわっている。別の言い方をすれば、アンディ・クラークが指摘しているように、私たちは環境を「対等のパートナー」として、柔らかく集積された行動を生み出すことができるのだ。[10] この例からも、柔らかく集積されたシステムのほうが「古典的」な集中制御アーキテクチュアのシステムよりロバスト性と融通性に優れている場合が多い理由を見て取れる。環境内で初めて経験する変化に遭遇すると、集中制御システムは（環境内の特定の随伴事象に対処できるように特別にプログラムされていないから）、まったく機能しなくなってしまうことがあるのに、柔らかく集積されたシステムは易々と適応できる。環境が既にシステムの一部となっていて、行動の決定にも責任の一端を担うからだ。柔らかく集積されたシステムを「出し抜く」のは容易なことではない。

発達を力学系理論のソフト・アセンブリという観点からとらえるアプローチは、赤ちゃんが歩行を学習する時期と学習の仕方に大きなばらつきがある理由を解明するにも役立つ。これが脳システムの成熟だけの問題なら、歩行の開始時期と学習の仕方はもっと一様になるはずだ。しかし、赤ちゃんは自分の身体の随伴性と資源との利用法を学習しなければならないことを認めれば、ばらつきがあって当たり前とうなずける。丸々と肥って足も重くなった赤ちゃんの発達軌跡は、小柄だったり体重が軽かったりする赤ちゃんのそれとは異なる。発達軌跡を全体としてみれば、ぽっちゃり赤ちゃんもスリムな赤ちゃんも、歩行動作発現↓歩行動作消失↓歩行動作再開という同じ軌跡をたどるのだが、赤ちゃんの暦年齢に照らして発達軌跡を測定、比較すると、ぽっちゃり赤ちゃんとスリムな赤ちゃんの固有のタイミング・パターンは同じではないと分かる（ぽっちゃり赤ちゃんのほうが、原始歩行の消失が早いのも、その一例だ）。

リーチングという物に手を伸ばす行動の学習の仕方に関する研究でも、まさしく同じパターンが認められている。とても活発で、両手を大きく広げて勢いよく振り回す赤ちゃんは、対象物をつかむどころか、得てして、手の届かないところまで弾き飛ばしてしまう。そのため、元気のよい赤ちゃんは、対象物にうまく手を伸ばすには、落ち着いて動作し、自分の手を目で確認できる位置に動かして、視覚によって手を誘導することを学習しなければならない。こうして、対象物にゆっくりと触れることにより、協調のとれた把持行動が可能になる。一方、消極的でおとなしい赤ちゃんは、逆のことを学ぶ必要がある。もっと元気よく、活発に動き回るようになれば、何でもつかめる可能性があると学習するのだ。[11]

赤ちゃんは自分の身体と自分の身体が生み出す動作の可能性を探りながら、学習しなければならない。その結果として、自分ならではの見方で世界に対する理解を深めていく。それは、自分の身体の「豊かな時間構造」を持つリズムとペースが、特定の活動とプロセスを制約し可能にすることによって構成されている世界だ。発達は成熟に向けて必然的に起こる動きではなく、もっと流動的なものだ。時とともに展開し、身体内外の数々の影響が生むさまざまな相互作用の結果として、進化もすれば消失もする動的安定性のパターンを示すプロセスなのである。[12]

這い這い、あんよ、リーチング、そして思考？

思考は行為から生まれ、その活動が変化の原動力となる。
——エスター・セレンとリンダ・スミス（心理学者）

何度も試した。失敗続き。それでいいじゃないか。もう一度試して、また失敗してごらん。ただし、前よりましな失敗をすることだ。

――サミュエル・ベケット（フランスの劇作家）

赤ちゃんの発達が流動的であることは、這い這いから歩行への移行に取り組む様子を観察してみればよく分かる。這い這いは、四つ這いになり、手足を協調させて動かせるだけの筋力は付いたものの、直立してバランスを取りながら移動するほどの脚力はまだない赤ちゃんが動き回るために行う動作である。這い這いは「自己組織化」する行動でもある。頭の中に這い這いせよと組み込まれているわけではない（つまり、私たちが傍観者としての基準枠で見るのとは違って、赤ちゃんは這い這いするという「目的」を持っているわけではない）。身体と環境から提供されるアフォーダンスを踏まえて言えば、這い這いは、この力学系――つまり、普通の呼び方をすれば赤ちゃん――が部屋中を移動するためにとるべき、最も安定した状態なのだ。さらに筋力が付くと、赤ちゃんは歩行するようになるが、歩行は這い這い行動を「不安定化」させる。赤ちゃんという力学系とそのダイナミクスとに影響（摂動）を及ぼす新しい行動パターンであるからだ。這い這いは、世界を動き回る術を一般的な意味で赤ちゃんに教えるものではない。這い這いというプロセスはむしろ、歪んだ眼鏡の実験に似ている。這い這いをする赤ちゃんは、這い這いという動作との関係から、自分の身体と環境に固有のアフォーダンスとその利用の仕方を学ぶ。効率のよい移動に役立つ一般化された抽象的なルールの数々など、這い這いは教えてくれないのだ。

這い這いをする赤ちゃんと一人歩きを始めた赤ちゃんを急な斜面（二〇度）に下ろして、どうするか見ていれば、それが分かる。[13] よちよち歩きを始めたばかりの赤ちゃんは斜面に下ろされると、たいていて慎重になる[14]（平なところより転ぶ可能性が高くなるのだから当然だ）。ほとんどの赤ちゃんは斜面でただ立ち往生するか、別の移動手段に切り替える。つまり、這い降りるか、「スーパーマン」のポーズで頭から先に滑り降りる（基本的には重心を低くして、安定性をよくするわけだ）。ところが、這い這いの赤ちゃんを斜面に下ろすと、最初から全速力で斜面を這い降りて、お決まりのように転がり落ちる。一人歩きを始めてから何度も転んで痛い目に遭い、安定した面と不安定な面のアフォーダンスを検知できるようになったよちよち歩きの赤ちゃんとは違って、這い這いの赤ちゃんは怖い物知らずだ。それでも、何度か斜面を体験すると、斜面のアフォーダンスの見つけ方を学習する。間違いなく転がり落ちそうな、傾斜がきつくて危険な斜面は避けることを学び、できるだけ危なくなさそうな斜面を降りるための有効な方略を見つけようとするようになる。

斜面を体験させた赤ちゃんたちが一人歩きを始めるのを待って、改めて斜面に挑戦させると、目を疑うような行動パターンを見せる。「斜面体験済み」のよちよち歩きの赤ちゃんたちは、這い這いしていた頃に初めて斜面を体験した時と同じに、全速力で斜面にアタックするのだ[15]。急斜面への対処の仕方や自力では降りられない斜面は避けることなどを何週間もかけて学習したはずなのに、新米歩行者となった赤ちゃんたちの斜面への対処法にはそれが少しも活かされていない。しかも、二度目の実験だというのに、学習に要する時間も、少しも短縮されない。這い這いしていた頃に学習したことがすべて頭から抜け落ちてしまったようだ。実を言えば、本当に抜け落ちてしまっている。なぜなら、この知識は基本的に姿勢と結びついているからだ。この結びつきは実に密接で、斜面下りのスキルが這い這い実験からあんよ実験に持ち越されることはない。一人歩きを始めた赤ちゃんを以前の慣れ親しんだ這い這いの姿勢で斜面に下ろすと、傾斜のきつい斜面は嫌がったり、滑り降りたりする。ところが、間を置かずに、同じ斜面に歩行姿勢で立たせると、歩いて降りようとして、実験者に救出される羽目になる！　つまり、赤ちゃんは自分が急斜面を転げ落ちるのは、斜面の角度と重心とバランスのせいだと「分かっていない」ということだ。赤ちゃんに「分かっている」のは現在の斜面への対処の「仕方」だけ。赤ちゃんが這い這いの時に学習したのは、斜面が這い這いの赤ちゃんに提供するアフォーダンスを知覚する術だ。自己組織化のプロセスを経て、斜面にうまく対処するために必要な知覚‐行動ループを獲得したのである。自力では移動できない状態から這い這いへ、さらには一人歩きへと移行するのは、知覚入力がそっくり新しくなり、身体のダイナミクスが変化することにほかならない。そのため、赤ちゃんは新たなアフォーダンスを知覚する術を学び、身体という資源をまったく新しい方法で利用する新しい行動をとるのである。[16]

これは、赤ちゃんが古典的な認知課題を与えられた時に犯す誤りのパターンを説明するにも有効だ。例として「A not B課題」[17]について考えてみよう。赤ちゃんが喜びそうなおもちゃを見せてから、赤ちゃんの目の前で二つの箱の片方（箱A）に入れ、少し時間を置いてから赤ちゃんに探させる。赤ちゃんはおもちゃが入っていると思うほうの箱に手を伸ばす。これを数回繰り返した後、今度はもう一方のBの箱におもちゃを隠す。この課題を考案したジャン・ピアジェによると、生後八か月から一〇か月の赤ちゃんは、おもちゃが箱Bに入れられるところを見ていたにもかかわらず、箱Aに手を伸ばした。ところが、満一歳の誕生日を過ぎた赤ちゃんはこの間違いを犯さなかった。これをピアジェは、生後一〇か月までの赤ちゃんには「対象概念」がないため、おもちゃが自分の知覚や行為

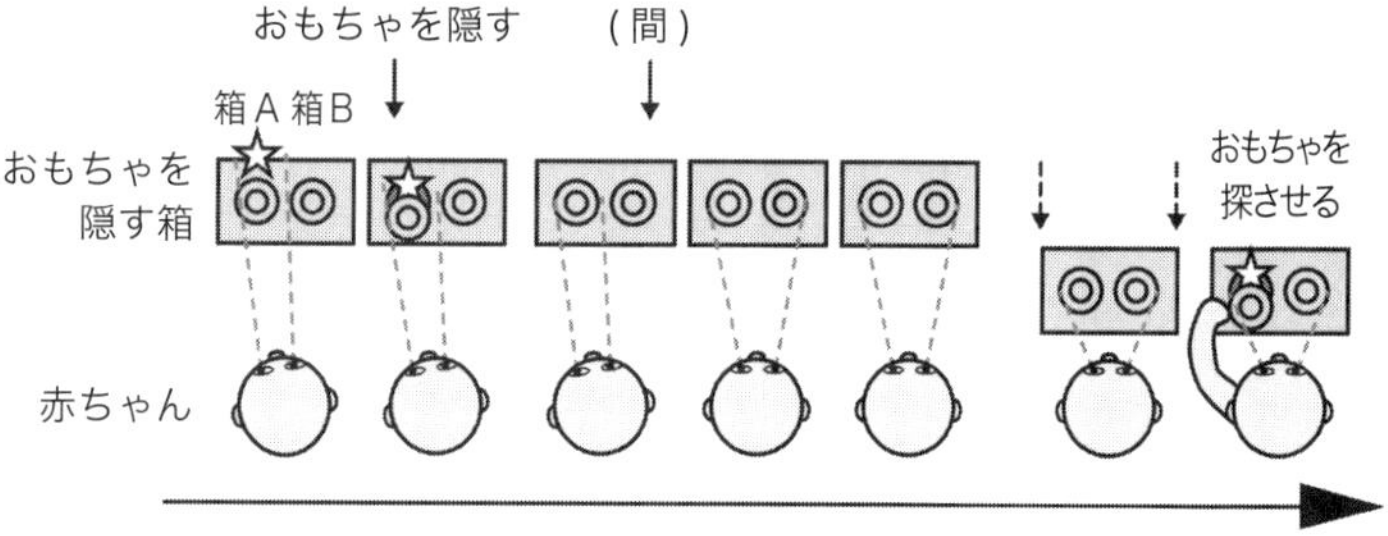

図10-1 ピアジェの古典的A not B課題のデザイン。おもちゃを赤ちゃんに見せた後、二つの箱の片方、Aに隠す。少し間を置いてから、赤ちゃんに手を伸ばさせておもちゃを探させる。

と無関係に独立して存在するものと十分に理解できないからだと考えた。

しかし、この課題を少しばかり修正してやると、生後一〇か月までの赤ちゃんでも易々と正解できることが分かる。おもちゃを隠してから間を置かずに赤ちゃんにおもちゃの在処《ありか》を探させると、赤ちゃんは誤りを犯さなくなるのだ。赤ちゃんの手に重りを付けたり、おもちゃを箱Bに隠すのを赤ちゃんが見ている時やおもちゃに手を伸ばすのを待たせている間に赤ちゃんの位置を変えたりしても（座っている赤ちゃんを立たせる）、間違えなくなる。認知機能に重点を置いたピアジェの説明とはうまく噛み合わない。むしろ、力学系理論による解釈の裏付けと見ることができる所見だ。この課題修正にはどんな意味があるのか？　簡単に言えば、箱Aのおもちゃに手を伸ばす経験を繰り返したことで生じたアトラクターのベイスンにはまり込まないように、赤ちゃんのリーチング・システムを攪乱してやろうという考え方である。最初の数回の試行で赤ちゃんが箱Aに手を伸ばすと、その都度の手を伸ばした記憶が、次の試行の際のリーチング・システムへの入力情報となる。つまり、前回の試行時に箱Aの位置で生じた活動によって、その後、試行を重ねるごとに、位置Aに向かう動作が増強されて、ついにはアトラクターが形成されるのだ。実験者がおもちゃを箱Bに隠すのを目の当たりにしている赤ちゃんは位置Bを指し示す強いキューを受けるのだが、隠してから探すまでに間があると、このキューの強さが低減して、それよりも鮮明な、位置Aに手を伸ばした記憶（つまりアトラクター状態）が優位に立ち、習慣的なリーチング反応が起こるようになるわけだ[18]。

隠してから間を置かずに探させるとうまくいく理由はここにある。キューが「有効」であるうちに、赤ちゃんはBに手を伸ばせるからだ。赤ちゃんの手に重りを付けたり、姿勢を変えさせたりして身体のダイナミクスを混乱させることにも、同様の効果がある。身体自体、つまり赤ちゃんの手の動作の感覚運動協調に前回のリーチングの記憶が刻まれている場合、赤ちゃんの姿勢を変えてやれば、その記憶は失われる。重りで赤ちゃんの腕が重くなれば手を動かしにくくなるし、座位から立位に変われば対象物との相対的な位置関係が変化する。赤ちゃんの身体のダイナミクスが変わるわけだから、リーチングを成功させるためには別の動作が必要になる。そのため、リーチング・システム全体のダイナミクスも変化して、赤ちゃんはAに手を伸ばすというアトラクターのベイスンから「抜け出す」ことができるのだ。

生後一〇か月までの赤ちゃんが実験者の課題操作（手に重りを付けるなど）によって誤りを犯さなくなるのは、そうした操作が、赤ちゃんが自分ではまだできない、リーチング・システムのダイナミクスの変更を助けるからである。赤ちゃんがもう少し成長すると、外からの助けがなくても自力でリーチング・システムのダイナミクスを変えられるようになる。だから這い這いを始め、一人歩きをするようになる。一説には、筋力が付いて自力で動き回れるようになった赤ちゃんは、同じ物体に多様な形で遭遇するようになる。四つん這いで見たり、立ってみたり、前から後ろから、あるいは上から下から眺めたりするわけだ。そうなると、遭遇するたびに、そうした違いに合わせて身体のダイナミクスを調整しなければならない。こうして経験が広がり、赤ちゃん自身の役割も拡大することが、新たなアトラクターの形成・維持とアトラクター間の遷移を容易にすると考えられている。

概念なしでも大丈夫?

リンダ・スミスらが行ったＡ not Ｂ課題の研究で最大のポイントのひとつに数えられるのは、彼女たちの解釈にはピアジェが目星をつけた「対象概念」の入り込む余地がない点だ[19]。赤ちゃんに与えられた課題は視覚空間内の正しい位置に手を伸ばすことである。その課題をこなすには、運動「計画」を立てて、待たされている間もそれを維持し、ゴー・サインが出てから実行に移さなければならない。そこでスミスとセレンは過激な発想をした（これは今も論争の的になっている）。彼女たちが言うには、この運動計画は、対象物が空間と時間内に存続しているとする「信念」の要だ。なんなら、行為指向的な表象と言ってもよい。一歳児が生後一〇か月の赤ちゃんと異なるのは、一歳児は静的な「対象概念」を獲得していて、それが行動の違いを生む唯一の原因であるからとするのは誤りだと、二人は見ている。そうではなくて、赤ちゃんのリーチングはその瞬間に、Ａ not Ｂの誤りを犯させたり犯させなかったりする数々の要因とともに柔らかく集積されるというのが二人の主張だ。「信念」は全体としてのシステムの内部、つまり、世界とカップリングした赤ちゃんの中に存在するのであって、赤ちゃんの脳内に記号のような静的表象として存在するわけではない。リンダ・スミスの言葉を借りれば、「認知は時宜を得た事象、すなわち、相互に、また世界ともリアル・タイムで結びついた数々の異質なシステムの創発的な産物である」[20]。ただし、第8章でも述べたが、スミスのような見解をとると、「表象を必要不可欠とする」プロセスを説明するのに問題が生じてくる（スミスらの力学系理論に基づいた見解に対しては、発達の観点からも異論が上がっている。A not B課題とそっくりだが、リーチングの代わりに正しい方向を注視するだけで正解とする課題を用いた別の実験では、赤ちゃんが正しく回答しているからだ。この実験結果は、赤ちゃんも「対象概念」を備えているものの、能動的なリーチングの動作はどういうわけか、この能力を発揮できなくなることを示すものだとされている[21]。だが、リンダ・スミスが反論しているとおり、行動する際に実際に発揮されることもない対象概念を赤ちゃんが備えていると言われても、反証を挙げることなど不可能だ。簡単に言ってしまえば、目には見えなくてもあることは分かっていると言われているようなものだからだ。広くまかり通っている割には理に適わない主張である）。

いずれにせよ、本書の観点からすれば、「表象を必要不可欠とする」プロセスは大した問題ではない。私たちが対象としているのは、そんな批判は当てはまらない、言語を持たない動物であるからだ（赤ちゃんも、少なくともしゃべり出す前は、そのお仲間である）。むしろ、「信念」がシステム内部に存在していて、運動計画が実行されると感覚運動プロセスに広く分散するという考え方には大いに興味をそそられる（もちろん、「脳内定数」、つまり信念がいくつか存在するにしても、それらも感覚運動プロセスに分散すると考えれば済むことだ）。

スミスたちの主張は動物を「空っぽの箱」やただの刺激応答装置扱いするものでもなければ、「本当は」存在しないかもしれない概念が動物の頭の中にあるように考えろと強要しているわけでもない。行動は心の実際の構成要素であって、「隠れた心」がしていることを外側からうかがい知るための単なる手掛かりではない。それが彼女たちの考え方だ。これなら「デカルト病」にかかる心配もない。[22]

五感のマルチモダリティ

猫のシッポをつかんでぶら下げたらどうなるか、実際にやってみるのが一番。いやと言うほど思い知らされる。

――マーク・トウェイン（作家）

赤ちゃんが斜面の克服の仕方やリーチング課題の解き方を学習する術は、私たちが世界とその中における自分の居場所に関するあらゆる知識を身につけていく術の縮図だ。特定の状況下で知覚し、行動する時、赤ちゃんは、さまざまな感覚モダリティ（訳注：感覚の種類とそれに即した体験内容）と、自分が世界から抽出する情報に自らの動作や行動が及ぼす影響とを結びつける、「時間的に関連した」マルチモーダルな相関を多数形成している。[23]「時間的に関連した」マルチモーダルな相関の形成とは、簡単に言えば、たとえばリンゴを手に取った時、その色や、皮が太陽の光を浴びて艶やかに輝く様や、自分が動くとそれがどう変化するかといったことに関する情報を収集していることを言う。それと同時に、リンゴの触感、滑らかな指触りをも、私たちは感じ取っている。斜面を這い降りている赤ちゃんは、その表面の肌理がどんな感じか、自分の手足がどんな位置にあるか、傾斜した面から見える世界はどんな様子かといった情報を抽出している。これらの異種の感覚経験が時間的に「しっかりと絡み合って」、いっそう奥深い経験となる。こうした相関によって、私たちは複雑な感覚運動協調パターンを構築できるのだ（このパターンは最終的にはもちろん、私たちが感覚経験をどう受け止めるか、つまり抽象概念によって左右される）。しかし、時とともに、相関がデカップリング、つまり切り離されていくこともある。たとえば触覚と視覚の相関だ。物体に触れなくても、どのような手触りがするか分かるようになる。見るだけでカテゴリー化できるのだ。この「デカップリング」理論の神経生物学的裏付けとなるのが、脳内の「カノニカル・ニューロン（標準ニューロン）」の存在だ。これは、物をつかむ時ばかりか、つかむことができる同じ物を見ただけでも発火する運動ニューロンだ。私たちの知覚は知覚的であるだけでなく、幾分「概念的」でもある。私たちは物が何であるかを見ているだけでなく、それと同時に、その物を使って何ができるかも「見て取っている」のだ。

「時間的に関連した」学習がもたらすものはほかにもある。いっさい合切を仕切る中央メカニズムのようなもの（「教師」）なしでも、異種の感覚システムが世界について相互に「教育」し合えるのだ。物を手のひらで転がしてもてあそぶ時、視覚システムと触覚システムが自動的に、どんな手触りか、どんな風に見えるかを教え合う。このプロセスの間に四種類の「マッピング」が行われている。作成されるマップは、ひとつが当の物と視覚システムの活動間のマップ、ひとつが物と触覚システム間のマップ、残り二つが「再入可能《リエントラント》」なマップだ。つまり、視覚システムの活動が触覚システムにマッピングされ、触覚システムの活動が視覚システムにマッピングされる。こうして、たとえば滑らかさの視覚的な質が滑らかさの感触と関連づけられる。[24] 物をいじっているうちに、盛り上がった縁やざらざらした部分など、感触の変化に気づくと、その物の見え方も変化していることに気づく。二種類の異質な感覚経験が再入可能《リエントラント》マップを介して情報交換するわけだ。目の前でぱたぱたと両手を振り回し、それを飽きもせずに何分でも眺めている赤ちゃんは、端から見ると、「頭を使わなくて済む」くだらないことをしているように思えるけれど、実は、手を宙で動かしながら、手の見え方と感じ方の変化がどう相関しているか、学習している。赤ちゃんがしゃべれたら、こう言っているところだ。「ふむふむ、身体のここがぱたぱたしている感じがするときは、目の前で輪郭のはっきりしないものがぴゅんぴゅん動いて見えるのか」。やがて、そのぱたぱたした感じと輪郭のぼやけたものは空間にある自分の手だと気づくのである。

再入可能《リエントラント》マッピングの潜在力は乳児を対象とした実験でも証明されている。[25] 乳児に表面が滑らかな普通のおしゃぶりか、細かい突起がたくさん付いているおしゃぶりのどちらかを与え、後で両方のおしゃぶりを見せたところ、自分が吸っていたのと同じおしゃぶりを長く注視した。注視時間が長いほうが関心は強いわけだから、赤ちゃんは先に吸っていたほうのおしゃぶりに心を引かれたと推論できる。おしゃぶりには触れただけだったのに、視覚でそれと認識したのだ。[26] こうした実験所見が、「間接」知覚論や、世界に関する首尾一貫した表象を形成するには個々の感覚モダリティから入力される異種の感覚情報を統合しなければならないとする考え方を論破するための強力な根拠として用いられている。これらの実験結果が示唆しているところは、人間が生得的にマルチモーダルな生き物であることだ。私たちの五感は、環境を介した緩結合により、生まれたときから常に相互に連絡し合っていると考えられる。

幼児が透明なものを理解する能力は、このマルチモーダル学習のよい例だ。透明なものを初めて体験する幼児は、中身が透けて見えるプラスチック容器から物を取り出すことがまずできない。容器の開口部から手を入れる代わりに、固体である容器の壁越しに直接物をつかもうとする。これは容器というものや容器からの物の取り出し方を理解していないからではない。不透明な容器に入っている物なら、苦もなく開口部から手を入れて、取り出してみせる。幼児に欠けているのは、透明なものは透けて見えても固体であるという認識だ。透明なものを経験したことがないせいで、物があるぞと教えてくれる触覚を利用したことがないから、透明という特殊な視覚的特性を視覚に教育できていないのだ（もっとも、透明なものも「不可視」ではない。光を反射するから、固体と認識できる）。そこで、幼児に透明なものを与えて、これという指示もせず、親にも口を出させずに、好きなように遊ばせる。つまり、透明なものを経験させるわけだ。すると、透明な容器から造作もなく物を取り出せるようになる。触れると堅いものの存在を示す視覚的なキューを知覚することを学習するからだ。

身体化された知識

このプロセスを軌道に乗せるのに、必要なことはほとんどない。理論的には、神経の活性化がランダムであっても、赤ちゃんは自分の身体と環境を生産的に利用できるからだ。これも結局は、身体と脳と環境の相互作用という話につながっていく。私たちが取れる動作は人体の解剖学的構造によって厳しく制約されているため、神経の活性化がランダムに起きても動作がランダムになることはないのだ。[27] 腕の振りについて考えてみれば、腕と肩の骨格構造と筋腱の連動の仕方のせいで、腕は自然と、後ろよりも前に、それも手のひらを内側に向けて振れる。つまり、赤ちゃんが何気なく腕を動かした場合、腕は身体の後ろではなく前に向かって振れる可能性が高い。前に振れた手が何かに触れて、それをつかめば、つかんだ物がそのまま視野に入る可能性も大きくなる。結果として、視覚経験と触覚経験の相関が生じる機会が生まれるわけだ。さらには、この腕の振りがつかんだ物を口のそばまで運ぶ可能性もあって、その場合は味覚受容器もかかわってくる。そこでまた、別の感覚相関が生まれる。このように、異種の感覚経験が時間的に同期して起こることによって相互に結びついていき、赤ちゃんは自分の身体を調整して利用する術だけでなく、物の大きさ、重量、色、手触りについても学習することになる。赤ちゃんはこうして「学習のパラドックス」を解決してしまう。学習すべきことも、無視すべきことも知らない者が、いったいどうして有用なことを学習できようか？　できるのだ。赤ちゃんの動作は、最初こそ行き当たりばったりだが、学習すべき課題（視野にある物をいかにしてつかむか）とそうする理由とを赤ちゃんに提示する。その学習の過程で、世界に関するより高度な知識を構築するための基盤となるのが感覚運動の相関だ。そのすべてが、赤ちゃん固有の状態と状況に正確に合わせて調整されている。

こうした感覚運動協調が、ロボットの外界の対象物を認識する能力にも利用されている。ロボットの視覚機能に課せられる課題のひとつは、背景の中から対象物を検出することだ（これはもちろん、本物の動物にも必要な機能である）。第6章で考察したとおり、ギブソンは、動物は自らの動作を不変項検出の手段として利用して、世界に存在する物に関する情報を抽出すると主張した。この考え方をさらに一歩進めて、物の存在を検出する手段として感覚運動協調を採用したのが、赤ちゃんロボット、ベイビーボットである。ベイビーボットには空間内における自分の手と腕の動きを「見る」ことのできる運動検出システムが備わっている。ただし、ベイビーボットに見えるのはそれだけだ。自分の手と腕以外の環境まで見るようにはプログラムされていない。その代わり、手と腕で物に触れることによって、環境とその中に存在する物について学習することができる。学習すると、それが引き金となって、視野のモーション・アクティビティが直ちに拡大する。これは腕だけのモーション・アクティビティより大きいので、いともたやすく検出できる。こうして、背景の中から対象物だけが「見える」ようになる。つまり、ベイビーボットは自分の視野のどの部分が対象物によって構成されているか「知る」わけだ。もう、ピンときたことだろう。これは、デューイが提唱した感覚運動協調の一例であるし、ギブソンの生態学的アプローチにも相通じるところがある。ベイビーボットは環境を能動的に探索し、さまざまな物にちょんちょんと触れながら環境に働きかけないと、環境中にある対象物を検出できないのだ。この環境とのかかわり合いが学習課題を容易にもしている。ベイビーボットの動作が一種の「フィルタ」の役割を果たすのだ。ベイビーボットが「見る」のは自分の動作によって動く対象物だけだから、感覚情報が殺到して処理が追いつかなくなる心配はない。[28]

物に関する身体化された物理的知識は生涯持続する。言語と、物の抽象的な記号概念を形成する能力とを獲得してからも、物に関する知識は、基本的には、私たちがそれに対して取りうる行動とそれを使ってなし得る行動に根差している。例を挙げよう。視覚刺激として水差しが提示されたらキーを押すという実験があった。[29] 被験者は水差しを視認したらキーを押して応答する。それだけだ。単純きわまりない視覚弁別課題である。それなのに、被験者の応答には、水差しと利き手との位置関係による差が生じた。水差しの取っ手が被験者の利き手側にあるほうがキーを押す速度は断然速く、反対側を向いていると応答速度は著しく低下した。どういうことか？　取っ手をつかめることも含めた水差しの行為指向的な表象が干渉効果を及ぼしたために、被験者の反応が遅れたと考えられる。第7章の冒頭で展開した、メタファーによる世界の構造化という主張の根拠がここにある。私たちが用いるメタファーは自分の身体動作に根差しているのだ。中には、人間が有する最も抽象的な概念的知識、すなわち、数学の知識でさえ、突き詰めれば環境への身体の対処の仕方に基づいている、とまで言う研究者もいる（だとすれば、物理科学の本源的な客観性に関して、厄介な問題がいろいろと生じてくる。私たちの知識が人間ならではの身体の構造に左右されるとしたら、これまでに得られた宇宙に関する所見は本当に「明らかになった真実」と言えるのか？）。[30]

大きな脳と身体とのバランス

世界に関する知識の獲得は身体化によるマルチモーダルな学習だとする主張は、先に考察した環境世界や行動の融通性と直接結びつく。行動の融通性は、冗長性によって増強される（第8章の注24を参照）。つまり、関与している感覚モダリティの種類が多くて、感覚モダリティ間のクロス・トークと教育が活発に行われるほど、システムの冗長性が高まり、ひいては「縮退」が起こりやすくなる。これは、システムの一部に障害が発生しても、全体としては停止することなく、必要な機能を継続する性質のことだ。こう言い換えてもいい。ひとつの機能を遂行できる、協調して作用する感覚モダリティの構成は一種類だけではないし、どの感覚モダリティの構成も多様な機能に関与できるのだ。私たちはすべての感覚（視覚・嗅覚・聴覚・触覚・味覚・平衡感覚）を同時に駆使して世界を知る。その時、ひとつの感覚モダリティを介して世界から得る情報によって、他の感覚モダリティが世界から抽出できる情報を部分的に予測している。これはギブソンが知覚システムについて主張したことでもある。異種の感覚モダリティが重複して働くので、協働している知覚システムと単独で機能している知覚システムが同じ情報を抽出できる。つまり、すべての知覚システムに受容器レベルで入力される情報を絶えず変化させることによって、動物は知覚システムのレベルで不変項を識別・分離することを学習できるのだ。

動物が効率よく機能するためにはこれらのシステムすべての協働が不可欠というわけではないものの、これくらいの冗長性があれば、ロバスト性、つまり、変化する環境のもとで知覚対象を正しく認識できる安定性も、行動の融通性も向上する。個々の感覚モダリティから提供される情報が重複していても、それぞれの情報は異なる物理特性に基づいたものだ（たとえば、視覚の基になるのは電磁波だし、触覚の基盤は機械的圧力だ）。ならば、どれか一種類の感覚モダリティに支障が生じても、最悪の状態に陥ることはない。万一、感覚のひとつを失っても、完全な機能不能状態に陥って身動きひとつ取れなくなることはない。ではどうなるかと言えば、「グレースフル・デグラデーション（graceful degradation）」と呼ばれる、可能な範囲で機能が維持される状態になる。特定のスキルが失われても、全体としてのシステムは動作を続ける。もちろん、感覚モダリティ自体が機能を失わなくても、縮退は有効だ。考えてみれば、視覚が機能するのは物を見るために必要な光がある場合に限られるが、触覚は明るさのレベルとは無関係に働く。詰まるところ、異種の感覚モダリティが相互に教育し合うおかげで、私たちは総じて、物に触れてみるだけで、それがどのように見えるものか知ることができる（もしくは、少なくともかなり良い線まで見当をつけられる）のである。

複数の感覚モダリティを使用するのは、ズボンが落ちないようにベルトとサスペンダーを一緒に使うようなものだ。ベルトをしているならサスペンダーは余計、つまり冗長だが、ベルトのバックルが突然吹っ飛んでしまった時は、サスペンダーのおかげでズボンの位置と面目を保つことができる。ただし、冗長性もただでは手に入らない。世界から同じ情報を抽出するのに複数の方法で処理を行うわけだから、処理にかかわる身体部位を構築するにも、その身体部位が消費するエネルギーの面でもコストがかかる。人間が作り出した多くの機械装置の冗長性とは違って、生物の冗長性が完全に重複しているとは限らない理由はそこにある。これは留意すべき重要なポイントだ。人間の脳が特別大きいことは誰でもよく知っているけれど、人間の感覚・運動システムが極めて精密で多様であることも事実だ。感覚・運動システムがここまで精密でなければ、大きな脳も役に立たない。人間が種として成功を収めているのはひとえに、この身体と脳のバランスのおかげなのだ。人工物の観点から考えてみるといい。コンピュータのプロセッサがいくら高速でも、ロボットのボディが緩慢な動作しかできなければ何にもならない。プロセッサの処理速度を活かせる有効な方法（たとえば、動きの速い獲物を発見、捕獲するなど）がないのだから、宝の持ち腐れだ。高性能の周辺機器抜きでは、高級なプロセッサも無用の長物である。[31]

言葉と物

ここまでは、動物よりも、私たち人間という種とロボットなどの人工的な「種」にページを割いてきたが、私たちが世界を理解するうえで身体化のプロセスが極めて重要であるなら、他の動物種を理解するにも、彼らの認知を同じようなスタンスで研究するにも、当然、同様のプロセスが関係してくる。たとえば、個体の多様性については、力学系理論による身体化アプローチなら、先に述べたようにうまい、しかも興味深い説明ができる。多様性の話がなぜここで出てくるかと言えば、サルや類人猿、カラス科の鳥類を対象とした研究でも、さまざまなタイプの認知課題のパフォーマンスに大きな個体差があると確認されているからだ。一般的な（かなり漠然とした）知能の概念で、個体の「賢さ」に差があると言われれば、すんなりとそうかしらと思えるところだが、身体の大きさや強さと関係のある因子がどんな役割を演じうるか、姿勢の変化がパフォーマンスに影響を及ぼすか、実験のデザインと物理的セットアップ次第で、形態による計算や環境の物理的アフォーダンスをとりわけ有効に利用できる個体が出てくるのではないかといった点も考慮に値する。

こうした相違もまた、個体の「知能」の差と見なされがちだ。しかし、動物を世界に埋め込まれた「完全な主体」とする観点から再概念化すべきなのではないか。そうして視点を変えれば、認知課題の合否だけでなく、個々の動物が課題で実際にいかなるパフォーマンスを示したかにも注意を向ける必要が出てくる。それができたら、実験から読み取れるところにも、もっと広がりが出てくるだろう。動物が課題に失敗した場合にも、成功した場合同様、何かしらの意味があるはずだし、動物が課題に取り組み、解決するために用いたプロセスを知るための手掛かりを特定するには個体差が鍵となるからだ。また、「奇妙な」結果も受け入れやすくなる。それが重大な科学的見識につながる偶然の発見であることも珍しくない。そればかりではない。力学系理論に基づいた身体化アプローチなら、動物の行動について、検証可能で分かりやすい説明を組み立てることもできる。動物には目的があって、それを達成するために計画を立てて遂行すると思い込む「デカルトの罠」にあっさりとはまってしまう心配もない。

リンダ・スミスが指摘していることだが、概念はある意味、「神話」のようだ。概念を見たことがある人など、いはしない。私たちが現象を説明するために用いる理論上の仮構物、それが概念だ。概念を用いればよりよい説明ができるというならまだしも、概念なしでも自分の目で見たものを説明できるなら、概念から卒業するべきだ。概念という概念がなくても、生命体の特徴である、融通が利いて豊かな時間構造を持つ適応行動の多くは、感覚運動協調、形態による計算、動的カップリング、ソフト・アセンブリの働きとして説明可能だ。もっとも、この「概念という概念がなくても……」という一文を意味の通る文として書けたこと自体、世界を理解する一助として「概念」という概念が必要であることを示唆してはいる。ただ、そこで踏まえておかねばならないのは、私たちの概念が言語という土台に深く根差したものであることだ。言葉、そして、言葉によって表現される信念、欲求、思考は、感覚運動表象とは違って状況に依存せず、時を超越している。言葉の意味が、私たちの心身の状態や一日の時刻、環境の状況に応じて、日々変化することはない（これには異論があることと思う）[32]。それにひきかえ、赤ちゃんの「物」の概念（空間内で特定の位置を占めているという信念）は、赤ちゃん自身の感覚・運動プロセスにしっかりと埋め込まれている。この信念は知覚と行動を「仲介」するものではない。知覚と行動そのものだ。だから、赤ちゃんが抱く物の概念は、状況、つまり、赤ちゃんの身体と情動の状態につれて変化する。ならば、これは実は、私たちが普段考えているような概念ではないし、赤ちゃんの行動を理解するうえで、取り立てて役に立つこともない。赤ちゃんと同じように記号言語を持たない動物について考えるにも、同じことが言えるはずだ。

言語とは何か？

彼女は会話というものができなくなっていたが、あいにくなことに、口はまだきけた。
——ジョージ・バーナード・ショー（劇作家・批評家）

言語はあらゆるものを変化させ、概念形成を可能にする。アンディ・クラークが言うように、言葉に込められた思考は少しばかり対象物に似ているし（比喩的な話だ）、対象物は人によってさまざまにとらえうるものであるからだ。[33] クラークによると、言語は一種の「二重適応」だ。彼は言語をハサミになぞらえる。ハサミにも彼の言う二重適応が見られると言う。ハサミは手が備えている、物を操る能力にとても都合良くできている。しかるべきアフォーダンスを提供するばかりか、手の解剖学的構造に合わせてうまく設計されている（要するに、ハサミを見ると、「輪になっているところに指を入れて」と訴えかけられているような気がするから、その通りにすると、ハサミを握った手は自然に刃をチョキチョキと動かす形になる。それで私たちは、ハサミには物を切断するというアフォーダンスがあると知覚するわけだ）。それに加えて、ハサミには、手が生まれながらには備えていない能力を付与するという、付加的な利点もある。つまり、紙などをまっすぐに切る能力だ。

言語にも同じことが言える。言語は私たちにコミュニケーション能力を与えるものだし、私たちの脳の構造にもうまく適している。しかし、それだけでなく、私たちの脳が「生まれながら」には備えていない能力をも付与してくれる。本来なら解けない難しい課題を、言語が脳の処理能力に適したフォーマットに書き直すのだ。人間は基本的にパターン認識者だとクラークは言う（身体化され、埋め込まれた認知への生態学的アプローチについて考察したことを思い返せば、うなずけるはずだ）。このデフォルト・モードの「克服」を可能にするのが言語だ。言語無しではうまく構造化できないはずの問題に、別の形で取り組めるようになるからである。クラークはつまり、言語が「空間のトレード」を可能にすると言いたいのだ。どういう意味か？　私たちは言語を構成する身体外の記号体系を使って、文化的に獲得されたさまざまな表象をトレードし、脳の負担を軽減している。言語は情報伝達の道具であるだけではなく、私たちが本来の能力以上のことを達成できるように環境を変化させる手段でもあるのだ。たとえば、エッセイを綴る時も、最初に思考ありきで、それを書き留めるわけではない。執筆という行為自体が考える行為だ。なぜなら、執筆は、私たちが自分の思考を正確に順序づけ、自分の言わんとするところを伝えられるように、言語を使用する方法であるからだ。思考は執筆行為によって、執筆行為を介して産出される。執筆しなければ、私たちはこの類いの思考を持つことはできないと、クラークは言う。[34]

この言からして、クラークが言語を比喩ではなく、本当に道具と考えていることは明らかだ。つまり、言語獲得によって脳の基本構造や機能の仕方に何らかの変化が生じたわけではなく、言語は脳の働きを補完しているにほかならないとする見方である。だから、並列処理によりパターン認識を行う私たちも、厳格な一連のルールに準じた逐次処理を行えるようになる。こう言い換えてもいい。脳は、これまで見てきたように、最新のデジタル・コンピュータのように機能するものではないはずなのだが、言語を道具とすることで、「まるで」デジタル・コンピュータのように動作できるようになるというのだ。[35]言語は世界に対する新たな対処法を人間の脳に提供する。人間は言語によって「プログラムを書き換えられた」わけではなくて、言語をハサミと同じように使っている。私たちの行動を制御する特別なループを提供するもの、それが言語である。

クラークはこの点を、「マングローブ効果」という実に気の利いたメタファーも使って説明している。マングローブを構成するのは、浮遊する種から育つ、一風変わった熱帯樹木だ。種は水中に沈むと、浅い干潟に根を下ろす。若木は呼吸根と呼ばれる根を水中から空気中へと上に向かって垂直に張り出すので、成長すると竹馬に乗ったような姿になる。この呼吸根が絡み合って作り出す複雑なシステムが、漂流してくる泥砂や海藻、崩壊堆積物などをとらえ込む。時が流れるうちに、こうして蓄積した泥がそれぞれの木の根元に小さな島を形成する。それがどんどん大きくなって、群生している木々の島々がいつしか融合する。つまり、マングローブ植物の群落が陸地を作り上げるのだ。

クラークは、言葉も時として、マングローブのように作用すると言う。言葉と言えばまず、先行した思考という既存の土壌に「根差している」と考えるのが自然だが、時にはその逆に作用することもある。たとえば詩だ。詩によって表現する思考に、選んだ言葉ひとつ、その言葉の響きと構造が影響を及ぼすのは珍しいことではない。マングローブの根のように、他の知的産物を位置づける定点として作用し、思考に関する思考の島を構築することができるのが言葉だと、クラークは示唆している。[36]

このように世界を言語的にとらえると、第8章でお話しした「事物的存在」に行き着きそうだ。一歩下がって世界と距離を置き、他の動物が世界をどのような目で見て、どう対処しているか、科学的に追究して理解しようとするスタンスである。ならば、私たち人間を他の動物とは異なる存在にしている要因のひとつは、「二次思考」(思考に関する思考)の島を創出する能力を人間に持たせる身体外の道具として言語が進化したことと言えそうだ。私たちはそうした「二次思考」を駆使して、抽象的な考えや概念を生み出し、一定に保てるようになったわけだ。人間以外の動物の心も、私たち人間の心ととても良く似ているという概念もそのひとつである。ところが皮肉なことに、実はこの概念を抱く能力自体が、人間と動物の相違を露呈する。「心」という不思議ですばらしい概念の安定性を維持するのに役立つ言葉の島を、動物は持っていないのだ。

第11章 空よりも広く

自分の頭を絞るだけでなく、借りられるならどんな頭でも使うつもりだ。
――ウッドロー・ウィルソン（第二八代アメリカ合衆国大統領）

去年の夏、私の友人夫婦、シェリーとステファンが息子のオリヴァーを連れて、休暇でイタリアに行った時の話。ローマ滞在中に、セグウェイ・ツアーに参加したと言う。[1] 一発でセグウェイの虜になったステファンが興奮気味に話してくれたのだが、その体験談に、思わず耳をそばだてるような表現が出てきた。ツアー前にガイドに短時間の乗車講習をしてもらっている間は、こんな大きくて扱いにくそうな乗り物で雑踏をうまく抜けていけるものかと、半信半疑でいたそうだ。ところが、いざ、ツアーに出てみると、自分が実に自然に人混みを縫ってセグウェイを走らせていることに気づいた。ブレーキだとか、加速だとか、左折、右折も、何も考える必要がない。自分の足でにぎやかな通りを歩いているのとちっとも変わらない。セグウェイが「自分の身体の一部」みたいだったと彼は言う。みたいだったのではなく、実際、そうだったのだろう。前の二章で考察したとおり、認知に身体が極めて重要な役割を担うことと、身体と脳が世界とカップリングすることを考えれば、当然、この結論にたどり着く。アンディ・クラークに言わせれば、動物はこの世の資源を自分自身に統合する機会を探し出すべくデザインされたありとあらゆる外観を持ち、その機会探索のプロセスで絶えず新たな「主体‐世界回路」を構築しているのだそうだ。[2] 過激な推論である。前章で考察したように、認知を身体へと拡張するどころか、身体を超えて外界まで拡張できると言うのだから。

しかし、実を言えば、これは本書でも何度か検討している考え方だ。たとえば、コオロギ・ロボット。思い出していただけるとありがたいのだが、配偶者の位置特定の問題は、雌コオロギの耳のデザイン（音波を鼓膜に伝える経路が内側と外側にあった）と、耳につながっている介在ニューロンに合わせて雄コオロギの鳴き声のパターンをチューニングする方法との組み合わせによって解決された。雌コオロギは先に発火したニューロンの方へ向きを変えるだけで、雄コオロギとの出逢いを果たせたのだ。

つまり、最初の印象では脳内のメカニズムによって制御されているように思えたシステムが、実は、身体と環境に分散しているシステムに大きく依存していたわけだ。このコオロギの配偶者探しは「本質的な因果波及（nontrivial causal spread）」の一例と考えてよさそうだ（システムの働きに重要な、つまり本質的な（nontrivial）影響を及ぼす形で、因果関係が脳、身体、世界へと波及していくからだ）。[3] これが前の数章で考察した、感覚運動のカップリングと知覚‐行動ループという考え方につながることは明らかだ。しかるべき身体を所有していて環境をしかるべく利用すれば、世界を「鏡のように」表象する必要などないし、どうしても不可欠な表象にしても極めて行為指向的だとする考え方である。クラークは共同研究者であるデイヴィッド・チャルマーズとともに、これらの考え方をさらに一段階進めたに過ぎない。二人は共同執筆した論文『拡張した心（Extended Mind）』で、上述の「オンライン」の知的活動のほかに、環境という外的側面が「オフライン」の明示的な認知プロセスとして機能する場合もあると提唱した。いずれにおいても肝心なのは、彼らが「等価原理」と呼ぶ要件が満たされることである。この原理を、クラークらは次のように説明している。

私たちが何らかの課題に取り組む際に、世界の一部が、頭の中で起きていて何のためらいもなく認知プロセスの一環として受け入れられるようなひとつのプロセスとして機能しているなら、その世界の一部は（その時点に限っては）認知プロセスの一環となっている。[4]

機能主義のお手本のような主張である。機能主義というのは、実体の何たるかを最もよく特徴づけるのは、その物理的形状ではなく、あるプロセスにおいてそれが担う役割だとする哲学的な立場だ（機能主義は本書にも既に登場している。第7章で考察したチューリング・マシンがそれだ。正しいアルゴリズムを正しく実行できる限り、マシンがどんな素材で作られていようと問題ではない）。クラークとチャルマーズは等価原理の例として、オットーという男の思考実験を持ち出している。オットーは軽度のアルツハイマー型認知症を患っているため、生物学的な記憶がない。そこで、日常生活を支障なく送るために必要な情報をぎっしり書き込んだノートを肌身離さず持ち歩いている。どこかへ行く道順を知りたければ、無意識に何の疑問も持たずにノートのページを繰る。オットーの友人のインガが何の疑問も持たず、無意識に自分の生物学的記憶を探るのとまったく同じだ。つまり、物理的特性ではなく役割という観点から見れば、オットーのノートは、インガの生物学的記憶と何ら変わりはないと、クラークとチャルマーズは主張しているわけだ（この思考実験が良い記憶モデルと言えるか否かは後で考察する）。私たちが認知システムは主体の「皮膚と頭蓋」という身体の境界によって完全に封じ込められているべきものであって、ノートは認知システムと呼ぶには値しないと考えるのは、習慣、便利さ、もしくは先入観のせいに過ぎないと彼らは言う。つまり、本書で一貫して主張してきた生物と環境という二分法は誤りとする見解を、別の形で表現したのが等価原理だ。一歩下がって、認知プロセスが全体としてどう働くかを客観的に考えてみれば、皮膚の内側と外側にあるものを隔てる境界は恣意的に過ぎないと分かることが多い。それに気づけば、境界は雲散霧消する。別の言い方をしようか。認知を能動的なプロセスととらえ、「心」を動物が「持つ」ものではなく動物の行為と考えるなら、「心」が頭の中の存在か、それとも、頭の外に存在しうるものかという疑問など、どうでもよくなってしまう。こうした問題を考える時に私たちが使う「内在[5]」というメタファーが、音を立てて崩れ始める。

この「因果的波及」／「拡張した心」という見方は、セグウェイを交通手段として直感的かつ「自然」に受け入れられる理由、そして、セグウェイに乗っているうちに「乗っていることを忘れてしまう」理由を説明するにも役立つ。セグウェイの速度制御について考えてみよう。速度が上がりすぎると、操縦者が立っているプラットフォームがほんのわずかだか前に傾き始める。すると、操縦者は身体から離れ始めたハンドルバーを自然に手元に引き寄せるので、セグウェイは減速する。減速すると、プラットフォームが元の位置に戻るから、引き寄せたハンドルバーも前に戻る。どこかで聞いたような話だと思うだろう。第7章でお話ししたワットの調速機そのものだ。相互に動的に決定し合うプラットフォームと人とハンドルバーの動きによって安全速度が保たれるのだが、セグウェイに乗っている本人は、こんな風にして速度制御が行われているとはまず気づかない。これが極めて自然な乗り心地に一役買っていることは確かだ。セグウェイの安全速度がこのように一定に保たれる理由を、セグウェイの操縦者が理想的な速度を明示的に表象したうえで制御しようとしているからだとか、操縦者の身体だけが感覚運動プロセスによって速度を制御していると説明するのはまず無理だ。速度制御のプロセスが操縦者とセグウェイに分散していると言うほうが正解だろう。セグウェイを、操縦者が使用している道具に過ぎないと片付けるのは間違いだ。セグウェイ自体も、操縦者の身体の構造を因果的に有効な仕方で利用することによって、速度制御のプロセスに寄与しているからである。

もちろん、セグウェイそのものが「認知機能を備えている」必要はないし、私もそう示唆しているわけではない（これは「拡張した心」の理論、それも特に等価原理に向けられることが多い批判だ）[6]。なんだかんだ言っても、脳が全体として認知作業を行うとする主張には誰も異論を唱えないけれど、ひとつのニューロンが独自の独立した認知能力を備えていると言われて、そのとおりとうなずく者はいまい。[7] 等価原理の核心は、動物と環境の相互関係と、その相互作用による適応行動の創出にある。環境は、しかるべき素材によって構成された身体同様、認知の負荷軽減に利用できるばかりか、「裸の脳」だけでは手が届かないところまで認知能力を増強することもできるのだ（これについては後でお話しする）。ステファンが体験したセグウェイの冒険は、この章で掘り下げていこうと思っている二つの重要なポイントの絶好の例である。そのポイントとは何か？　ひとつは、アンディ・クラークが言うように、[8]身体の境界には「交渉の余地がある」こと。もうひとつは「交渉可能」である理由。すなわち、動物は常に環境と相互に深くかかわり合っていて、脱身体化された認知体として、境界内に密閉された形で孤立しているわけではないことである。

拡張する身体の境界

人は行動を発動する主体ではない。行動の座、数々の遺伝・環境条件の集積点である。
――B・F・スキナー（心理学者・行動分析学の創始者）

ステファンがセグウェイを「身体の一部」と感じたのは、けっして突拍子もないことではない。第10章で考察した身体図式に関する研究と明らかに結びつく。つまり、こういうことだ。セグウェイが操縦者にとって、乗っていることを忘れてしまうほど「透明な存在」になるのは、セグウェイが操縦者の身体図式に組み込まれたからである。これは私たちが楽々と使いこなす道具すべてに言えることだ。手の届かないところにある物を鉛筆でつついてごらんなさい。さて、今何をしている？　指で鉛筆をつまんでいるというより、物をつついていると思っているでしょう（もちろん、ここまで読んだとたんに自分の指が何をしているか気づいただろうけれど、つつく動作の一番のポイントは対象物に触れることであって、あなたがしたのはそれだ。触ったのは対象物であって、鉛筆ではない）。

遠位型ニューロン

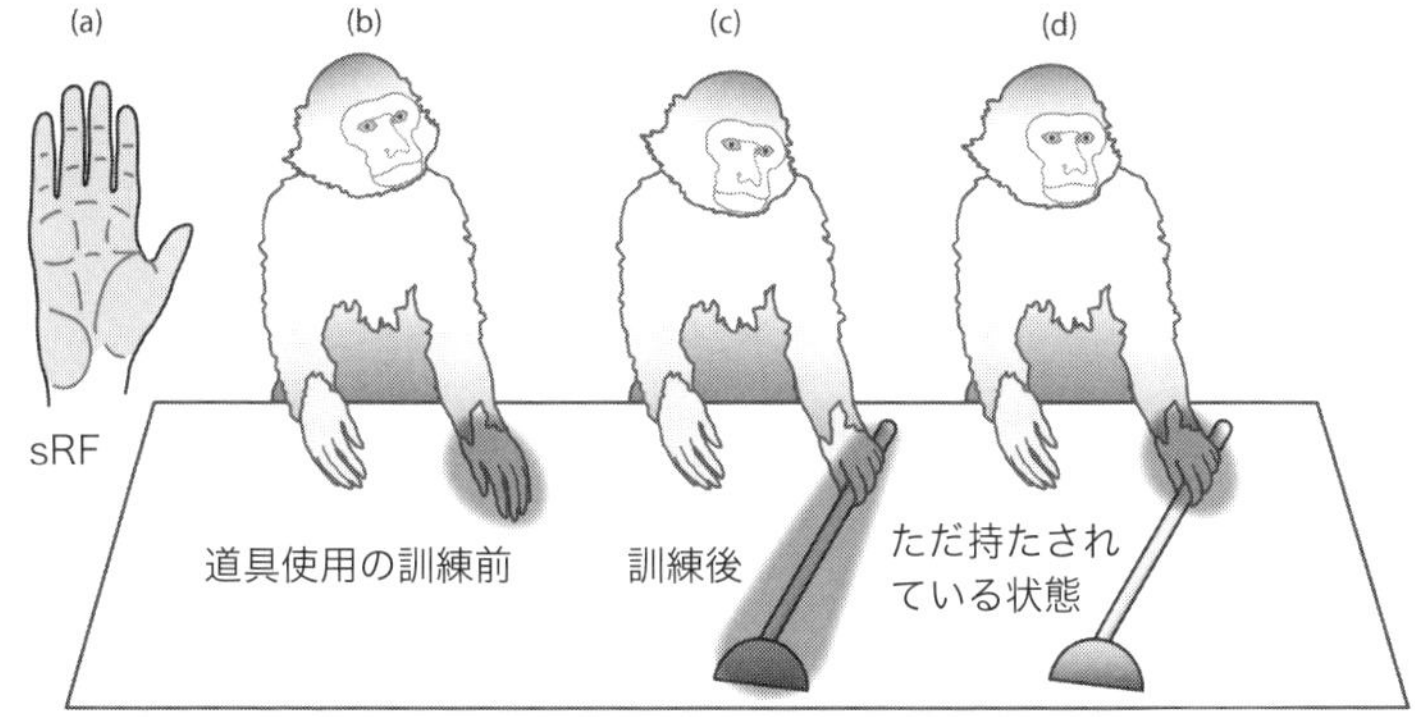

図 11-1 手の届かないところに報酬として餌を置き、熊手を使って取らせると、脳にある２種類のニューロンの受容野が系統的に変化する。(Elsevier Publishers から許可を得て転載)

手の届かない物を熊手でそばへ引き寄せるようにサルを訓練すると、身体図式を形成する固有のニューラル・ネットワークが変化して、手に対応する脳地図が長く伸び、道具として使用する熊手まで脳地図に組み込まれる。[9] 熊手使用中のサルの脳活動を頭頂間溝皮質で記録するとどういう結果が出るだろう。ここは身体と視覚への刺激が統合される脳領域で、体性感覚情報（身体への物理的刺激）と視覚情報の両方に応答する、いわゆるバイモーダル・ニューロンが存在する。つまり、このサルの例で言えば、手（体性感覚受容野：somatosensory receptive field：ｓＲＦ）への刺激だけでなく、手の近くの視覚（視覚受容野：visual receptive field：ｖＲＦ）刺激にも応答するバイモーダル・ニューロンがあるわけだ。熊手で餌を引き寄せる訓練をたった五分行っただけで、サルの手に対応するｓＲＦを持つバイモーダル・ニューロンのｖＲＦは変化する。つまり、ｖＲＦが伸長拡大して熊手をすっぽり包み込むので、手の届く範囲にある餌だけでなく、熊手の届く範囲の餌までもが視覚ニューロンを刺激するようになる。熊手が事実上、サルの「リーチング・システム」の一部になるのだ。同じように、肩や首に対応するｓＲＦを備えたニューロンもある。それらのｖＲＦも、熊手使用前は腕が届く範囲にしか対応しないのに、熊手を使用し始めると熊手が届くところにまで拡大する。

ただし、このｖＲＦ拡大効果を得るには、サルが能動的に熊手を使って餌を取ろうとすることが条件になる。受動的に熊手を持たされただけでは、ニューロン群の受容野は少しも変化しない。重要なのは世界における身体の能動的な動作だと散々お話ししてきたから、これはさもありなんというところだろう。フリーマンのウサギの実験で、匂いが反応を引き起こすには、ウサギにとって意味のある匂いでなければならなかったのも同じことだ。このサルの身体図式に組み込まれた熊手について考えれば、クラークが言うところの「交渉可能な」身体の境界をどうとらえればよいかは明らかだ。身体は身体図式の「観点」から見た一定の実体ではない。当面の作業を容易にしたり、動物の作業遂行能力を高めたりするのに役立つ環境中の利用可能な数々の資源に応じて、絶えず構成、再構成を繰り返している。それらの資源、つまり道具は、身体によって使用されるだけでなく、身体に取り込まれる。一度、こうした観点から物事を見られるようになれば、動物を環境から切り離して考えるなど不可能と分かるはずだ。先に、動物自身の身体の変化には行動の可塑性がある程度維持される必要があると説明したが、その点も、この交渉可能性というものを考えるとよく理解できよう。先に述べたとおり、赤ちゃんは自分の身体が「透明な」道具になるような身体の使い方を学習しなければならない。そのためには、時間をかけた身体の交渉、再交渉が必要だ。身体は成長につれて、力学的に変化していくからである。環境の諸要素を同じように柔軟に身体に組み込んでいけるのも、ここで言う身体の絶え間ない交渉、再交渉の一面にほかならないが、この場合に拡張するのは身体の境界自体である。こうして身体外部の小道具を身体図式に取り込んだ結果として、身体の新たなダイナミクスが生じるのだ。

これらの所見だけでも、「拡張した心」と等価原理に対する異論のひとつを論破できる。具体的には、身体外の物体は認知システムへの入力情報源に過ぎず、認知システムの構成要素ではないとする異論だ。つまり、セグウェイがステファンに興味深い因果的な形でカップリングしていることは誰もが認めるにしても、人混みを縫って進んでいく時、「真の」認知システムであるステファンと、ステファンが道具として使っているに過ぎないセグウェイとの間には明確な境界があると、「拡張した心」説の批判者らは言うわけだ。だが、ステファンの身体図式がセグウェイを取り込むべく柔軟かつ動的に変化すると（当然、そうなるはずだ）、「ステファン」の境界の構成要素を正確に定義するのはいっそう難しくなる。したがって、認知システムを構成するのは「ステファン＋セグウェイ」という興味深いハイブリッドだと結論するほうが妥当なはずだ。等価原理を本当に満たせるのはこうした形の統合だけだ。なぜなら、身体外の物体は操縦、走行、速度制御のプロセスと因果的に関連するだけでなく、そのプロセスに完全に組み込まれることによってプロセスの性質自体を変化させもするからだ。ただカップリングするだけでは、認知が拡張ないし分散したとは言えない。しかるべくカップリングすることが必要なのだ。[10]

背中で光景が見える

身体の可塑性に関する研究は、熊手を使うサルの研究だけではない。人間を対象とした実にすばらしい科学的研究もいくつか行われている。たとえば感覚代行の研究は、一種類の感覚モダリティの欠如を、損なわれていない別種の感覚システムに刺激を与えることで補おうとする研究だ。すなわち、本来は失われた感覚システムが行うはずの重要な情報の伝達を、残された感覚システムに代行させるわけである。このような感覚代行は脳の可塑性を絶対条件とするだけに、これが優れた成果を上げているることは、人間の脳と体性感覚系の柔軟性を示す証と言える。

この分野の黎明期と言えば一九六〇年代から一九七〇年代にかけてだが、この時期に行われた研究の中に、「ベッド・オブ・ネイルズ」という、先端が丸い金属突起（機械振動子）を何本も配列したグリッドを視覚障害者の背中に取り付けるというものがあった。[11]このグリッドは頭部装着型のビデオ・カメラに接続されていて、カメラからの視覚情報に応答する（このシステムを視触覚変換システム：TVSSという）。つまり、カメラからの入力情報に応じてグリッドの異なる部分が作動して、グリッドを装着している被験者の背中をピリピリと刺激するのだ。被験者は、最初はこのピリピリ感しか感じないのだが、グリッドをしばらく装着しているうちに、それが視覚経験に変わってくる。たとえば、物の形がおぼろげに目の前に浮かび上がってくるのが分かるわけだ。するともう、背中のピリピリ感は感じない。視知覚の生成に何よりも重要なのは、熊手を使うサルの場合と同じで、被験者がカメラを完全にコントロールできることだ。つまり、カメラが「見る」方向を自分でコントロールする必要があるわけだが、それをマスターすれば、グリッドに基づいた知覚経験を、被験者自らの動きによって引き起こしたカメラからの入力情報の変化と相関させる術を学習できる（知覚は能動的な情報抽出のプロセスだとするギブソンの考え方を思い出していただきたい）。しかし、これらの研究で何より興味深いのは、身体の内側に向かう触覚が身体の外側に向かう視覚に変換される点だ。被験者はグリッドが背中をツンツンつついているのを感じなくなり、代わりに、外の世界に存在する物を見始める。それどころか、自分が「物を見る」プロセスに携わっていることさえ忘れて、物がそこにあると気づくだけになることも珍しくない。自分がどの感覚を経験しているか、意識的に自覚しなくなるわけだ。視覚障害者の「顔面視覚」は実は反響定位だとするギブソンの考察にそのままつながる所見である。TVSSも反響定位と同じような「感覚作用のない知覚」を生むものと考えられる。刺激されているのは触覚システムであるにもかかわらず、被験者は視覚経験を知覚しているのだ。ギブソンの理論に倣うなら、脳が触覚を視知覚に「変換」しているのではなく、この新しい「ハイブリッド」知覚システムがカメラを装着した被験者の行動を介して環境の不変項に同調していると言えそうだ。被験者が経験するのが視覚であるのは、カメラで抽出できる情報が光学的配列に含まれている、表面から反射されて、固体や私たちが視覚環境と考えるその他の関連側面の特性を明示する光の情報だからである。

そこで当然気にかかるのが、TVSSを装着している被験者は本当に見ているのか、それとも、引用符付きで「見ている」のかだ。被験者が背中のグリッド（最近では、舌に載せる小さなコイン型のグリッドが主流だ）を使って検出する環境情報は、晴眼者が検出する光情報とまったく変わらない。

しかも、その光情報を使って視覚障害者が取る行動が晴眼者のそれとそっくり同じであるなら、本当に見ていると言わずして、何と言う？　わざわざ引用符を付けなければならない理由はどこにもない。彼らが知覚している世界が晴眼者と同じなら、見ているに決まっているではないか。

見ているのか、「見ている」のかと悩む訳は、眼を使わなくても見えるという考えに違和感があるからだ。眼は視知覚システムの要だから、それも当然と言えば当然だろう。だが、ここがまさに等価原理の出番だ。背中に装着したグリッドが脳の視覚系における通常のプロセスと寸分違わず機能するなら、どうやって区別する？　前にも言ったことの繰り返しだ。皮膚と頭蓋の内側で起こるプロセスだけが「認知」であって、外側の人工物が認知のループの一翼を担うことなどあり得ないと考えるのは、「皮膚の内側」偏重以外の何物でもない。何が何でも内側と外側を区別するのをやめて、全体としてのプロセスに目を向ければ、ＴＶＳＳはクラークが言うところの新たな「主体‐世界」回路、それも、晴眼者の眼とまったく同じ機能性を提供する回路を創出すると認めざるを得なくなる。

感覚代行についてはほかにも、実におもしろい例がいくつもある。そのひとつは、やはりアンディ・クラークが紹介している、ヘリコプターのパイロットがフライト中に安定性維持のために着用するベストだ。[12]　新米パイロットでも、これを身につけていれば、ホバリングのような、ヘリコプター操縦の中でも非常に難度の高いタスクをいくつかこなすことができる。このベストはヘリコプターの機体角度に合わせてパイロットの身体に空気を吹き付ける仕組みになっている。つまり、機体が右に傾いたら、パイロットは右体側に空気の振動を感じる。この振動を止めるには、身体を反対側に倒せばいい。ベストは振動に対するパイロットの反応（つまり、振動を感じた体側と反対への体重移動）をモニタして、ヘリコプターをコントロールする。要するに、ベストの動作を介して、ヘリコプターがパイロットの身体の一部として機能する部品となるわけだ。このベスト、パイロットが目隠しされた状態でもフライトできるほどの優れ物だという。TVSS同様、最も重要なことは二点ある。まず、運動指令が感覚入力に影響を及ぼすこと。TVSSの場合はカメラを動かすことが背中や舌への入力情報を左右するのだが、パイロットのベストの場合はヘリのコントロールがベストの振動に影響を及ぼす。もう一点は、こうして生じた新たな主体-世界回路が特定の目標指向行動にかかわってくることだ。そのため、ベストは「透明な道具」になる。パイロットの意識にあるのはヘリコプターとその動作だけで、吹き出す空気やベスト自体は念頭にない。クラークが言うように、世界の確実な特性を利用できる機会を余すところなく見つけ出せるように進化した動物は、まさしくこのパイロットの状態にある。ならば、これまでの章で見てきたこととときれいに符合する。行動の可塑性は、新しい身体-世界回路形成の可塑性にほかならない。「交渉力」に優れた身体ほど、適応性の高い動物を生み出すのだ。

「拡張した心」への批判

身体のこうした交渉力は、主体と環境とがどう絡み合うかを端的に示している。身体は世界の中で活動すると同時に、その世界の一部を自らの内部に取り込むのだ。だが、それが認知プロセスにも当てはまるのか？　認知プロセスは確かに、さまざまな形で増強・補完される。だからと言って、認知プロセスが「頭蓋という身体の境界の外へ向かって[13]」、脳を超えて拡張すると考える必要が本当にあるのだろうか？　とんでもないと、激しく異論を唱える論者たちがいる。[14]「認知の印」を持つのは身体内部で起こる脳を主体とした神経伝達プロセスのみだ。クラークとチャルマーズの等価原理を満たす例でさえ、この認知の特徴は備えてはいない。そう、彼らは主張する。[15]「内在的な非派生的内容(intrinsic non-derived content)」を持つのは、内的神経資源のみだとする批判もある。白状すると、私には、この論者たちが言わんとしているところがよく分からない。ひとつには固有の内容なるものが明確に定義されていないせいもあるのだろう。おおよそのところは、真の認知プロセスの一環であるために必要な要素を本質的に備えているのは脳内の心的内容（その心的内容の存在を裏付けるニューロンと脳組織も含まれると思われる）のみであって、認知症のオットーのノートに記されている内容は「派生的」だ（つまり、書記言語の形を取っているから、社会的慣習によって意味を付与されている）と言いたいのだろう。だが、私にはそれは一種の「脳優越主義《ニューロショービニズム》」としか思えない。さらに言うなら、実は、心の内部状態と認知プロセスにも派生的内容があるのではないかと、私は思っている。子どもたちが言語をどのように学習するか、考えてみるといい。社会で言語知を獲得した子どもたちは、それを使って認知プロセスを幅広く表現する。ならば、それは派生的内容か、それとも非派生的内容なのか？[16]

拡張した心に対しては、ほかにも大きな批判がある。（とりわけ人間の）認知プロセスには、記憶課題で観察されるプライミング効果や新近効果[17]（訳注：判断の直前に示された情報が強く影響すること）のように、拡張した認知プロセスには見られない特徴があると言う。つまり、オットーのノートの内容は、頭の中の記憶のように、こうした効果によって左右されることはないとする見解だ。しかし、それは実のところ、クラークが主張するように、「認知」には、人間の神経系の機能ならではの特異な特徴が「印」としてあるはずと言っているに等しく、極めて人間中心主義的で脳至上主義に走った考え方である。人間のみならず人間以外の存在の認知も対象としている本書の視点からすれば、クラークとチャルマーズの常識的な機能主義を採用するほうがはるかに建設的に思える。理由は単純。他のことはともかく、捨てようとしてもなかなか捨てきれない人間本位、脳本位の物の考え方を確実に回避できるからである。

もっとも、それは少々、矛盾していると言われそうだ。何しろ、本書ではたっぷりとページを割いて、世界で知的な行動をとるには身体自体の物理的構造とデザインが極めて重要だとも主張してきたのだから。たとえば、運動視差を補うために昆虫の眼が果たす「役割」は、眼の物理的特性に大きく依存している。それは間違いのない事実なのだが、本物の昆虫の眼とはまったく異なる素材でできていて、本物の複眼とは似ても似つかないアイボットの眼が、昆虫の複眼そのままに横方向距離を一定に保てることもまた事実だ。さらに言うなら、何らかの作業を遂行する能力が特定の物質ないし物理的デザインによって決定的に左右されるにしても、動物が取り組む作業すべてがそうであるとは限らないし、当の作業の他の側面に外部の環境が有効利用されていないとも言い切れない。こう言い換えてもいい。機能主義的な視点から認知プロセスをとらえても、動物の身体の構造が重要であることや、脳が脳ならではの重要な役割を担わなくても可能な作業もあることを否定しなければならないわけではない。[18]また、クラークらが元々提唱した等価原理は同等物の直接交換、つまり、脳内記憶として機能するオットーのノートが必要と示唆しているのだが、そうでなくともかまわない。[19]なぜなら、外的資源が内的プロセスに取って代わるわけではないからだ。正しくは、内的プロセスを補完するものとして、内的プロセスを強化・増強するとともに、内的プロセスの「代役を務めて」いるのである。

記憶システムがないのに、記憶できるわけ

思い出は誰にだって必要ですよ。自分は無意味な存在で終わるのかという飢餓感にさいなまれずに済みますからね。

——ソール・ベロー『サムラー氏の惑星』

クラークとチャルマーズの理論、それも特に外部の「記憶」を認知システムの一体部分と見なす考えを真剣に受け止めるべき根拠はもうひとつある。人工生命とロボット工学の分野における別の研究のために製作されたロボット、具体的に言えば、遅延報酬学習を行えるマウス・ロボットだ。[20] 報酬による行動学習の能力を調べるには、たとえば右へ行くか、左へ行くか決めなければならない迷路課題のように、報酬獲得につながる可能性のある判断を動物に下させる状況を作り出せばいい。ただし、遅延報酬というくらいだから、その判断の正否に関するフィードバックは判断を下した時点では与えられず、迷路のゴールにたどり着いて初めて、報酬の形で得られる。言うまでもないが、報酬を確実に獲得できる事象を動物が「記憶」していられなければ、遅延報酬学習は起こりえない。記憶力ゼロでは、先に迷路で転向した方向と報酬とを関連づけられないからである。

このマウス・ロボットのおもしろいところは、迷路での選択に影響を及ぼしたキューと報酬との関連づけを学習できたのに、肝心の選択を何も記憶していなかったことだ。そう、記憶装置がなかったのである。では何があったかと言えば、優れた科学者たちならではの謙虚さで「ミニマル認知アーキテクチャー」と呼ばれているものだけ。つまり、マウス・ロボットが備えていたのは、触覚によって物の存在を検出するための「ヒゲ」と、見るためのカメラと、「報酬」代わりの電子信号を検出する報酬検出センサーのみだった。マウスの触覚と視覚に相当するセンサーは単純なニューラル・ネットワークに接続されていて、ネットワーク内の一組のノード群（ニューロンのように機能した）がセンサーの状態（カメラの画素の色と濃さや、ヒゲが接触しているか否か）を表し、もう一組のノード群がセンサーの変化（色の濃さの変化、物との接触の有無の切り替え）を表すようになっていた。ほかにもうひとつ、報酬に対応するノードがあったし、運動システムには、方向と方向の変化に対応するニューロンもあった。ところがこのアーキテクチャーには、報酬を検出した時（あるいは検出できなかった時）にその事象を先に行った転向の判断と関連づけて次回の正しい判断につなげられるようにする、転向判断の記憶を保存するものが何も組み込まれていなかった。記憶のないマウス。ならばなぜ、遅延報酬課題ですばらしい成績を上げることができたのか？

マウス・ロボットがどのようにして目覚ましい快挙を達成したのか理解するには、実験環境と、マウス・ロボットのニューラル・ネットワークとの相互作用とを詳しく知る必要がある。まず、マウス・ロボットから見ていくことにしよう。マウス・ロボットの感覚システムと運動システムにあるニューロン群はすべて相互接続されているので、ニューロンが同時に活性化するたびに、このニューロン間の接続は強化される（単純なヘッブ学習のメカニズムである）。聞き覚えがあるのでは？　第10章で人間の赤ちゃんについてお話ししたことだからだ。つまり、マウス・ロボットは異種の感覚モダリティ間に、時間的に関連した相関を形成するのである。もうひとつ留意すべきポイントは、このデザインでは、マウス・ロボットは現在の事象と過去に起こった事象との関連を学習できないことだ（たとえば、触覚センサーでスティックを検出し、後で報酬センサーによって報酬を検出しても、この二つの事象は必ず時間的にずれて起こるため、両者が関連づけられることはない。触覚センサーと報酬センサーはけっして同時に作動しないので、関連を「配線」できるヘッブ学習は起こらないのである）。

それでは、学習環境はどうか？　これはT迷路、文字どおり、T字型の実に単純な迷路である。マウス・ロボットはT字の縦の棒に当たる通路を下から直進して、横棒にぶつかると、左右どちらへ曲がるか判断する。この横の通路の左右いずれかの端に報酬があるのだ。縦の通路と横の通路がぶつかるところ、つまり曲がり角にはスティックが立ててあって、マウス・ロボットはそれをヒゲで検出する。この触覚キューが報酬の在処を正確に示す。スティックが左側にあればT字の横棒の左端、右にあれば右端で報酬にありつける。つまり、この迷路課題を解くには、スティックの存在が示す方向に曲がらねばならないわけだ。もちろん、実験開始時には、触覚刺激が何を意味するかという「知識」はマウス・ロボットにはまったくない（知識が最初から組み込まれていたら、何も学習する必要はない）。この学習環境にはもうひとつ、鍵となる特徴がある。横通路の内壁全体が赤く塗ってあるのだ。T迷路に入ったマウス・ロボットの行く手、つまり横通路とぶつかるところには、赤い壁が「見える」。実験自体は簡単極まりない。試行ごとに報酬の在処が左右いずれかにランダムに変わり、それに応じて触覚キューの左右も変わる。この条件で、報酬を見つける方法を学習するチャンスを記憶力ゼロのマウス・ロボットに与えるのである。

さて、ここにどんな仕掛けがあると思う？　マウス・ロボットは環境に自らの課題を「オフロードする」、つまり「肩代わり」させることによって記憶という快挙を成し遂げるのだ。実験開始時の数回の試行では、触覚キューも報酬もなしのT迷路でマウス・ロボットを走らせる。するとマウス・ロボットは、迷路の特徴と自分の動作との関連を学習する。たとえば、左に曲がると、それと同時に右側の視覚センサーが赤い壁を検出して作動する。これでマウス・ロボットは、特定の動作（左折）と特定の視覚入力情報（右側の赤い壁）が関連していると知るわけだ。

次は、報酬と触覚キューを追加して実験を行う。触覚キューは必ず、報酬の正しい在処を示すように配置する。マウス・ロボットが走り出す前に、まず、実験者が報酬センサーを刺激する。これは、マウス・ロボットが報酬を「見つけたがっている」状態をシミュレートした刺激だ。マウス・ロボットは報酬と結びつく関連をまだ何も学習していないから、この刺激がマウス・ロボットの行動に影響を及ぼすことはない。初回は、マウス・ロボットをT迷路に入れて、好きなように走らせる。マウス・ロボットはT迷路の縦通路を、横通路めがけて一直線に突き進み、そこでランダムに曲がって、横の通路の一端を目指す。ここでは左折するとしようか。この時、ヒゲが触覚キューに触れるので、転向（左折）と視覚入力の変化（右側の赤い壁）と自分の視覚センサーの変化（「触覚なし」から「触覚あり」へ）とを相互接続する関連が形成される。こうしてマウス・ロボットが横の通路の左端に到達した時、ランダムな判断が正しくて、報酬を得ることができたとしよう。すると、報酬信号と視覚センサー（右側の赤い壁が刺激になる）が同時に作動して、報酬と右側の赤い壁との間に関連が生じる。さあ、これで、赤い壁の関連性がはっきりした。「右側の赤い壁」は報酬を獲得するという当面の課題とはまるで無関係（壁は報酬の在処を示すキューではない）であるにもかかわらず、マウス・ロボットが報酬をそれと関連づけるのは、先にマウス・ロボットが曲がり角で行った転向と触覚キューに関する情報が、マウス・ロボットの現在の状態に間接的に包含されているからだ。右側に赤い壁があるなら、曲がり角で間違いなく左折したのだし、左折したのなら、触覚センサーが刺激されたことを意味する。左折の「記憶」と、間接的にではあるが、触覚キューの「記憶」とが、赤い壁に肩代《オフロード》わりされたわけだ。マウス・ロボットには触覚キューと報酬との相関形成を可能にするものは何も内蔵されていないので、結果として起こる遅延報酬学習は創発的な行動だ。なぜそうなるかと言えば、赤い壁が左折とキューの記憶としての役割を果たすからである。これは何を意味するか？　動物に専用の「記憶システム」がいっさい組み込まれていなくても「記憶」はできる。「記憶」は認知システム全体の特性と言えるのである。

キューの条件を同じにして（スティックと報酬を左側に配置）、次の試行を行う時は、「右側の赤い壁」と報酬とが関連づけられているので、試行開始時に報酬センサーが刺激されて活性化すると、それが視覚野に波及して、右側の赤い壁と関連した活性化パターンを形成する。「右側の赤い壁」は左折とも関連づけられているので（この相関は、実験に報酬を追加する前、つまりマウス・ロボットが最初に行った迷路探索中に形成された）、視覚センサーの活性化は運動システムにも波及し、マウス・ロボットは左折する。左折後はそのまま報酬探索を継続する。触覚キューと報酬を二回続けて同じ側に配置しさえすれば、マウス・ロボットは課題を学習して、いずれの試行でも触覚キューが示す方向に曲がる（試行回数を重ねれば、必然的にそうなる。報酬を配置する側を左右ランダムに入れ替えても、必ず同じ側が二回続くことがあるからだ）。となれば、このマウス・ロボットの快挙は間違いなく「認知の印」（学習と記憶を認知プロセスと認めるならの話だが）と言いたくなるところだけれど、ここで鍵となっているのは赤い壁だ。それ自体、「認知的」でもなければ、マウス・ロボットの内部にあるわけでもない、ただの壁である。これ以上は望めないほどすばらしい等価原理の例である。

記憶は脳に貯蔵されない

ただし、忘れてはならない重要なポイントがひとつある。これまで見てきた他のロボットにしてもそうだが、「記憶」をマウス・ロボットの属性と考えるのは、私たち自身の基準枠を当てはめることにほかならない。全体としての認知システム、つまり、T迷路という環境の中でそれを利用して活動しているマウス・ロボットに記憶を帰属させることはできるが、そこで注意しなければならないのは、私たちが普通思い描くような「記憶」はマウス・ロボット自体の観点からすれば存在しないことだ。サイバネティクス（複雑系の研究）の初期のパイオニアであるロス・アシュビーが遠い昔に指摘したとおり[21]、記憶は総じて観察者依存的な現象だ。彼は例として、自動車が前を通り過ぎるたびに情けない声で鳴く犬を挙げている。いくら観察を続けても説明のつかない、謎の行動だ。その犬が半年前に車に轢かれたと飼い主から聞いて初めて、謎の行動の原因は轢かれた記憶にあると思い至る。しかし、それが間違いのもとだとアシュビーは言う。そう考える私たちは、犬に黒い斑が「ある」のとまったく同じ見方で、犬に記憶が「ある」と思い込んでいる可能性があるからだ。犬の記憶が犬の内部に実体として実在しているものと期待するわけだ。しかし、その実、私たちは、知識の「不足を補う」ために、「記憶」と呼ばれる理論仮構物を持ち出したに過ぎない。犬に記憶があると言いながら、実際には、犬の行動を犬の現在の状態ではなく、私たちには確認しようのない半年前の犬の状態によって説明しているにほかならない。アシュビーの考え方によれば、記憶は動物が備えている、もしくは備えていない「実在物」ではなく、動物の行動を理解するうえで役立つ、ただの便利な仮構物なのだ。

記憶を単なる理論的な小道具の一種とするこの考え方は、私たちには耳新しいものだ。何しろ、私たちは、記憶と言えば実にリアルなものと思っているからだ。その証拠に、「貯蔵庫」のメタファーが大好きだ。情報を符号化して、検索される時まで貯蔵庫に蓄えておく、それが記憶である。[22] 短期記憶、作業記憶、長期記憶、エピソード記憶、意味記憶、自伝的記憶、フラッシュバルブ記憶など、それぞれに異なる特性を備えた、さまざまな種類の記憶システムが確認されているくらいだから、記憶の保存と検索は多様な形で行われるらしい。認知心理学の分野では、先に覚えさせた単語リストを意識的に想起させる記憶課題の研究が山ほど行われている。いずれも、記憶は脳内に保存された特殊な構造物ないし表象だと示すことを目的としているのだが、実を言えば、アシュビーの犬の例と良い勝負だ。[23] リストにあった単語を被験者に思い出してもらうというのは、被験者の現在の行動を以前の事象、つまり、リストの提示と学習を基準として説明することだ。しかし、犬の例と同じで、実験中に被験者の頭の中で何が起きたのか、実際に観察できるわけではない。私たちはその「不足を補う」ために「記憶」という用語を使っているのだ。

私たちが記憶の「メカニズム」と思っているものはむしろ、被験者の行動の再記述である。さらに言うなら、完全なる主体である被験者は、実験中にさまざまな動作をしている。いずれも実験とは無関係と考えられるためにあることはないのだが[24]、それらの動作が、最初の単語リストを提示された後に思い出して第二のリストを作成する際に、何らかの形で関係しているのではないか。もちろん、逆の見方をすれば、実験とは無関係な（被験者によって異なる）行動変数があっても、一貫した一連の実験結果が得られるではないかと言うこともできる。だから、誰もが情報の保存・検索を行う、同じ種類の記憶を持っていると結論したくなる。しかし、純粋な記憶機能を発見できるものと想定して実験が行われていることも事実で、実に多くの実験が循環論法に陥っている。実験自体がそもそも、証明すべき実体の存在を前提としてデザインされているのだから、何らかの記憶が見つかっても、少しも不思議ではない。貯蔵庫のメタファーが貯蔵庫の実験を生み、それが貯蔵庫の記憶を生んでいるのだ。

したがって、ロボットや動物を対象とした実験同様、人間を被験者として実験を行う場合も、自分の基準枠を当てはめていないか、考えてみる必要がある。外部の観察者の目には安定した構造に映っても、課題に取り組んでいる被験者にしてみれば動的な再構成（あるいは単なる構成）のプロセスかもしれないからだ。ロルフ・ファイファーとジョシュ・ボンガー[25]が噴水を例に挙げている。噴水から吹き上がる水の形状は噴水内のどこにも構造として保存されているわけではない。水圧と表面張力、重力の影響、そしてノズルの形状と方向の相互作用の結果だ。それが噴水に構造を与える。それも、静的な安定した構造ではなく、絶えず生み出される構造だ。記憶の「構造」もこれに類するものであって、私たちが普段思っている記憶とはまったく異なることは十分にあり得る。

単語の意識的な想起が人間の活動としては極めて特殊であることを考えると、その可能性はいっそう強い。記憶がかかわる日常行為の大半（たとえば、車や徒歩で出勤する、食事の支度をするなど）は、リストにあった単語を思い出すのとはわけが違う。[26] つまり、単語リストはどう考えても、人間以外の動物の日々の経験には結びつかないということだ。私たちはまた、多くの物事をいつの間にか学習し、記憶する。自分でそうしているとは意識していないのに、私たちの行動は自分の経験を反映しつつ変化している。こうした潜在記憶が他の動物にも共通していることは間違いない。私たちが記憶と呼んでいるものはどうやら、迷路環境に置かれたマウス・ロボットの活動に近いものでありそうだ。（明示的な）内的表象の単なる保存・記憶ではなく、動物と動物が能動的にかかわる環境とに分散した感覚運動協調のプロセスなのである。[27] これの分かりやすい例をひとつ。私自身の話なのだが、大学の自分の研究室の電話番号を聞かれても、答えられない。思い出す手はただひとつ、実際にかけてみることだ。Ｅメールやデビッド・カードなど、たいていの暗証番号も右へ倣え。してみると、どうも私は、保存されている記憶から特定の番号を「検索」しているのではないらしい。これも、「記憶」は私と環境との相互作用から創発する持続的なプロセスだとする考えを裏付ける例と言えそうだ。

同じように考えたのが、言語にかかわっている脳領域、ブローカ野に名を残している一九世紀フランスの有名な外科医、ポール・ブローカだ。私たちにあるのは「単語の記憶ではなく、発語に必要な運動の記憶である」と記している。[28]「伝統的」な記憶研究をひもといても、引き出しからファイルを取り出すように、いつでも情報を元のままの完全な状態で想起できると示唆する所見はひとつもない。むしろ、想起するたびに記憶は変化すると考えられている（想起するという行為自体が元の記憶の一部となるからだ）。しかも、想起する状況と、想起対象である事象から想起までの間にあった出来事によっても、想起パターンは異なってくると確認されている。どれも、記憶が世界における活動を必要とする、再構成の、あるいは単なる構成の要素が強いプロセスであることを示唆する所見だ。[29]「概念」と「心」という概念自体に関連して考察したとおり、記憶は動物が頭の中に持っていたり持っていなかったりする「物」ではなく、[30]動物‐環境という連鎖全体の特性である。別の言い方をすれば、自分の行動を過去の経験と同じになるように調整するための手段だ。要するに、感覚刺激と運動行動の特定の協調パターンが特定の外的資源と連動して、私たちが特定の方向へ向かうように、それとなく、あるいは強く、私たちの背中を押すのである。そのおかげで、私たちは以前の一連の行動に符合する行動の順序を構成する。かけたい電話番号をプッシュすることもできるのだ。

　こうしたより幅広い観点に立てば、第5章でお話ししたアメリカカケスの貯食行動などについても、さらに興味深い見方をすることができる。現在のところ、アメリカカケスには一種の「エピソード記憶」があるとする説が主流で、中にはこの鳥が「心の時間旅行」らしきものをすると示唆する者もいる。[31]もちろん、その可能性もある（もっとも、それをはっきりと証明することは不可能だけれど）。しかし、マウス・ロボットで得られた所見や、私たちの記憶が思いのほか世界と深くかかわっている可能性が示唆されていることを考えれば、アメリカカケスが課題の一部を環境に肩代わり《オフロード》させている可能性や、環境との感覚運動協調のパターンによって、アメリカカケスの貯食の記憶が顕在記憶の想起というより潜在記憶のオンライン構成である、すなわち、自らを「自己作用的」に将来に投影している可能性も、それに劣らずあるはずだ。たとえば、アメリカカケスは餌のタイプによって貯食態度を変えるだろうか？　餌の貯食・回収行動は（他の鳥がいる時は変わると分かっているけれども）、環境のレイアウトに応じて、環境構造を有効利用できるように変わるのだろうか？　また、実験者は貯食用の製氷皿を識別する印として（つまり、アメリカカケスが「自分用」の貯食場所と新しい貯食場所を見分けられるように）レゴのブロックを使ったが、このレゴが、私たちがまだ気づいていない形で、課題の他の側面の肩代わり《オフロード》も可能にすることがあるのか？　どれも答えは同じだ。分かるわけがない。動物相手の実験に、人間の実験と同じ貯蔵庫のメタファーを使っていて、アメリカカケスのすばらしい貯食のお手並みを支える別の主体-世界ループが形成される可能性を一顧だにしていないからである（アメリカカケスがどんなメカニズムを使っているにしろ、見事な貯食の技であることに変わりはないけれど……）。

　ファイファーとボンガードは、こうした記憶のとらえ方は「貯蔵庫」のメタファーよりはるかに曖昧だと言う。[32]確かに、そのとおりだ。こういう見方は「貯蔵庫」のメタファーのように真剣に検討されたことがないから、検証可能な理路整然とした理論として土台を固めるには、実証的かつ理論的な研究がまだまだ必要である。話が記憶の本質のほうへと逸れてしまったが、本書の目指すところからすれば、これもちゃんと認知の拡張という考えにつながってくる。もっと具体的に言うなら、動物と動物の脳にかかる認知の負荷を軽減するために世界自体を利用できるとする考え方だ。その良い例が、マウス・ロボットにとっての赤い壁である。赤い壁は環境の安定した特徴だから、それに記憶機能を肩代《オフロード》わりさせれば、脳内の神経組織が保存すべき情報を減らすことができる。保存された内的表象とまったく同じ役割を赤い壁が担うのだ（オットーのノートと同じである）。ならば、赤い壁は等価原理を満たす。しかも、低コストで費用対効果に優れた働きをしてくれるのだ。

後成的なエンジニア

そもそも私たちは、何物であれ、けっして切り離して考えようとはしない。前、横、上下にある物、何とでも結びつけて見たがる。

——ゲーテ

この費用対効果が重要なのは、既にお話ししたように、進化は節約好きな過程であって、同じ目的を達成するのに競争者より多くの時間とエネルギーを費やす動物は、自然選択によって不利な立場に立たされるからだ。アンディ・クラークはこれを「００７の原理」と呼んだ。ジェームズ・ボンドばりのトップ・クラスのスパイになるには、任務達成に必要なことさえ承知していればいい。[33] 知りすぎると命を狙われる羽目になる。

クラークは動物界からも、環境の諸相を利用することによって生理的プロセスの経費削減に励んでいる例をいくつか紹介している。たとえば、高速で遊泳するクロマグロ。この魚の解剖学的構造と筋組織の研究によると、物理的にあれほどの速さで泳げるはずはないのだそうだ。ところが、流体力学の研究では、クロマグロが自らの運動能力を超えた遊泳力を発揮できるのは、自然に発生する水流を発見し、しかも尾びれでさらに渦を巻き起こして、推進力を高めるからだと分かっている。[34] つまり、クラークが言うように、「本当の〝スイミング・マシン〟はクロマグロそのものではなく、〝しかるべき状況〟にあるクロマグロ――すなわち、〝クロマグロ＋水＋クロマグロが生みだして利用する渦〟なのだ」。[35] ほかにも、トランペット型の巣穴を掘って誘い鳴きの音を増幅させる昆虫のケラや、水流を利用して、自力で水を体内に吸い上げる労力を省いている濾過摂食性の海綿などの例がある。[36]

動物の生理について言えることは、認知にも十分当てはまる。進化した動物は環境構造とその中で活動する自らの能力とを利用して、認知負荷の一端を環境に肩代わりさせ、貴重な脳組織を節約することができるというのに、わざわざコストのかかる方法で自ら情報を保存・処理するなどと考えないほうがいい（実を言えば、第6章でも同様の考えを紹介した。マーク・ローランズがギブソンの生態学的アプローチを擁護して挙げた「吠えるのは犬の特技という原理」だ）。こう言い換えよう。認知プロセスとそれが取り得る形について考える際は、「進化が世界に委ねたことまで頭に押しつけない」ように注意すべきだ。[37]「拡張した心」という概念は、認知の「核心」が、世界を頭の中に取り込むことではなく、行為のための適応的な行動のループ、すなわち、神経、身体および外的資源のソフト・アセンブリを動的かつ融通の利く形で反映したループを生成することだと、理解するための手段なのである。ここから、話を内的プロセスと外的プロセスの「相補性」に戻すことができる。問題は、内的プロセスと外的プロセスはどのように認知に寄与しているのかだ。

分散認知論ないし拡張認知論によるアプローチにおいては、外的世界における行為は内的認知活動の単なる指標ではなく、認知活動そのものだ。それを踏まえれば、外的環境における個体の課題達成に直接寄与する「実利的行為（pragmatic act）」と、課題達成自体には（必ずしも）役立たないが、認知環境における個体の状況を改善して、課題の処理を容易にする「後成的行為（epistemic act）」とを区別できる。[38] すなわち、後成的行為は、課題の文字どおりの進捗を可能にする行為ではなく、認知プロセスの速度、精度、堅牢性の向上に役立つ行為と言える。覚えているだろうか？　第6章で生態学的心理学について考察した時、これに似たことを考えた。動物は光学的配列をサンプリングすることによって情報入手を可能にするという話だ。また、私たちは物に近づいたり、物の向きを変えたりして不変項の存在を知覚することもお話しした。もっと複雑な問題解決という観点から言うなら、誰もよく知っている後成的行為の例がある。アルファベットが書いてあるコマを並べて単語を作るボード・ゲーム「スクラブル」で、できそうな単語を見つけやすくするためにコマをいろいろ並べ替えてみる行為がそれだ。コンピュータ・ゲーム「テトリス」の名手も同じように、画面の上から落ちてくるブロックを能動的に回転させて、隙間なく収まる場所を見つけやすくする。ところが、初心者はたいてい、ブロックを頭の中で回転させようとするため、認知負荷を増やし、速さと正確さを落としてしまうのだ。[39]

もうひとつ、良い例がある。これまた、クラークが挙げている例だ。ベテランのバーテンダーはオーダーが入ったとたんに、必要なグラスをすべて選び出して並べる（実を言うと、我が大学のある優秀な教授は元プロのバーテンダーという経歴の持ち主で、彼から聞いたところによると、バーテンダーの学校で最初に習うことのひとつがこれだそうだ）。それぞれに異なるグラスの形がキューになってオーダーを具体的に思い出させてくれるので、どれほど喧騒で気が散る環境でもスピードと正確さを維持できるからだ。なので、どのオーダーにも全部同じグラスを使わせると、手際がガくんと悪くなる。ところが、新人バーテンダーにはこの小細工が利かない。そもそも、まずグラスを並べてしまうというコツを知らないから、どんなグラスを使うことになろうと、頭を使って順番どおりオーダーをこなそうとするからだ。[40]

私にも、認知プロセスの補完・増強を世界に「頼れる」ことを示す、お気に入りの例がある。バルセロナで休暇を過ごした時に出くわした例だ。ご存じのとおり、バルセロナと言えば建築。中でも極めつけと言えるのが、アントニ・ガウディの作品群である。彼が設計した建築物はよく「歪んだゴシック」と称されるけれど、この例えは、自然の造形を見事に取り入れたその幻想美と独創性を人に伝えるにふさわしい表現とは言いがたい。バルセロナで最高の見物のひとつは、ガウディがコロニア・グエル教会地下聖堂の設計に使った「カテナリー」模型のレプリカだ。少なくとも私はそう思っている。世界の模型を製作するには世界を利用するのが一番と納得できる、格好の例である。

紐や鎖などの両端を持ってぶら下げると、重力が働いて、「カテナリー」というU字型の曲線が自然にできる。カテナリーは石積みのアーチに最適な形状だ。加えられる力をすべて圧縮力に変えられるので、控え壁などで支えなくても自力で立っていられるからだ。ガウディはコロニア・グエルの設計にこの原理を利用した。吊り下げた紐と錘を使って、アーチをどういう構造にすれば圧縮力に耐えられるか実験したのだ。まず、教会の輪郭を板に描いて(縮尺十分の一)、これを天井から吊した。次に、この板のアーチ建造を予定している部分に紐を取り付け、これに鉛の散弾を入れた革袋をぶら下げるということを繰り返して、いくつものカテナリーを作り出した(革袋の重さはアーチが支える重量の十分の一とした）。この模型をさまざまな角度から写真に撮って、それを上下逆転させ、圧縮力だけが作用する構造物の正確な形状を手に入れた。ガウディはこうして模型自体から測定値を読み取ることで、（計算ミスが付き物の）複雑な数学の計算よりもリスクを大幅に減らした。この方法にも、もちろん、欠点はある。縮尺十分の一と言っても相当大きい模型だから、製作にずいぶん時間がかかった。それでもカテナリー模型のおかげで、ガウディは、コンピュータ援用製図などなかった当時、ほかの方法では不可能だった建築物の設計を成し遂げたのである。模型の製作が教会の建造に直接役立ったわけではないが、物理的行為と心的行為を密に絡めて模型製作を行ったことで教会設計の複雑さは低減された。

巨大建築物の設計を日課にしているという人はまずいないだろうが、私たちも皆、物理的な世界をガウディと同じように利用して、自分に合った認知状態を作り出している。論文を書く時に付箋紙やメモリ・スティック、ノート、コンピュータ・ファイル、ホワイト・ボード、書籍、雑誌などを利用するのもそうだし、手早く調理できるように、料理を始める前に必要な材料を全部揃えておくのも然り。出かける時に忘れないように、鍵を玄関に置いておくのだってそうだ。これらの行動はいずれも、本来なら高い認知力を必要とする課題を簡略化する習慣だ。人間の型にはまった認知活動の多くが環境の支援下で成立していることを浮き彫りにする、生活のあらゆる面に浸透している習慣である[41]（それを言い換えると、こうなる。マグロのパラドックスと同じく、本当の意味では、真の「問題解決マシン」は脳だけでなく、私たちが内的認知プロセスの補完・増強・支援に使用する脳、身体、環境構造なのである[42]）。

今のところ、人間以外の動物がどの程度こうした後成的行為を行っているのかも、具体的にどのように行っているのかも、よく分かっていない（少なくともひとつには、これまで私たちが動物の後成的行為にたいして注意を払ってこなかったせいもある）が、はっきりしていることもある。哲学者キム・ステレルニーが指摘したとおり、動物は間違いなく「後成的なエンジニア」として行為する。自分を取り巻く世界を改造して、自分にとって良い結果を招くように、他の動物にとっては困難なことが増えるように、情報環境の性質を変化させるのだ[43]。鳥類や霊長類の多くの種はコンタクト・コールという、自分の位置を他の個体に知らせる鳴き声を発する。明らかに、環境構造中の他個体の位置確認という課題を簡略化するための行動だ。鯨の「歌」と呼ばれる長距離交信用の声も、このカテゴリーに属するもので、鯨類においてはこうした音声の方言や血筋による伝統が非常によく発達している[44]。クモザルやウーリー・モンキーは木の実を丸ごと食べて、特定の経路を移動する道すがら、種を落としていくと言われている。そうすることで、熱帯林の改造に一役買って、独自の生態学的ニッチを構築しているらしい。つまり、採食経路を見つけやすく、覚えやすいように、環境を後成的に設計しているのだ。これも、後成的行為という考え方にぴったり符合する[45]。逆に、鳥たちは巣を目立たなくするために、コケを使って巣作りをする。捕食者が取り組まねばならない認知課題を難しくするための環境設計である。

外部の環境構造が融通性の高い適応行動の創出に一役買っていることを認めるのは、少々異なる観点からも有用だ。最初からずっと指摘してきたとおり、私たちは複雑な行動を、何か複雑な脳内アルゴリズムが働いた結果と思いがちだ。特に、さまざまな点で人間になじみ深い行動をとる霊長類が相手だと、どうしてもその傾向が強い。だが、物理的環境は動物が克服しなければならない障害物であるばかりでなく、自分に利するように利用できる資源でもあることをきちんと理解すれば、動物たちの行動の融通性と多様性もまた、特定の一連の動作を特定の環境がいかにアフォードし、いかに妨げているかを表すものであると分かってくるはずだ。ここに挙げた例はどれも、等価原理や相補性の原理を満たしていないから、その意味では「拡張した心」の例とは言えない。しかし、多様な賢い行動は複雑で高度な認知を必要とするアーキテクチャーによって支えられた精緻な意思決定の所産だとするデフォルトの思い込みの再考を促すものである点は、「拡張した心」の理論と同じである。

ライバルのそばで眠れ

環境とのかかわりという点では、雄のヒヒの配偶行動も興味深い。雌に比べて体格が圧倒的に勝る雄は、雌成獣が発情期にある間、社会的にも性的にも雌を独占できる。その代わり、雌のそばから片時も離れないよう、涙ぐましいほど努力する。他の雄と交尾させないためである。この空間的な近接関係（「配偶関係」）の持続期間には、ヒヒの集団によって、数時間から一週間の開きがあるけれど、東アフリカの集団では総じて超短期間で、他の雄からの攻撃によって簡単に破綻することが多い。勝った雄が配偶者の地位を乗っ取るわけだ。それだけに、雄たちは乗っ取りを回避するため、あるいは容易にするために、あの手この手と社交的戦術を繰り出す。そうした戦術は往々にして、極めて大きな霊長類の脳ならではの高度な「マキャベリ的」行動と目されるのだが、霊長類学者シャーリー・

ストラムと共同研究者ら（上述の「拡張した」認知に類する理論の有名な推進派、エドウィン・ハッチンスもそのひとりだ）は、配偶行動を位置関係からとらえた。雄は（理論的に構想を練って計画を立てる策略家ではなく）、環境に埋め込まれた完全な主体として行動していると考えたのだ。[46] すると、雄の行動の多くが、環境によって制約もしくはアフォードされる一連の動作と結びついていることが分かった。ストラムらが重点的に分析したのは、彼らが「ライバルのそばで眠る」と呼んでいる戦術だ。若い雄が年老いた上位の雄に取って代わるための非常に成功率の高い手段である。年老いた雄は、昼間こそ、若くて攻撃的な雄の挑戦に対抗できるものの、夜になって就寝場所の断崖に移動するとそれが難しくなるのだ。

歳を経た社会経験豊富な雄は、草原で過ごす日中は、子どものヒヒを抱いて「緩衝材」代わりに利用するなど、社交戦術を駆使して若雄の攻撃をいなす。こうした戦術には、他個体との高度なアイ・コンタクトや豊かな同調行動が必要だ。つまり、豊富な経験があってこその戦術である。しかし、就寝場所の断崖では、断崖の物理的アフォーダンスが制約となって、この手の戦術は使えない。断崖の高さと狭さのせいで移動がままならないうえに、皆が寄り添って眠るから、群れ全体の見通しも利かない。いずれも、年老いた雄の社会的な状況操作能力を奪う要素ばかりで、若雄にそばで寝られては、攻撃をやり過ごす余裕などない。逆に、若い雄たちの直接的で攻撃的な戦術には、それらの要素がプラスに作用する。このように戦術が昼夜で変わることについては、ライバルを出し抜くための雄たちの明確な意思決定の結果と考えたくなるところだが、年老いた雄と若い雄の行動レパートリーには年齢と経験による差があること、そして、環境が老若どちらか一方だけにアフォードし、他方には使うことを許さない行動があることを認めるほうが、簡単に説明が付く。ストラムらが行った分析では、乗っ取りが起こるか否かの優れた予測因子と言えるのは地形だけで、雄自体の要素は予測因子とはならなかった。しかし、これは、ヒヒの行動が環境のみによって決まるという意味ではない（すべてが脳の中で決まると言うのと大差ないほどお話にならない考え方だ）。また、予測因子とはならなかった雄自体の要素は行動に無関係という意味でもない（年齢も経験も無関係なら、なぜ、他でもないこの戦術レパートリーが定着したのだろう？　年老いた雄が昼と夜の生息環境の相違を埋め合わせるための新しい戦術を考案しなかったのはなぜ？）。そうしてもうひとつ、ヒヒが融通の利く行動や複雑な行動を取れないという意味でもない。本当に賢いと言える行動の定義を絞り込んでも、研究の幅は広がらない。もうお分かりのはずだが、掘り下げて研究するには、脳の中で起こることだけが重要と決めつけないように、「認知システム」の定義を拡大して考えることだ。たまたま大きな脳を持っている動物だけが賢いと決めつけてもいけない。認知システムはもっと複雑で、もっと興味深いものだ。

はっきり言おう。私たちが普段、日常的に考えている意味で本当に「知的」な行動と言えるのは、動物が自分の身体と世界との境界を乗り越える能力ではないか。身体の交渉力が優れ、行動ループに世界が大きくかかわっているほど、行動の融通性は高い。そこに、私たちはより優れた「知能」を見るのである。

これでパラドックスは解決した。結論。人間と他の動物との違いは、外界の構造をどこまで創出・利用して、脳を主体とした内的学習プロセスを補完・増強・支援できるかという、その度合いにあると言えそうだ。自力では成し遂げられそうもない快挙を達成しようと自ら努力する私たち人間は、その度合いが並外れている。人間ならではのやり方で人間を賢い存在にする物事は、脳の外でも脳内に匹敵するほど起きているのだ。これは、ここまで見てきたとおり、それぞれの世界における他の「完全な主体」にも言えることだ。本書で検討してきたように、視野を広げてみよう。融通性と知能は脳だけの手柄ではなく、身体化され、環境の中にあって、完全に統合された複合体の特性だ。もっとなじみ深い言葉で言えば、その複合体こそ「動物」なのである。

エピローグ　あるがままの世界を見るために

何事であれ、長い間当たり前と思っていたことにふと疑問を持つのは健全なことである。

——バートランド・ラッセル（哲学者・論理学者・数学者）

最後に一言、二言。本書では、「身体化され、環境に埋め込まれた」認知の理論によるアプローチを動物の認知と行動の研究に採用すれば、動物の生態を見る目がさまざまな形で広がり、豊かになるとお話ししてきた。最後まで読み進めていただいてようやく、擬人化一辺倒のアプローチには承服しかねる、再考の余地ありと私が考えている理由を、正しく理解していただけたことと思う。身体と環境が、私たちが「心」と呼ぶものの構成要素であるなら、私たちとは別種の身体を持ち、私たちとは別種の環境で暮らしている他の動物たちにも人間のような心的状態があって、私たちと同じように「考える」とみなすのはまず無理だ。それどころか、環境世界、ギブソンの生態学的心理学、身体化された感覚運動理論の考え方に、何か動物に当てはまるところがある以上、私たちは「あるがままの世界」を見ていないと認めざるを得ない。私たちの目に映っているのは、人間の欲求と身体能力とを反映させた世界に過ぎないのだ。

あるがままの世界は、私たちが押しつけるカテゴリーと一致しているとは限らないし、おそらく一致していない。私たち人間が言語と文化によって自らの環境を、地球史上例を見ないほど変化させてきたことを考えれば、なおさらだ。ならば、人間が定義し、言葉で表現したカテゴリーに、それぞれ自分の環境世界を持ち、独自の身体化された仕方で世界に対処している動物たちがすっぽり収まると思うほうがおかしい。もちろん、私たちにも、動物たちと同じやり方で世界とかかわり合っている部分があるので、その範囲でなら「考え方」に共通する面もあるだろう。再三指摘してきたとおり、これは二者択一の問題ではないからだ。しかし、そうして共通点を無理矢理見つけ出すと、あるがままの世界を見るのはいよいよ難しくなる。こと心理的メカニズムに関する限り、内的な自分だけの心という人間特有の概念を指針として使用できなくなるからだ。けれども、あるがままの世界に目を向ければ報いがある。世界に「存在する」にはさまざまな方法があることを、大きな視野で受け入れられるようになるのだ。認知機能を持つ動物とはいかなるものか定義するうえで、身体と環境がどう役立つかを真剣に考えてみれば、人間も含めた動物の心理をより興味深く、より満足のいく形でとらえられることだろう。

謝辞

本の執筆のすてきなところは、分散認知理論派ならの話だけれど、自分の提唱するところを実践させてもらえることだ。本書も、ウッドロー・ウィルソンに倣って、借りられる頭を片端から借りなければ、日の目を見ることなく終わっていたことだろう。他の方々の手に成る著書や論文に分散している頭も拝借したが、もっと身体化された脳も資源として利用させていただいた。それも、今にして思えば、私などと膝突き合わせて、それは嬉しそうに専門的な知識、見識を教えてくださる奇特な切れ者揃いの環境にいたのだから、私は幸せ者だ。

まず、本書の編集を担当してくれたプリンストン大学の面々、今回のプロジェクトを最後まで世話してくれたアリソン・カレットと、何から何まで手配してくれたロバート・カーク、サム・エルウォーシーの両氏にお礼申し上げる。本書の執筆には予定以上に時間がかかってしまい、三人もの編集者の手を患わせることになったのだが、彼らの忍耐強さ、素晴らしいアドバイス、計り知れない寛大さには心から感謝している。

レスブリッジ大学で私の身体化された認知に関する講義を受講してくれた学生諸君にも感謝しなければ。彼らの考えやアイディア、コメント、提案のおかげで、自分一人で頭を絞るよりもずっと取っつきやすく、おもしろい読み物に仕上がったと、思う。特に、ケリー・ノーマン、マイケル・アミラウルト、ステイシー・ヴァイン、ステファニー・デュガシー、クラリッサ・フォス、エリック・ストック、ケヴィン・ミクラク、ベヴァリー・ジョンソン、アンディ・ビリー、ダニエル・マーシュ、アレーナ・グリーン、ニコル・ホエール＝キーンツル、ジョセフ・ヴァンダーフルート、アマンダ・スミス、ブラッド・デュース、ブレット・ケース、ジョセフ・マクドナルド、ケヴィン・シェンク、ミコール・マドックス、ジョーダン・ジルー、シャンド・ワトソン、ジョエル・ウッドラフ、ベン・ローリー、ありがとう。

また、各章、草稿に目を通してコメントしてくれた友人、学生、同僚たちにも大変感謝しているので、この場で名前を挙げておきたい。エイプリル・タカハシ、トム・ラザフォード、カーリング・ニュージェント、ナタリー・フリーマン、グラハム・パステルナーク、ダグ・ヴァンデルラーン、シャノン・ディグウィード、クレイグ・ロバーツ、ジョン・ライセット。プリンストン大学用の草稿を読んでくれた匿名の読者二人にも感謝している。本書のテーマに限らず、豊富な話題で会話を盛り上げてくれたジョン・ヴォーケイとドリュー・レンダルにもお礼を言おう。

ロバート・バートン、ジョン・グランゾー、セルジオ・ペリスは、最終稿を通しで（特にジョンは一度ならず）読んで、幅広いコメントをくれた。深く感謝の意を表する。ロバートとセルジオが私の理論の妥当性、正当性を検証するために、あえてこれ以上ないほど憎らしい敵役を演じてくれる一方で、あらゆる身体化・分散認知理論に強い思い入れを持つジョンは、私が彼らの反論に譲歩し過ぎないように、手綱を引き締めてくれた。三人とも素晴らしいアイディアを出してくれて、本書で展開した主張の明確さと正確さが向上したのは彼らの思慮深く建設的な批判のおかげだと、心から感謝している。言うまでもないが、よく言うように、本書の内容にまだ誤りがあれば、それは私、著者の責任である。

最終稿の校正では、シェリー・キーンツルが素晴らしい手腕を発揮してくれた。北米の読者のひんしゅくを買いそうな英語のイディオムをいくつか指摘してくれたことも、そのひとつである。プリンストン大学では、ローレン・レポウが編集の腕をふるって文章を格段によくしてくれたし、執筆も終盤にさしかかってからは、ステファニー・ウェクスラーがしっかりとスケジュールをこなさせてくれた。ディミトリ・カレントニコフは、乏しい例と私の何とも分かりにくい説明にもめげずに、挿絵を描いてくれた。最後になったが、真の友人ここにありと奮闘してくれたのがディアナ・フォレスターだ。クリスマス休暇を一部返上してまで、索引をまとめてくれた。彼らとともに仕事ができたことを心から嬉しく思っている。

レスブリッジ大学心理学部にある私の研究室の相棒、ピーター・ヘンジは私の本を一文字も読まなかった。何しろ、いやと言うほど耳から聞かされ続けていたのだから、読む必要もなかったわけだが、計り知れないユーモアと寛大さをもって私の相手をしてくれた。いつも暖かい夕食とちょっと一杯を用意してくれたばかりか、お日様に当たるのは気持ちよいだけでなく、時には必要なことなのだと言い張って、私をポーチに引っ張り出してもくれた。とても嬉しかった。深く感謝している。

注

＊「参考文献」は、下記サイトよりダウンロードいただけます。
www.intershift.jp/bb.html

◉第１章　人間そっくりは間違いのもと

1. http://news.bbc.co.uk/2/hi/7928996.stm.
2. http://www.guardian.co.uk/world/2009/mar/13/journalist-shoe-bush-jail.
3. Osvath (2009)
4. Sample (2009)
5. Macrae (2009)
6. Sample (2009)
7. Howard (2009)
8. たとえば、石を備蓄して投げつける行動は、サンティノ特有の奇行であって、飼育下にあるか野生かを問わず、すべてのチンパンジーに見られるわけではなさそうだ。彼の行動から推測された将来計画の能力も然りである。ならば、彼にこの行動を取らせている理由も将来計画ではない可能性がある。思うに、サンティノが来園客のいない間に石集めをするのは、石を集めるのが好きだからだ。むしろ、飼育下にある動物によく見られる常同行動（規則的に繰り返される異常行動）の一種と言うほうが当たっているかもしれない。やがて来園客が姿を見せると、サンティノは苛立って興奮する。ふと気づけば、そのつもりで集めたわけではないのだけれど、お誂え向きに石が山積みになっているというわけだ。動物園がオープンしている夏場だけの行動なのは、このシーズンなら堀の水に手を突っ込んでも冷たくないので、石集めに精を出せるからだろう。あるいは、冬は冷たくて湿った石をうまく積み上げられないのかもしれない。もちろん、こうした説明が自己参照的な意識に基づいた説明より正しいと言える根拠などないし、大外れの可能性もある。いずれにせよ、きちんと対照をとった実験を行って、サンティノがほかの将来の出来事に対しても同じように計画を立てられるようになるか検証してみないことには、科学的根拠に基づいた理由は何もないので、どちらの説明にも軍配は上げられない。サンティノが夏場の落ち着いている時間帯に石を拾い集めておいて、興奮すると投げつける理由としては、どちらも筋が通るからである。
9. Gill, V. (2010)。植物は“思考し記憶することができる”。2010年7月14日。http://www.bbc.co.uk/news/10598926。
10. Jabr, F. (2010)。植物は“思考も記憶も”できないが、けっして馬鹿ではない。驚くほど高度な機能を備えている。2010年7月16日。http://scientificamerican.com/blog/post.cfm?id=plants-cannot-think-and-remember-bu-2010-07-16。
11. 具体的に言うと、当の研究で確認されたのは、1枚の葉に光刺激を与えると、植物全体に生化学反応のカスケード、つまり連鎖が及ぶが、それを伝達するのが“維管束鞘細胞”と呼ばれる特殊な種類の細胞であることだ。これは動物の神経系で神経インパルスが伝達されるのに似ていると言う。“記憶”という用語が使われているのは、植物を暗所に移してからも反応が数時間持続したからで、まるで植物が最初の刺激を“覚えている”ようだったという表現に用いられている。ジャブルに言わせれば、水溜まりに石を放り込むと波紋が広がっていくのを見て、水には記憶力があると言うようなものである。http://www.scientificamerican.com/blog/post.cfm?id=plants-cannot-think-and-remember-bu-2010-07-16。
12. Viegas, J. (2010)。ミミズに人間のような脳を発見。2010年9月2日。http://

news.discovery.com/animals/worm-human-brain.html。
13. 大ざっぱに言えば、ゴカイの身体を縦に二等分すると、左右がぴったり重なるということ。
14. Tyler（2003）
15. Tyler（2003）、p.274。
16. Tyler（2003）。
17. Kennedy（1992）
18. Kennedy（1992）
19. Kennedy（1992）
20. Dennett（1989）
21. Dennett（1989）
22. Dennett（2006）
23. Blumberg and Wasserman（1995）はこの思い込みを“名付けの誤謬（nominal fallacy）”と呼んでいる。
24. Kennedy（1992）
25. たとえば、Heyes（1998）。
26. たとえば、de Waal（2001）、pp.65-71。
27. De Waal（2001）、p.71。
28. ただし、後述するとおり、認知の表現の仕方はほかにもある。
29. Blumberg（2007）
30. Gubernick and Alberts（1983）
31. De Waal（2001）、p.71。
32. この主張については、たとえばByrne and Bates（2006）を参照されたい。
33. Byrne and Bates（2006）
34. De Waal（1997、2005）
35. Wilson（2004）
36. Wilson（2004）
37. Hughes et al.（2010）
38. Henzi and Barrett（2003）; Henzi and Barrett（2005）; Barrett（2009）
39. 井上および松沢（2007）。http://www.youtube.com/watch?v=nTgeLEWr614でビデオ・クリップが配信されている。ただし、先頃、Silberberg and Kearns（2009）がこの差は練習によるものである可能性を示した。人間にもチンパンジーたちと同じだけ練習を積ませたところ、同レベルの精度で課題をこなせたそうだ。
40. Morgan（1894）
41. モーガンの公準がどうして曲解されるに至ったかについては、たとえばCostall（1993）やWozniak（1993）を参照されたい。
42. Morgan（1890）、p.174。
43. Morgan（1894）
44. Morgan（1894）、pp.54-55。
45. Landauer and Dumais（1997）

◉第２章　擬人化って何？
1. 天候や山、海など、物理的自然現象に人間の情動を持たせることを“感傷的誤謬”とも言う。
2. Guthrie（1993）
3. Hume（1889）
4. Guthrie（1993）

5. Guthrie（1993）
6. Guthrie（1993）
7. Neisser（1982）
8. Guthrie（1993）
9. Guthrie（1993）
10. Guthrie（1993）
11. Heider and Simmel（1944）。動画は http://anthropomorphism.org/psychology2.html で見られる。
12. Hashimoto（1966）；Morris and Peng（1994）
13. Dasser et al.（1989）；Gergeley et al.（1995）
14. Uller（2004）
15. Hauser（1988）
16. Dittrich and Lea（1994）
17. Tremoulet and Feldman（2000）
18. Tremoulet and Feldman（2000）
19. こうした点や図形の運動がアニマシーと行為者性を生み出すのは、使用したコンピュータ・プログラムがこの２つの属性を持つ人間のプログラマーによって作製されたものであるからという可能性も考えられる。運動パターンをプログラミングしたのが人間なら、自分でも気づかずに別の種類の手掛かりを盛り込んでしまったのかもしれない。とすれば、被験者も人間なのだから、その手掛かりを読み取って利用することも可能だ。もっとも、人間の影響がいっさい及ばない運動軌道を生み出せるように特別設計されたプログラムなら、こんな心配は無用だ。この点を指摘してくれたボブ・バートンに感謝。
20. Scholl and Tremoulet（2000）
21. White（1995）
22. Guthrie（1993）
23. Johansson（1973）
24. この時私たちは、人体の動きを特定する“知覚的な不変項”の抽出を行っているものと考えられる。これについては第６章を参照。
25. Kozlowski and Cutting（1977）
26. Dittrich et al.（1996）
27. Mather and West（1993）
28. Kanwisher et al.（1977）
29. Gauthier et al.（2000）；Tarr and Gauthier（2000）
30. Grill-Spector et al.（2004）；Xu et al.（2005）
31. Tanaka and Farah（1993）；Maurer et al.（2002）
32. Le Grand et al.（2001a, 2001b）；Le Grand et al.（2004）
33. Haxby et al.（2001）
34. Goren et al.（1975）；Johnson et al.（1991）
35. Simion et al.（2002）；Cassia et al.（2004）
36. Brothers（1990）；Dunbar（1998）
37. Brothers et al.（1992）
38. Dunbar（1998）
39. Byrne and Whiten（1988）
40. これについては少々異なる見解もある。Barrett and Henzi（2005）と Barrett et al.（2007）を参照のこと。
41. Barton（1996, 1999, 2000, 2006）

42. したがって、真猿と類人猿は、ガラゴやロリス、各種キツネザルなどの主に夜行性で昆虫食の原猿より大きな脳を持っている。
43. ここ数年の間に、第3の顆粒細胞系経路の存在も明らかになっているが、詳しいことはまだ分かっていない。
44. Brothers（1990）; Adolphs（2001）
45. Perrett（1999）; Perrett（1982, 1984, 1985, 1987, 1992）
46. Rizzolatti et al.（1995）; Gallese et al.（1996）
47. Fadiga et al.（1995）; Hari et al.（1998）; Cochin et al.（1999）; Grèzes et al.（2003）
48. Buccino et al.（2004）; Wicker et al.（2003）
49. Gallese（2001, 2005）
50. Gallese（2001, 2005）
51. Whiting and Barton（2003）
52. 従来、運動制御、それも特に、自転車に乗ったりピアノを弾いたりといった、よく覚えている“無意識下”の行動にかかわっているとされている脳の一部。
53. Vygtotsky（1978）; Tomasello（1999）
54. ただし、子どもが持つ、他者の心的状態を認めて理解する能力は、4歳前後で成熟する進化適応、すなわち認知“モジュール”だとする説もある。私たちが他者を他者の私的な思考、欲求、信念の面から理解できる理由もそれで説明できると言うのだ。この“モジュール”説については異論がないわけでもないが、4歳頃にいきなり“心の理論（他者には自分と異なる心の動きがあると理解する能力）”が芽生えること（たとえば、Wellman et al.［2001］を参照)、したがって、何らかの特異的な認知的成熟がかかわっていることを示唆する定評ある文献は数多い。ここに紹介した説は少数派の意見だが、私見としては、圧倒的多数派の見解より多くのことをより満足のいく形で説明しているように思える。さらに付け加えておくと、現在の“心の理論”の枠組みに対しては強烈な批判の声も上がっている。批判の内容はさまざまだが、特に槍玉に挙げられているのは、心の理論が小児期初期に忽然と発生するとしている点である。Reddy and Morris（2004）; Costall and Leudar（2004）; Leudar and Costall（2004）; Costall et al.（2006）を参照のこと。
55. Panksepp（1998）

◉第3章　小さな脳でもお利口さん

1. この例えはよくご存じのことと思うが、念のため、簡単に説明しておこう。はるか昔は、言うなれば梯子のような“自然の階梯”があると考えられていた。神の手で個別に創造された種は、この梯子の各段に配列できる。最下段に来るのが最も“原始的”で最も知能が低く、最も“進化”していない生物で、そこから、最上段の最も高度で最も知能が高く、最も進化した生物に至るまで、それぞれに序列が与えられている。てっぺんにいるのはもちろん人間だ。ダーウィンの自然選択による進化論は、この“存在の大いなる連鎖”という考え方を完全に骨抜きにした。進化を梯子ではなく木や藪に例えて（現在の“進化系統樹”と同じ例えである)、すべての種は血縁関係にある、さまざまな種の系統は、共通の祖先から新しい系統が枝分れするという分岐のプロセスを経て誕生したと主張したのだ。各系統は枝分かれした後、それぞれの進化の道を歩み続けているのだから、今ではいかなる尺度をもってしても、種のランク付けをすることなど不可能だ。
2. Tibbets（2002）
3. Dyer et al.（2005）
4. Simons（1996）

5. Simons（1996）
6. Holland（2003）
7. Hayward（2001a）、p.616
8. Grey Walter（1950、1951、1953）; Holland（2003）
9. Holland（2003）
10. Holland（2003）
11. Grey Walter（1953）、p.129
12. Hayward（2001b）
13. これについては、Holland（2003, p.362）がグレイ・ウォルターの一文を引用している。「この装置は完璧と言うにはほど遠い。そのまま放っておいたら、本当に大切な光を探したり、どかせない障害物や諦めの悪い仲間と取っ組み合ったりしているうちにエネルギー切れになって、たいていが行き倒れになること間違いない」
14. Holland（2003）は、ロボットの行動に関するグレイ・ウォルターのコメントの中には拡大解釈としか言いようがないものがあるし、彼が示唆しているとおりに生じたとは考えられない行動パターンも見られると主張する。たとえば、Holland（2003）自身、亀ロボットを再現してみて、“ダンス”の動きは光に対する反応ではなく、触覚センサーが原因となって生じた振動運動だと考えている。ただし、そうは言いながらも、グレイ・ウォルターは紛れもなく行動規範型ロボット学の先駆者だと、Holland（2003）も明言している。グレイ・ウォルターのロボットが「いろいろな面で現代ロボット学の先駆けであることに変わりはなく、きちんと評価し、それに基づいて研究を進めるに値する」(p.363)。60年以上も前に真空管を使って行った研究にしては、大したものである。
15. Grey Walter（1963）、pp.128-129。
16. Holland（2003）がp.357に引用。
17. Maris and Boekhorst（1996）; この研究や類似の研究については、Pfeifer and Scheier（1999）がレビューを行っている。
18. これは動物行動学の研究でも、とりわけ、鳥の群れや魚群、人間の群衆の中の個体が協調行動をとるようになるメカニズムを理解するうえで、注目を集めつつある分野だ。たとえば、Couzin and Krause（2003）; Dyer et al.（2009）; Ballerini et al.（2008）を参照のこと。
19. Webb（1995、1996）
20. Nichelsen et al.（1994）
21. 感覚ニューロン（神経インパルスを中枢神経系に伝達するニューロン）を運動ニューロン（中枢神経系からの神経インパルスを伝達して筋肉を刺激するニューロン）に接続するニューロン。
22. Webb（1995、1996）
23. Lund et al.（1997、1998）
24. Quinn et al.（2001）
25. Horchler et al.（2004）
26. Hedwig and Webb（2005）

◉第４章　奇想天外！　ケアシハエトリ
1. Wanless（1978）
2. Jackson and Wilcox（1990、1994）
3. Jackson and Wilcox（1994）
4. Jackson and Wilcox（1994）
5. Willcox et al.（1996）

6. Willcox et al.（1996）
7. Willcox et al.（1996）
8. Clark and Jackson（1994）
9. Clark and Jackson（1995）
10. Clark et al.（2000）
11. Harland and Jackson（2000）
12. Harland and Jackson（2004）
13. Byrne and Whiten（1988）；Dunbar（1998）
14. Tarsitano and Andrew（1999）
15. Heil（1936）
16. Harland and Jackson（2004）
17. Harland and Jackson（2004）
18. Land（1969a、1969b）
19. Harland and Jackson（2000）
20. Harland and Jackson（2000）；Land and Nilsson（2002）
21. Harland and Jackson（2000）
22. Harland and Jackson（2004）
23. Harland and Jackson（2004）；Land（1972）
24. Tarsitano and Jackson（1997）；Tarsitano and Andrew（1999）
25. Tarsitano and Jackson（1997）；Tarsitano and Andrew（1999）
26. Hill（1979）
27. Hill（1979）
28. Tarsitano and Andrew（1999）
29. Tarsitano（2006）

◉第５章　大きな脳が必要なのはどんな時？

1. トリフィドほど怖くはないけれども、アーティスト、ジェニファー・スタインカンプの作品『修道者（Dervish）』も同じ発想で感性を刺激する。これは枝を動物さながらにくねらせる４本の木の高画質映像から成る作品だ。スーフィー（イスラム神秘主義）の修道者がこの世の呪縛から解き放たれる魂を象徴して踊る旋舞に着想を得たという。この旋舞を表現している木の枝の旋回運動には、第２章で考察した生体運動の特徴がすべて含まれている。その効果は怪しくも魅惑的だ。舞い踊る“動物”、それが木なのだから。ただし、トリフィドとは違って、スタインカンプの“修道者たち”は大地にしっかりと根を下ろしている。
2. Reader and Laland（2002）；Lefebvre et al.（1997）；Overington et al.（2009）；Schuck-paim et al.（2008）；Sol et al.（2005、2008）
3. これはかりそめにも、動物が植物より優れているという意味ではない。そういう考え方も、形は異なるものの、人間中心主義的な先入観だ。植物はあらゆる点で動物に劣らず興味の尽きない存在だし、並外れた能力もいろいろ備えている。あいにく、本書の主人公は植物ではないので、植物の能力追究に紙面を割く余裕はないのだが、有名なTEDカンファレンス（訳注：米国カリフォルニア州で年１回開催される講演会。各界の著名人がプレゼンテーションを行う）で素晴らしい講演が２件行われているので紹介しておこう。インターネットで自由にアクセスできる（ただし、イタリアの植物神経学者ステファノ・マンキューゾの講演は、私に言わせれば、擬人化しすぎだ）：http://www.ted.com/talks/stefano_mancuso_the_roots_of_plant_intelligence.html；http://www.ted.com/talks/michael_pollan_gives_a_plant_s_eye_view.html.

4. Llinás（1987）、p.341。
5. Hess（1958）；Lorenz（1937）
6. レビューは Bolhuis and Honey（1998）を参照。
7. この性向は出生後 12 〜 14 時間ほどの“感受性期”に生じるもので、種や分類群による特異性はない。実験では、アヒルやイタチのぬいぐるみでも、ニワトリのぬいぐるみ同様、ヒヨコの選好形成に成功している。Bolhuis and Honey（1998）
8. ヒヨコに手で触れる、雌鶏の鳴き声を録音したテープを聴かせる、ハムスター用の回し車に乗せるなど、ありとあらゆる非特異的経験がこの性向発現のきっかけとなる。別の言い方をすれば、性向発現は特定の視覚経験に依存しないのだ。経験のどの側面が性向発現の引き金になるか、100% 解明されているわけではないが、手で触れたり、回し車を回させたりすることでも性向が生じることからして、ヒヨコ自身の活動が極めて重要と考えられる。雌鶏の鳴き声を聴かされたヒヨコがその方向へ向かうのも、おそらく、能動的な参加ということなのだろう。第 10 章と第 11 章で紹介している研究に照らしてみれば、納得がいくはずだ。暗闇で何の経験もさせずに飼育したヒヨコは、好んで頭頚部の形状をした物に近づく性向を示さない。Bolhuis and Honey（1998）
9. Lorenz（1937）
10. この問題を可能な限り大きな規模で扱い、行動全般として扱うなら、確かに動物には、食べたり交配したりといった“本能”があると言える。問題は、さまざまな種がそれぞれに異なる方法で、異なる行動によってその“本能”を満たすこと、したがって、極めて複雑なプロセスが関与している可能性があることだ。
11. Bolhuis and Honey（1998）
12. 孵化前のアヒルの雛が自分の声を聞こえないようにするため、実験者らはアヒルの“発声器”である鳴管という膜構造物に外科用接着剤を塗って消音した。この卵を防音室で孵化させたので、雛は仲間のアヒルの鳴き声をいっさい聞かないまま、この世に出てきたわけである。
13. たとえば、Gottlieb（1971、1981、1991）を参照のこと。視覚的刷り込みにおける性向発現に必要な非特異的経験とは異なり、聴覚的性向の発現には極めて特異的な刺激が必要だ。アヒルの場合、孵化後の雛が母鳥の鳴き声を選好するようになるには、自らの鳴き交わしの声を平均して毎秒 4 回の繰り返し数で聞く必要がある（母鳥の繰り返し数は毎秒 3.7 回）。しかも、卵内の雛の繰り返し数（毎秒 2 〜 6 回）は孵化後のそれ（毎秒 4 〜 6 回）より変動幅が大きい。孵化後に母鳥の鳴き声に対する選好を示すのは、この繰り返し数が大きく変動する鳴き交わしを聞いた雛だけだ。それも、孵化する前に聞くことが必須。孵化してから聞かせても、母鳥の鳴き声を選好する性向は発現しない（Gottlieb、1985）。
14. Porter and Winberg（1999）
15. Macfarlane（1975）
16. Makin and Porter（1989）
17. Porter et al.（1992）
18. Varendi et al.（1996）
19. Schaal et al.（2000）
20. Varendi et al.（1997）。この結果から見て、赤ちゃんは初めての匂いより、胎内で馴染んだ匂いを好むらしい。とすると、当然沸いてくる疑問がある。いったい、どうして？　ひとつには、人間は誰しも、年齢にかかわらず、馴染みのないものよりよく知っているものを好む傾向があるからだ。知覚系がそう働く。同じ刺激を何度も受けていると処理効率が高まる“知覚的流暢性”を備えているためだ。この知覚的流暢性に何か利点があるのか、それとも、私たちの学習の仕方が生む必然の結果に過ぎないのか、あるいは、両方が相半ばしているのか。これは興味深い問題だ。もうひとつ、羊水の

匂いに対する生得的な選好（生得的とは言っても、母親の食生活によって左右されるらしいから、やはり学習が関与しているのだが）は、赤ちゃんが母親の乳房の匂いを学習し、愛着を形成するのに役立っているとも考えられる。視覚的性向が視覚的刷り込みを促すプロセスによく似ている。
21. Oyama（1985）
22. Mameli（2001）；Oyama（1989）
23. Gilbert（2005）
24. Sterelny（2004a）
25. Tebbich et al.（2001）
26. Oyama（1985）；Mameli（2001）
27. 特に心理学史におけるこの“相互”という考え方については、Costall（2004）が詳しく考察している。
28. この過程を“ニッチ構築”（Odling-Smee et al. [2003]）という。生物は何らかの形で生息環境に影響を及ぼし変化させることによって、自分に影響を及ぼす選択圧の性質を変えられる。つまり、自らの遺伝子の選択者となるのだ。そう考えると、進化は生物が外界に適応していくだけの一方向の過程とは言えない。双方向の過程……いや、むしろ、生物が環境を変え、環境が生物を変え、さらにまた生物が環境を変えてと永遠に続く循環過程と言うほうが当たっている。
29. Pfeifer and Bongard（2007）
30. Dorigo et al.（2000）
31. Pfeifer and Bongard（2007）
32. Pfeifer and Bongard（2007）
33. ただし、蟻はフェロモンの道しるべをたどる際に視覚的な合図も用いるという証拠もある。例としては、Baader（1996）を参照のこと。
34. Von Uexküll（1957）
35. Reed（1996）
36. Tinbergen（1969）
37. ジガバチがどんな“ルール”に従っているかは、完全には明らかになっていないが、スイス君やケアシハエトリ、蟻について見たのと同様のメカニズムであるようだ。ジガバチの身体の特徴（それに、知覚系の物理特性）が関与しているか、状況の確実な側面（たとえば、死んだ獲物だ。これは普通なら、置いた場所から動かないから……）に敏感なのではないだろうか。
38. Crook（1964）
39. Plotkin（1994）
40. Plotlin（1994）
41. Plotkin（1994）
42. この意味では、たとえば両眼視機能による立体視は単眼視より複雑だ。したがって、両眼視機能を備えた動物の行動を誘導するにはより多くの脳組織が必要となる。
43. Dawkins（1976）；Dennett（1984）；Plotkin（1998）
44. Dawkins（1976）
45. ただし、絶対的な意味で脳が融通性と学習能力を高めると断言してしまうのは幾分語弊があるかもしれない。そもそも、ここで言いたい肝心な点は、融通性と“知能”は動物のニーズと呼応するという、そのことであるからだ。ジガバチの行動にヒヒほどの融通性がないことは事実だが、何度も言うように、ジガバチはヒヒの世界で暮らしているわけではない。つまり、このような一対一の直接比較は少々見当外れなのだ。
46. McComb et al.（2001）
47. McComb et al.（2001）

48. McComb et al.（2001）
49. この研究の一部始終については、Clayton et al.（2007）が分かりやすくまとめている。
50. いずれの場合も、アメリカカケスが嗅覚だけに頼って餌を確認しているわけではないことを確かめるため、回収させる前に貯食してある餌を実験者がすべて取り除いてしまった。貯食場所にしたのは砂を詰めた製氷皿なので、餌は簡単に取り出せた。アメリカカケスは砂だけ入った製氷皿を突き回したわけである。
51. Clayton and Dickinson（1998）
52. Clayton et al.（2007）
53. Dally et al.（2004、2005）
54. Emery and Clayton（2001）。アメリカカケスにこれらの巧みな貯蔵食保護戦術を取らせる至近メカニズムについては、まだ議論の余地がある。他の個体の観点から状況を読む能力のような、高次の心的能力によるとする説（Emery and Clayton [2001] ; Clayton et al. [2007]）を唱える者もいるが、単純な“経験則”で説明がつく可能性もある。アメリカカケスには、たとえば“他の個体が居合わせる時は暗い所に貯食せよ”というような、明示的なルールがあるとしたらどうか。アメリカカケス自身は、なぜそういうルールが存在するのか理解している必要もないし、そもそもルールがあることに気づいていなくてもかまわない。他の個体の存在が貯食戦術をこのように一貫して変化させるのであれば、この仕組みで正解だ。他の個体の貯蔵食を盗んだ経験があるアメリカカケスだけが再貯食するという観察所見にしても同じことで、当のカケスが「自分だったら盗みに行くところから、これは隠し直しておくほうが賢明だ」と考えているとは限らない。むしろ、刷り込みが経験によって左右されるのと同じように、再貯食の傾向も経験依存的なのではないか。言い換えるなら、他の個体が貯食している様子を目撃して盗みを働くことと再貯食の傾向が増強されることとの間に相関関係はあっても、因果関係はないということだ。つまり、アメリカカケス自身が、自分の貯食場所は狙われているとか、盗まれないように貯蔵食を移さなければならないと、はっきり認識していなくても、気づいていなくてもいいのである。自分と同じように貯食する競争相手がたくさん生息している環境では、競争相手の貯蔵食を盗み出す機会をつかめる可能性が高くなる。そのこと自体がきっかけとなって、他の個体が目につく所にいる時に自分も頻繁に再貯食するようになるのだろう。だが、アメリカカケスにしてみれば、盗みと貯食という行動について、同時に発生するものと因果的に理解している必要はない。この２つのプロセスの間に介在するのは、より多くの競争相手とより多くの貯食場所とより多くの盗みの機会だけである。ただし、チンパンジーのサンティノとの関連でお話ししたように、高次の心的能力に代わる説明が考えられるからと言って、この説明が正しくて、高次の心的能力の説明は誤りということにはならない。前述のとおり、手元に揃っているデータは“高次”の説明、“低次”の説明、どちらとも一致するので、両者を区別する術はない。完全な見極めを付けるには、別の実験による検証が必要である。
55. Churchland（1986）、p.16。

◉第６章　生態学的心理学

1. Noë（2008）を参照。意識に関する研究について説明するのに、この踊りの例えを実に効果的に用いている。Edge ウェブサイトでのインタビュー。www.edge.org/3rd_culture/noe08/noe08_index.html。
2. Noë（2008）。Edge ウェブサイトでのインタビュー。www.edge.org/3rd_culture/noe08/noe08_index.html。
3. 念のために言っておくが、この章で、人間以外の動物の意識経験やら何やらについ

てどうこう言うつもりはない。ノエの比喩は、意識していようがいまいが、すべての心理プロセスに当てはまると見ているだけである。
4. “直接知覚”理論、あるいはギブソン自身の言葉で“情報に基づく知覚（information-based perception”理論と呼ばれることもある（Gibson [1966]、p.266）。
5. Gibson（1979）; Reed（1996）
6. Gibson（1966）、p.1。
7. Gibson（1966）、p.1。
8. Gibson（1950）
9. これは、デューイが“反射弓”という考え方を批判した有名な論文で提唱したプロセスである。反射弓とは、感覚刺激の入力と運動反応の出力が厳密に直線的に起こるという概念なのだが、この直線的なプロセスでは、動物の環境との接触が能動的な探索であり、感覚と運動の過程が相互に補強し合う循環においてともに作用する――つまり、動物が動作する間、その動作自体が利用しうる刺激情報の性質を絶えず変化させるために、その変化が動物の取り得る動作に影響を及ぼし、それがまた刺激情報の性質を変化させ……という具合に循環していく、“感覚運動協調”のプロセスであることをとらえきれない。それどころか、反射弓という古典的見解は、感覚を完全に個別の実体ととらえ、それが同じく個別の独立した反応を生むという、一種の“二元論”に拍車をかけるものだ。デューイが指摘しているように、刺激と反応は“それぞれ分離し、それ自体で完結した実体ではなく、反射弓と呼ばれている単一の具体的全体内における分業、すなわち機能的要素”（Dewey [1896]）と見なすほうが理に適っている。Rockwell（2005）とReed（1996）も参照のこと。
10. Gibson（1966）、p.5。
11. Gibson（1979）。このセクションの冒頭で引用したとおり、ギブソンはこの考え方を説明するのに“相補性”という言葉を用いている。相補性は元々、物理学の分野で、たとえば粒子と波動の両方として作用しうる（“粒子と波動の二重性”）光のような量子力学的現象を指す用語として提唱されたのだから、うまい言葉を選んだものだ。これを念頭に置いてこの言葉を使ったのだとすれば、ギブソンは動物とそれを取り巻く環境とが相互依存的であり、ひいては“相互定義的”だと言おうとしたのだろう。つまり、“動物”という用語は必然的に、その動物が住む環境の存在を暗に意味し、“環境”という用語もまた必然的に、そこで生活する動物が存在していることを暗に意味するのだ（Wells [2002]）。別の言い方をしよう。ある物理系のどの側面を観測しているかによって、観測者にとってはその物理系が波動にもなれば粒子にもなるように、“動物”という用語は、実は動物と環境の二重性を表すひとつの表現に過ぎない。“環境”もまた然りである。こう言うと、生物の周りには“境界”が無いという意味かと思うかもしれないが、そうではない。私たちは動物を環境と区別できるのだから、それは明らかに誤りだ。だが、区別できるからと言って、自然界の動物はけっして環境から切り離すことはできず、環境に“埋め込まれて”いて、常に相互依存的な関係にあるという事実に変わりはない。
12. Michaels and Carello（1981）
13. より“具現化”された考え方については第9章と第10章で詳述。
14. Gibson（1979）、p.129。
15. “アフォーダンス”が客観的・動物依存的な特性か、主観的な特性かについては数々の論争が巻き起こっているが、この章の本題から少々外れるので、ここで詳しく論じるつもりはない。要点は、大半の動物は“対象”を、私たち人間のように文化に裏打ちされた言語スキルを介して客観的にとらえているわけではなく、世界で活動するための機会と見ているだけということである。

16. Wells（2002）を参照のこと。この例を巧みに使って説明している。
17. Powers（1973）; Cziko（2000）
18. Cisek（1999）
19. Bourbon（1995）
20. Bourbon（1995）
21. Bourbon（1995）
22. たとえば、Marr（1982）が参考になる。以下で展開する従来の見解に対する批判はあくまでも、その概念的な基礎のみを対象としている。解釈の根拠を従来の見解に置いていても、依然として高く評価される優れた実証研究は数多くある。
23. Hyman（1989）
24. Hyman（1989）
25. Helmholtz（1868）
26. これについては、ハッカー（1995）の指摘が的を射ている。「これはまったくのナンセンスだ。事実が事象にはなり得ないように、電気インパルスが感覚になるわけがない」
27. Gregory（1980）
28. Blakemore（1977）、p.91。ハッカー（1991）が言うように、こういう見方をすると、“CSN（中枢神経系）と言うよりCIA（中央情報局）と呼ぶほうがよさそうな気がしてくる”（p.303）
29. Marr（1982）
30. Noë（2009）。この見解にはさらに極端なバージョンがある。私たちは自分が思っているように世界を経験してさえいない。私たちの目に映っている環境は“大いなる幻影”のようなものだそうだ。詳しくは、ノエ（2009）を参照のこと。
31. ノエ（2009）は私たちに届く刺激の乏しさに関連した他の“問題”、すなわち、個体によって異なる眼の解像力、網膜像の不安定さ、盲点と、それが、環境は頭の中で“創造”されるという主張の裏付けになる理由についても詳述している。
32. これを主題としたある有名な教科書には、「私たちの知覚が世界の直接的で正確な像に思えるのは錯覚である」と記載されている。Kandel et al.（1995）、p.368。
33. Bennett and Hacker（2003）
34. これは“ホムンクルスの誤謬”とも呼ばれる。デカルトが視覚論を展開するに当たって犯すべからずと釘を刺した誤謬だ。ケプラーがさんざん頭を悩ませた倒立像の謎を軽く一蹴した理由のひとつもここにある。つまり、私たちが網膜の倒立像しか“見て”いないとしたら、誰かが脳の中に陣取って、私たちの代わりに見ていなければならないことになるのだ。アーティスト、ティム・ホーキンソンがこれをモチーフにした愉快な作品を制作している（『Untitled: Ear/Baby』）。角度を付けて壁に掛けてある耳の素描だ。ぐるりと回って裏から見ると、素描の後ろ側から内耳の彫刻が突き出している。しかも、よくよく見ると、あるはずの蝸牛の代わりに小さな胎児のような代物が鎮座している。これを見て、私の友人のジョンは一言。「ずっと見たいと思っていた耳の中の“ホムンクルス”って、こんなのかもね」
35. でも、“あなた”があなたの脳なら、脳は誰に向かっていちいち命令するわけ？むむむ……。
36. Hacker（1991）、p.305。
37. Blakemore（1977）、p.66。
38. Hacker（1991）、p.291。
39. Noë（2009）
40. Hacker（1991）
41. したがって、ここで用いられている“情報”という用語は、伝達された後、つまり、

受け手に伝えられた後に処理される必要がある、一般によく知られている情報とは異なる意味を持つ。ギブソンが言う情報はただ“そこ”にあるだけだ。

42. ギブソン（1979、p.14）の言葉を引用しよう。彼の見解は、「精神・物質二元論であれ、心身二元論であれ、いかなる二元論とも相容れない。世界を意識することと、自分と世界との相補的関係を意識することとは不可分であるからだ」

43. これは、刺激の発生源と刺激自体とを区別しなければならないことを意味する。刺激源は対象、事象、場所、面だが、刺激は刺激源を反映する動物の受容器における刺激エネルギーのパターンと変換である。

44. Gibson（1979）

45. Gibson（1979）

46. Gibson（1979）

47. ノエ（2004）が提唱した知覚の感覚運動説とギブソンの生態学的知覚論は、世界における感覚運動行為が不変項を検知し知覚するための手段だと主張する点では似ている。両者の相違点は、ギブソンの理論では、光学的配列の変形は特定の運動行為に依存しないのに対し（つまり、異なる形の運動行為も光学的配列を同じように変形させられるので、同一の不変項を特定しうる）、感覚運動説は、特定の不変項の検知には特定のタイプの運動行為を要するため、運動行為は知覚の要だとしていることだ。もっとはっきり言えば、感覚運動説では運動行為は知覚の構成要素だが、ギブソンの理論では知覚の原因としての重要性しか持たない。これについては、Mossio and Taraborelli（2008）が詳しく考察している。

48. 今でも、たとえば、「では、錯視はどうなんだ？　私たちが見ている世界は本物ではなく、頭の中で作り上げられたものに過ぎない証拠だろう。ならば、表象に依存しているんじゃないか？」と反論する声が多い。イギリスの視知覚心理学者、リチャード・グレゴリーなど、その筆頭だ。しかし、ギブソンは、錯覚を生む原因は環境中の利用可能な情報の不足か、知覚過程の欠陥による情報抽出の失敗にあると主張している。そのよい例が、研究室で行われる数々の実験だ。そうした実験では、実験者が刺激を実に正確に限定して、被験者が環境を能動的に探索するのを妨げることにより、被験者の情報抽出能力を意図的に制限している。ミュラー＝リヤー錯視で、実は同じ長さの二本の線に長短があるように見えるのも、錯覚が脳によって生み出される完全に主観的な現象であることの証拠にはならない。この錯視で分かるのは、2本の線自体は刺激ではないことだけだ。刺激情報を提供するのは2本の線の両端に付いている外向きと内向きの矢印であって、それが知覚を形成するのだ。ギブソンが指摘しているように、比較対象の線分が他の線と組み合わされた図形で問題の線分だけを切り離して見るには、極めて特殊な選択的注意が必要なのだろう（Gibson 1966）。ノエ（2009）も同意見で、こう主張している。「私たちの知覚スキルは地球上で暮らすために進化したのであって、超自然的な欺しのテクニックを使う者たちの気まぐれで対象が出現したり消えたりする環境で生きるために進化したわけではない……つまり、私たちが心理学研究室で被験者を務めたり、映画を観たりしている時に欺されやすいのは、認知能力に状況依存的な限界があることの証にほかならない。私たちの認知能力が欺かれた証拠ではないのだ！」(p.142)

49. Gibson（1979）

50. Gibson（1979）、p.254。

51. Gibson（1970）、p.426。

52. Gibson（1974）、p.42。

53. 生態学的アプローチを支持する数々の幅広い論文が、http://ione.psy.uconn.edu/publications.html にまとめられている。

54. Gibson（1966）、p.27。

55. Gibson（1966）
56. Reed（1996）
57. Rowlands（2003）
58. 概要は Gibson（1966、1979）、Reed（1996、1996）、Michaels and Carello（1981）を参照していただくのが一番だ。
59. ただし、生態学的心理学が完璧な理論で、すべて正しいと言っているわけではない。そもそも、完全無欠な理論など存在するはずがあるまい？　ギブソン自身、自分の主張と矛盾することも言っている（アフォーダンスは動物に依存しないとする考え方がそのよい例だ）。しかし、従来の見解に取って代わりうる説として、生態学的心理学に一理あることは確かだ。とりわけ、進化に重きを置いた考え方をする者の目からすれば、“倹約”を旨とする理論であるからなおさらだし、先にも述べたとおり、裏付けとなる実証的データも豊富に存在する。
60. Reed（1996）

◉第７章　メタファーが生む心の場
1. たとえば、Boroditsky（2000）を参照のこと。
2. Lakoff and Johnson（1999）
3. Lakoff and Núñez（2001）
4. Holyoak and Thagard（1996）
5. Hesse（1966）; Ortony（1979）; Leary（1990）
6. このカタクレシス（濫喩）を用いた後のメタファーの使われ方については２つの見解がある。ひとつは、ある科学分野が発展を遂げて、知識と理解が深まるため、メタファーを使用する必要がなくなるとする考え方だ。もうひとつの見解は、メタファーは常に科学の根幹を成すものであるから、メタファーの使用が本来の意味の解明につながることはないし、実際、それはあり得ないことだと言う。正しくは、最初に用いられたメタファーが具象化される（文字どおりに用いられているという印象を生み出す）か、あるいは、科学的探究の可能性をさらに拡大する新たなメタファーに取って代わられるに過ぎない。こちらの考え方からすると、私たちの科学的理解は、説明の正確さと予測の精度がどれほど向上しようと、基本的にはいつまで経っても比喩的なままだ。ただし、これは、私たちの世界観が根拠のないものという意味ではない。すべての科学的知見は比喩的だと認めても、世界が科学的な方法により正確に予測・説明しうる事実を否定することにはならない。
7. たとえばTooby and Cosmides（2005）は次のように述べている。「脳の進化した機能は、環境から情報を抽出し、その情報を使って行動を生成して心理状態を調節することだ。したがって、脳はコンピュータのようなものではない。コンピュータそのものだ。すなわち、情報処理のために設計された物理システムである……脳は自然選択により、コンピュータと“なるべく”設計されたのである」（p.16）。
8. Draaisma（2000）
9. Draaisma（2000）
10. たとえば、“新行動主義者”のエドワード・トールマンとクラーク・ハルはともに、研究に“媒介変数”を採用した。行動主義の各学派の相違については、Malone(2009)が優れたレビューを行っている。
11. 初期の行動主義者たち、たとえばジョン・ワトソンは、内的プロセス（“心”や“意識”）はいかなる方法でも測定・観察できないのだから、心理学の研究対象は行動に限定すべきと論じた。この点をワトソンがどのように見ていたかについては、議論が分かれるところだ。ひとつには、“心”を研究対象から外したワトソンは、デカルトが普及させた（物質から成る外的世界と対置する主観的“精神”世界が存在するという）

心の理論を暗黙のうちに受け入れていたとする主張がある。心はあるけれども研究はできないと言うことは、煎じ詰めれば、心が存在していると認めていることではないか（たとえば、Costall 2004）。一方で、心を主観的にして把握し得ないものとするデカルト派の心の概念をワトソンは紛れもなく否定していたとする主張もある。むしろ彼は、心を一種の“活動”、すなわち行動として扱うことによってアリストテレスに立ち戻ろうとしているのであり、生物の活動をすべて説明できた暁には“心”や“意識”と呼べるものは何も残っていないと示唆しているのだ。そういう意味では、“心”は生体の活動に過ぎない（Malone [2009]）。さて、どちらを正解と選ぶか、“心”を決めるのはあなただ……。

20世紀の心理学に最も大きな影響を及ぼしたと言ってもよいB・F・スキナーを生みの親とする徹底的行動主義は、異なるアプローチを採った。スキナーは、観察不能という理由で心を排除するタイプの行動主義（これをスキナーは“方法論的行動主義”と呼んだ）に潜む心身二元論を正面切って否定した。スキナーの徹底的行動主義では、方法論的行動主義とは対照的に、主観的な内的世界と客観的な外的世界をいっさい区別しない。スキナー（1987）の言葉を引用しよう。「認知心理学者は“心は脳の産物”と言いたがるが、身体も一役買っているではないか？　心は身体の産物だ。心は人のなすことだ。言い換えるなら、心は行動である」（Skinner [1987]、p.784）。方法論的行動主義と、脳をコンピュータに見立てる現代の認知心理学的アプローチとの間には（奇妙に思えるかもしれないけれど）明らかな関連要素がいくつかあるのに対し、スキナーの徹底的行動主義はギブソンの生態学的心理学にずっと近い（特に“内的”世界と“外的”世界を否定している点は大きく共通している）。どちらも、動物と環境の関係を“相互作用的”にとらえているのだ。これについては、Costall（2004）を参照されたい。

12. Miller（2003）。とりわけ、不快症状の原因となる刺激が時とともに実際の不快症状とは関係なくひとり歩きを始める嫌悪学習は、古典的な（パブロフの）条件付けモデルにおける刺激と反応の単純な結合以上のことが動物の脳内で起きているのを示唆していると考えられたからだ。それに加えて、進化の観点から言って、動物には学習しやすいものとそうでないものがあることも明らかだ。鳩はボタンをつつけば餌が出てくると学習できても、ボタンをつつけば電気ショックを免れられるとは学習できない。しかし、そう言うなら、徹底的行動主義が誤解されていたことも明白だ。頭の中で起こる私的事象と外界の公的事象の区別を否定するのは、“心”と言えるものの存在を全面的に否定する誤った解釈が当たり前になっていたからだが、実はスキナーは“心”は私たちの内部にある“もの”ではなく、世界における私たちの行動の重要な要素だと主張していた。これを私たちが“心”と呼ぶのは、それぞれの社会環境において育つ過程でそうするように教えられたからである。
13. たとえば、Pinker（2003）を参照。
14. であるからして、「ヘッド」がいかにして読み取りと書き込みを行うかという正確な仕組みは問題ではない。何らかの有効な方法で読み書きができることが大前提となっている。
15. たとえば、Newell and Simon（1974）。
16. 中には、計算／情報処理のメタファーと、どんな材料を使っても生物学的な脳と同じ機能を備えた脳を作り出すことができるとする“多重実現可能性”の考え方をよしとしない者もいた。その筆頭に挙げられるのが哲学者ジョン・サールである。サールは、ニューロンから成る脳には因果的かつ構造的に何かしら重要なものがあると断言する。これは、ニューロンが“摩訶不思議”なものという意味ではない。彼は、生物学的な脳の構成材料を脳ができることと無関係と見なすべきではないと言っているだけだ。脳が脳として機能するのはその構造のためかどうかは実証的検証を要する問題

だが、後で考察するとおり、適応行動を生み出すには身体構造の他の側面も必要不可欠だ。ならば、脳と神経系にも同じことが言えないはずがない。逆に、生物学的であるという理由だけで、生物学的な脳だけが脳として機能できると言い張れるだけの証拠や強固な経験的見地もないのだから、多重実現可能性を頭から否定するのも性急に過ぎる。考えてみれば、本物に引けを取らないほどうまく機能する人工股関節や人工内耳もあるのだから。アメリカの小説家テリー・ビッスンの短編、『肉100パーセント(They're Made out of Meat)』がこの点をうまく突いている。地球の人間とかいう生物の話題で盛り上がる2人のエイリアン。やがて1人がとんでもない発見をしたと言う。奴らは脳まで“肉でできている”くせに、考え、夢を見、恋をし、意識体験まですることができるのだ。

多重実現可能性に関するどちらの言い分でも本当に問題なのは、思考も感情も愛も、すべてを脳が一手に仕切っているという考えに執着している点だ。これまで見てきたとおり、どれも、全体としての動物があって初めてできることなのである。
17. Fodor (1999)
18. Block (1995)。ブロックが批判したこの見解を“機能主義”という。平たく言えば、重要なのはなすべきことがなされることで、なされるまでの厳密な物理的ないし機械的プロセスは問題ではないとする考え方だ。
19. 脳の“神経回路網”を下敷きにした計算モデルにはほかにも、アルゴリズムのルール群に準じた系統的な記号操作を要さないものもあって、それらのニューラル・ネットワーク(神経回路網)モデルにはブロックらの批判の矛先は向けられていない。脳のニューロンに発想の原点があることは確かだが、留意すべき点が2点ある。ひとつは、いずれも極めて抽象的なモデルであること。ニューラル・ネットワーク・モデルは本質的な部分では本物の脳には少しも似ていない。もうひとつは、ニューラル・ネットワーク・モデルの多くが古典的な記号的アプローチと同じ“入力-認知-出力”構造に準拠した、“入力層”、“中間層(隠れ層)”、“出力層”の3層から構成されていることである。記号的アプローチとの最大の相違は、ニューラル・ネットワークにおける“表象”が〔ニューロンに相当する〕全ユニットに分散するため、明示性を持たない点だ。この“非記号的(subsymbolic)”アプローチがニューラル・ネットワークをさまざまな面でいっそう魅力あるものにしている。たとえば、記号的アプローチではできない形でコンテキストを把握できるし、設計者が明示的に記述していない“創発的”なプロパティを生じさせることもできる。こうした非記号的アプローチをコネクショニスト・モデルと呼ぶが、これは他のいろいろな点でも、記号計算に代わる優れた選択肢のひとつだ。惜しむらくは、いずれのアプローチも、ギブソンやノエが主張しているようには環境や身体の役割を取り入れていないことである。もちろん、古典的な記号的アプローチもニューラル・ネットワークも、特定の状況下では非の打ち所のない認知モデルと言える。問題が生じるのは、両者のメタファーとしての性質が忘れ去られる時である。
20. Wells (2006)
21. Wells (2006)
22. チューリングはこのテープを、二次元の面としての紙ではなく、一次元として扱った。そのほうが、抽象的な機械の構成が容易であるからだ。チューリングいわく、コマに区切った紙テープでできることは何でも、一次元のテープでもできる。
23. Wells (2006)
24. Wells (2006)
25. 実のところ、最初のモデルに人間の“心の状態(内部状態)”を組み入れたことを、チューリングは自分のアプローチの弱点ととらえていたと、ウェルズは見ている。そこで、チューリングはその後の解析ではさらに一歩踏み込んで、別の概念を取り入れた。“命令書(note of instruction)”である。これは、計算の特定の段階における

人間の計算者の心の状態を物理的に示すもので、これを考案した狙いは計算者が計算を中断しても、後でその中断したところから再開できるようにすることにあった。つまり、命令書は、計算がどの段階まで進んでいるか、次は何をすべきかを確認するための手段に過ぎなかったわけだ。ずばり要点を言うなら、チューリングのモデルにそうした命令書が組み入まれたことで、人間の心はマシンの不可欠な要素である必要性を失ったのだ。それどころか、ウェルズが言うように、人間の計算者は能動的な当事者から、命令書の単なる解釈者へと役割を変えた。チューリングの数学的な実用性一点張りの観点からすれば、これは大きな利点だった。原理上は人間の計算者を完全に排除して、計算者と同じ機能をこなす機械的な“インタープリタ”の形で、計算のプロセスをすべて機械任せにすることができたからだ。機械の作業から人間の心を取り除いたことも、チューリング・マシンは脳の中にどっしり腰を落ち着けた心のモデルという印象を生むのに一役買ったのだろう。
26. Wells（2006）
27. Wells（2006）
28. ウェルズ（2002、2006）はチューリングの理論によって“有効性”、すなわち、動物がアフォーダンスに影響を及ぼすことを可能にする動物自身の機能や能力を表現できることも示しているが、ここでは取り上げるつもりはない。何より紙面に限りがあるし、生態学的心理学の原理を理解するうえで不可欠ではないからだが、私としては、有効性について論ずる必要があるのだろうか？と思っている。第6章で述べたとおり、ギブソンが定義したアフォーダンスの概念には、動物と環境の二元論を否定する形で動物の能力が盛り込まれているからだ。動物のみを特定する用語を含めるのは、ギブソンの意図を無にすることのように思われる。もっとも、私の完全な思い違いかもしれないけれど。
29. Wells（2002）
30. Wells（2002）
31. Haugeland（1995）
32. Dreyfus（1992）；Brooks（1999）；Pfeifer and Bongard（2007）
33. Wells（2002）
34. ロドニー・ブルックス（1999）がさまざまな論文で、実に説得力のある明快な主張を展開している。
35. Byrne and Bates(2006)を参照のこと。これをBarrett(in press)は批判している。
36. たとえば、Penn et al.（2008）。
37. 余談だが、この刺激 - 反応の図式による線形モデルが行動主義の落とし子であることも事実だ。〔1960年前後に巻き起こった、行動主義から人工知能をはじめとする心のモデル構築への移行、すなわち〕“認知革命”は、S-R心理学を、〔人間と世界との関係を媒介する文化的アーティファクト（人工物）を挟んだ〕S-X-R心理学へ、より正確に言うなら、入力 - 処理 - 出力モデルへと変化させたに過ぎない。Cziko（2000）とCostall（2004）が口を揃えて主張しているように、認知革命はその実、重箱の隅をつつくようにして、動物の頭の中では実に多くのことが起きていると小理屈を並べたに過ぎない。科学的に研究できるにせよ、動物と環境との関係をギブソンの生態学的理論やPCTのように根底から見直したわけではないのだ。
38. Van Gelder（1995）
39. Van Gelder（1995）。これは古典的な記号処理モデルとニューラル・ネットワーク・モデルのいずれにも言えることだ。
40. Van Gelder（1995）
41. レダ・コスミデス、ジョン・トゥービー、スティーヴン・ピンカー、デイヴィッド・バスを担い手とする進化心理学派は心の計算理論に全面的に基礎を置き、それを公理

としている。脳は（単なるメタファーではなく）紛れもない計算装置であり、認知はまさしく情報処理だと仮定して、さまざまな仮説を検証する。このアプローチを最も声高に主張しているのはピンカー（2003）だろう。進化心理学の心の計算理論への傾倒ぶりに対する批判は Wallace（2010）を参照のこと。
42. Wheeler（2005）
43. Wheeler（2005）
44. Wheeler（2005）
45. Wheeler（2005）
46. Clark（2008）
47. Clark（2008）
48. Wheeler（2005）

◉第８章 裸の脳なんてない
1. Freeman（1991、1995、2000）; Freeman and Skarda（1990）; Skarada and Freeman（1990）。人間の認知を対象とした力学系アプローチについては、Kelso（1995）と Spivey（2007）も参照のこと。
2. Pfeifer and Bongard（2007）
3. 結果的に安定する低エネルギー状態。
4. Pfeifer and Bongard（2007）
5. この専門的な意味で言うなら、人々が歩き回り、電車に乗り降りし、乗り換えを行っている駅はカオスの状態にある。誰かが「火事だ」と叫んだせいで群衆が駅の出口に殺到している状態は、私たちが普段使っている言葉の意味ではカオスだが、数学的なカオスではない。
6. Pfeifer and Bongard（2007）
7. Cisek（1999）
8. Cziko（2000）も参照のこと。
9. Hebb（1949）
10. Freeman（2000）; Dreyfus（2007）
11. Dreyfus（2007）
12. たとえば、Shepard（1984）を参照のこと。このことからしても、第５章で考察したように、ギブソンの理論が排除しているのは内的プロセスそのものではなく、五感から得られる不足を埋め合わせる静的な内的表象の形成のみであることは明らかだ。先にも述べたとおり、ギブソンの理論は神経系を動物の知覚システムの不可欠な要素だとしている。フリーマンの研究はギブソンのこの見解を裏付けるものと言えそうだ。
13. Freeman（2000）
14. Pickering（2010）
15. Dreyfus（2007）
16. もしかしたら、脳が酸欠状態に陥っていたか、脳血栓の気があったのかもしれないけれど、私としては、ドレイファスの説明が正しいと思いたい。
17. Clark（1997）
18. フランクリン・マーシャル・カレッジ心理学部心の哲学研究プログラムの准教授、アンソニー・チェメロ（2010）が彼の最新刊で、本書と同様に力学系理論と生態学的心理学を下敷きにして、表象はまったく不要とする論証を展開しているが、本書と見解を大きく異にする点もいくつか存在する。本文中で詳細に考察するには出版が間に合わなかったので、ここで言及しておこう。彼の主張は私たちの視点より哲学寄りだが、この表象問題に関する別の見方を知るうえで、是非ともご一読をお勧めする。
19. 厳密には、Maturana and Varela（1998）の論文に引用されているところを紹介

する。
20. Sperry（1945、1951）
21. Maturana and Varela（1998）、pp.125-126。Johnson and Rohrer（2007）も参照のこと。
22. Maturana and Varela（1998）、Johnson and Rohrer（2007）。PCTの考察でも同様の話をしたのを覚えているだろうか。体操選手が知覚する自分自身の行動はジャッジの評価と異なるのだ。
23. Johnson and Rohrer（2007）
24. 動物の神経系の構造が動物と世界との接触の仲介に極めて重要な役割を担っているならば、動物が必要とする融通性と環境随伴性が増大するにつれて、神経系も精緻化してしかるべきだ。それを少なくともある程度は可能にするのが“冗長性”の構築である。分かりやすく言えば、世界を何通りもの方法で感知し処理できるように、感覚器と神経系が精緻化されるという意味だ。たとえば、動物が世界を知る術は視覚だけでなく、聴覚、嗅覚、触覚もある。つまり、世界で起きていることに関する情報をさまざまな手段で獲得できるのだ。これは、飛行機一機にパイロットが二人搭乗しているようなものだ。一人が万一、心臓発作でばったり倒れてしまっても、もう一人が操縦を引き継いで、飛行機を安全確実に着陸させられる。それと同じで、一種類の感覚モダリティが欠けても、残りのモダリティが有効に機能している限り、動物は生き続けられる。ただし、二人のパイロットと異なるのは、それぞれのモダリティの冗長性が完全ではなく（それぞれのモダリティによる感覚経験はまったく同じではない）、部分的に過ぎないことだ。しかし、だからこそ融通性が高くなるわけである。これについては、第9章で詳述する。
25. Heidegger（1927）
26. ちなみに、東洋の哲学者たちは当初からずっとこの主張を貫いてきた。Varela et al.（1991）のレビューが優れている。
27. これについてはWheeler（2005）が、より詳細に、しかも実に明確で分かりやすく説明している。
28. 言葉を思考の道具として重視したレフ・ヴィゴツキーなら、絶対にそう考えるはずだ。

◉第9章　世界は生きている
1. Clark（1997）
2. Clark（1997）
3. Mataric（1990）
4. 専門的には、ラットの身体を中心とした“自己中心的”な地図もしくは行動計画と言える。これに対して、外部環境に中心を置いた地図は他者中心的地図である。
5. Clark（1997）、p.49。
6. Mataric（1990）
7. Thach et al.（1992）
8. Granzow（2010）
9. ここで興味深い疑問。これをなぜ“錯覚”というのか？　いろいろ理由はあるが、ここで選択したこの現象の説明の仕方も一因だ。つまり、ピッチを音のスペクトルの低周波成分、すなわち基本周波数から生じるものとして、スペクトルの観点から説明すれば、私たちが知覚したピッチは“錯覚”ということになる。基本周波数は存在しないのに、それに対応するピッチが聴き取れるのだから、錯聴もしくは幻聴と呼ばれるわけだ。一方、この現象を記述する枠組みとして時間を用いるなら、“錯覚”と呼ぶのは誤りだ。基本周波数は周期、すなわち波形の振動数に対応するが、こ

れは基本周波数成分の有無に左右されないからである（John Granzow、personal communication）。
10. Seither-Preisler et al.（2007）
11. Brooks（2002）
12. Brooks（2002）
13. Brooks（2002）、p.30。
14. Brooks（1999）。このアプローチは当初、計算論的・表象主義的アプローチ一辺倒だった学界にあっては無視され、ことわざで言う鉛の風船のようにあえなく沈んだ。初めて自分のロボット工学研究をまとめた論文は、今でこそこの分野の古典と認められているものの、満場一致で学術誌掲載を却下され、ある雑誌で取り上げられて日の目を見るまでに数年を要した。
15. Brooks（1999）
16. ブルボン（1995）が指摘しているとおり、これらのロボットは計画も表象もなしに動作するが、知覚ではなく行動を制御する“線形”“刺激 - 反応”装置であることに変わりはない。したがって、環境が極めて可変的であるなら、まったく同じ単調な反応を生み出すことはあり得ない。裏返して言えば、世界で効率よく動作するのに内的“認知”処理はいっさい不要だが、PCT システムと同じレベルの融通性は期待できないということだ。
17. Brooks（1999）
18. Pfeifer and Bongard（2007）
19. Cruse（1990）
20. ケアシハエトリの例や本章でも先に述べたが、これらのルールがそのままの形で動物たちの脳内に刻まれていると考える必要はない。外から見ている私たちには、そういうルールがあるように思えるというだけのことである。
21. この研究のレビューは Alberts（2007）が行っている。
22. Schank and Alberts（1997）；Schank and Alberts（2000）
23. May et al.（2006）
24. May et al.（2006）
25. McGeer（1990）
26. 最新の受動歩行機の動画をご覧あれ。http://ruina.tam.cornell.edu/hplab/downloads/movies/Steve_angle.mov
27. Collins et al.（2001）
28. Collins et al.（2005）。これらの所見は、人間の定常歩行が神経系による運動制御よりも人間自身の解剖学的構造に大きく依存している可能性を示すものと言えそうだ。
29. Pfeifer and Bongard（2007）
30. Pfeifer and Bongard（2007）
31. Clark（2001）
32. Yokoi et al.（2004）
33. Killeen and Glenberg（2010）
34. Searle（1983）、p.230。
35. Pfeifer and Bongard（2007）
36. Pfeifer and Bongard（2007）
37. Lichtensteiger and Salomon（2000）
38. Pfeifer and Bongard（2007）；Lichtensteiger and Salomon（2000）
39. Iida and Pfeifer（2004）
40. Iida and Pfeifer（2004）
41. Clark（1997、2008）

42. Clark（1997）; Thelen and Smith（1994）
43. これはクラーク（1997）が紹介しているマース（1994）が挙げた例である。

◉第 10 章　赤ちゃんと身体
1. Gallagher（2006）
2. Gallagher（2006）
3. Forddberg（1985）
4. Zelazo et al.（1972）
5. Zelazo（1983）
6. Thelen and Smith（1994）; Thelen and Fisher（1982）も参照のこと。
7. Thelen and Fisher（1982）
8. たとえば、Super（1976）。
9. Thelen and Smith（1994）
10. Clark（1997）
11. Clark（1997）
12. Smith（2005）
13. Adolph（1997、1995）; Adolph and Eppler（2002）
14. よちよち歩きの赤ちゃんが歩く時は、片足で立って前につんのめり、上げたほうの足で倒れかかった自分の身体を“受け止める”動作によって前進する（Adolph et al.[2003]）。脚本家で SF 作家のダグラス・アダムズが記述している飛び方の学習に若干似ている。「飛ぶには技というか……コツがあるんだ。地面めがけてえいやと飛び降りて、どうすれば激突し損なうか覚えるのがコツさ」
15. Adolph（1997、1995）; Adolph and Eppler（2002）
16. Adolph（1997、1995）; Adolph and Eppler（2002）
17. Thelen et al.（2001）
18. Thelen et al.（2001）; Smith（2005）
19. Smith（2005）
20. Smith（2005）、p.296。
21. Spelke and Hespos（2001）; Durand and Lécuyer（2002）; Hood et al.（2003）
22. Sheets-Johnstone（1999）
23. Smith and Gasser（2005）; Smith（2005）
24. Smith（2005）; Edelman（1987）
25. Meltzoff and Borton（1979）
26. 私としては、注視時間の実験が本当に意味するところについては少々疑問に思っている。どういうことか、なぜそうなるのかは断言できないのに、注視時間の長さは親密度が高いための関心の強さの証拠と言われることもあれば、それとは正反対に、新奇な刺激であるための驚きの大きさの表れとも言われているからだ（！）。ならば、どちらであるかは乳児次第ではないか。
27. Pfeifer and Bongard（2007）
28. Pfeifer and Bongard（2007）
29. Tucker and Ellis（1998）
30. Lakoff and Nǔňez（2001）
31. ファイファーとボンガード（2007）は、これを“生態学的バランスの原理”と呼んでいる。
32.『Pragmatics & Cognition』誌特集号 17:3 (2009) に多数の論文が掲載されている。言葉とその意味が本質的に“文化と強く結びついている”ことも事実だ。たとえば、

欧米の言語と思想は東洋社会のそれとは大きく異なる。つまり、私が言いたいのは、人間は皆、同じことを考えているとか、言葉の意味は時を経ても変わらないということではない。言語は特定の概念を生み出す手段であって、言語によって生み出された概念は、スミスが考える身体化された表象よりも、長期にわたってはるかに安定するフォーマットで“凍結”することがあると言いたいのだ。

33. Clark（1997）

34. これは、公的言語を自分自身の思考と行為の制御に用いることができる心理的道具とするヴィゴツキーの主張にとてもよく似ている。

35. 言語については Penn et al.（2008）も同様の見解を取っている。

36. Clark（1997）

◉第 11 章　空よりも広く

1.「セグウェイって何？」という方のために一言。子どものおもちゃにキック・スケーターという乗り物があるが、セグウェイはあれの後部をちょん切ってしまったような外観をしている。車輪が２つと長いハンドルバーが付いていて、自動平衡機能を備えているので転倒の心配がない。子ども用の普通のキック・スケーターとは違って電動式だから、足で蹴らなくても加速できる。車輪の間に渡された狭いプラットフォームに立ち、ハンドルバーに体重をかけて前に倒すと前進する。ブレーキをかけたければ、ハンドルバーを後ろに引けばいい。左折、右折もそれぞれ、ハンドルバーを左、右に倒して行う。

2. Clark（2008）

3. Wheeler（2005）

4. Clark and Chalmers（1998）

5. Lakoff and Johnson（1999）

6. たとえば、Adams and Aizawa（2010）、p.26 の論文に、こんな問いかけがある。鉛筆はなぜ、２＋２＝４と考えたのか？ クラークの答え：数学者とカップリングしていたからだ。その根底には、認知システムの一環というからには、それ自体、認知機能を有し、“自分で考える”能力を備えていなければならないとする考え方があるからだが、これは言うまでもなく等価原理の解釈を誤っている。クラーク自身が例として、次のような質問と回答を挙げている（Clark [2010], p.82)。
質問：V4 ニューロン（訳注：視覚皮質 V4 野のニューロン）はなぜ、その刺激に渦巻き模様があると考えたのか？　回答：サルとカップリングしていたからだ。
Adams and Aizawa（2009、2010）の誤解には、第６章で考察したメレオロジーの誤謬が一枚かんでいると思われる。たとえば、彼らの論文には「脳には顔認識能力がある」([2009], p.75）といった記述があるが、既に指摘したとおり、脳は顔を認識しない。全体としての動物が存在して初めて、顔を認識できるのである。脳をあらゆる認知プロセスの座と考えて、いわば脳に“独自の心”を持たせてしまうと、認知が拡張されるという考え方はとうてい納得できないものに思えるだろう。しかし、脳は“心”を形成する神経系－身体－環境結合体の結合部のひとつに過ぎないと考えれば、認知が拡張しうることは明らかだ。“考える”のは脳だけではなく、システム全体であるからだ。

7. Clark（2008）

8. Clark（2008）

9. Maravita et al.（2003）；Maravita and Iriki（2004）

10. Wilson and Clark（2009）

11. Bach-y-Rita et al. (1969)；White et al. (1970)；Bach-y-Rita and Kercel (2003)；Bach-y-Rita et al.（2003)

12. Clark（2008）
13. Adams and Aizawa（2009）
14. Adams and Aizawa（2009）。先に述べたように、頭蓋超越論（transcranialism）に対するこうした批判の中には、メレオロジーの誤謬に根差しているものがあるようだ。
15. Wilson and Clark（2009）はこれを“本質的に不適切なドグマ（dogma of intrinsic unsuitability）”（p.69）と断定している。
16. Hurley（2010）
17. リストの最初と最後の項目を真ん中辺りの項目より正確に思い出しやすい傾向を言う。
18. すなわち、この機能主義の基礎を成す脳の特異的なメカニズムを理解したいなら、構成要素に関する知識が有用だし、全体としてのシステムを理解するにもかかわってくるということである。
19. Sutton（2010）
20. Pfeifer and Bongard（2007）
21. Ashby（1956）
22. Korriat and Goldsmith（1996）
23. Pfeifer and Bongard（2007）
24. これは主に、心理学や認知科学の分野で用いられる“方法的独我論”という実験戦略による。方法的独我論では、個体の認知状態および認知構造を明らかにしようとする際、個体の枠を超える世界すべてを“括弧でくくって”しまう。ならば、認知構造は頭の中だけに生じるものと頭から決めてかかるのも当然だから、まさにそのとおりという証拠が見つかって当たり前……。
25. Pfeifer and Bongard（2007）
26. Neisser（1982）
27. Neisser（1982）
28. Broca（1861）、p.237。
29. むしろ“再構成された”と言うほうが当たっているように思えるのだが、ファイファーとボンガードに言わせれば、それでは貯蔵庫のメタファーを煽るだけだ。“再構成された”と言ってしまうと、現在、再構成を要する過去の“物”というニュアンスが生じてしまうからだ。正しくは、いかなる“物”も存在せず、構成が進行しているだけだと、彼らは指摘する。これに議論の余地があることは言うまでもないが、こういう興味深い考え方の存在も知っておいて損はあるまい。
30. Ashby（1956）
31. 具体的には、アメリカカケスは“朝食の計画”を立てられるとする実験結果がある(Raby et al., 2007)。この実験ではまず、朝食をもらえることをアメリカカケスに学習させた。松の実の粉末（粉だから貯食できない）を与えてから一晩絶食させ、翌朝、2つの部屋の片方に鳥を移す。ひとつはいつでも餌がある部屋、もうひとつは何ももらえない部屋だ。それぞれの部屋で3日ずつ過ごさせた後、丸ごとの松の実を貯食する機会を与えた。実験者らは、アメリカカケスに“心の時間旅行”ができるなら、つまり、将来の自分を予想して、どんな状態になっているか理解することができるなら、朝食をもらえない部屋では後でお腹が空いた時のために貯食するだろうと推論した。すると、予想に違わず、朝食抜きの部屋での貯食量が3倍も多くなった。もちろん、アメリカカケスが朝食抜きの部屋と飢えとの関連を学習した可能性もあるので、次の実験では、どちらの部屋でも毎朝欠かさず朝食を与えた。ただし、朝食のメニューに差を付けた。片方の部屋ではドッグ・フード、もう片方では松の実である。その後、松の実とドッグ・フードを両方与えて好きな方を貯食できるようにしたところ、ドッグ・フー

ドを与えていた部屋では松の実を、松の実を与えていた部屋ではドッグ・フードを貯食する傾向が見られた。つまり、バラエティに富んだ朝食を確保しようとしたわけだ。この結果を実験者らは“将来予測”と“心の時間旅行”の一種と解釈したが、それに対しては批判の声が上がった（Suddendorf and Corballis [2008]）。2度目の実験では対照を取らなかったため、アメリカカケスが本当に将来のバラエティ豊かな朝食を望んだのか、それとも、餌を1種類だけでなく2種類とも貯め込みたいという選好の表れに過ぎないのか、区別できなかったことも事実だ（Premack [2007]）。

32. Pfeifer and Bongard（2007）
33. Clark（1989）
34. Clark（2001）；Triantafyllou（1995）
35. Clark（2001）
36. 動物が生理的プロセスの一助として外界を利用しているおもしろい例はほかにもある。Turner（2000）を参照のこと。
37. Clark（1989、2001）
38. Kirsh（1996）
39. Kirsh（1996）
40. Clark（2001）
41. Clark（1997、2008）
42. Clark（1997）
43. Sterelny（2004b）
44. たとえば、Ford（1991）；Deecke et al.（2000）；Yurk et al.（2002）。
45. Di Fiore and Suarez（2007）
46. Strum et al.（1997）

本書の著者、ルイーズ・バレットはレスブリッジ大学（カナダ）の心理学教授である。動物の認知と行動を研究テーマとし、特に霊長類の行動と環境・認知のかかわりについて調査研究を進めている。近年、認知科学の分野では、脳至上主義を脱して、身体・環境とのかかわりを重視する研究が盛んになっている（「身体性認知科学」などと呼ばれる）。本書もこうした潮流の先端にあるわけだが、動物の生態やロボット実験のエピソードなどをまじえることによって、面白く、奥深い読み物に仕上がっている。

私たちは動物の賢い行動を見ると、つい人間のように「アタマがいい」などと思ってしまう。だが、著者は動物の認知や行動（ひいては〝心〟）を人間のようにとらえるのは大きな間違いだという。では、人間のような大きな脳をもたない動物でも、複雑で融通の利く行動をしてのけるのはなぜなのか？　その答えは、「知能はアタマの中にはない」ことだ！　脳‐身体‐環境が一体となったところに、それは刻々と生まれるというのだ。

そのことを実証したひとつが、さまざまなロボットによる実験である。「脳細胞（にあたる機能）」が二つしかない、プログラムもない、近接センサーがひとつしかない……こんなごく単純なロボットが、まるで本物の生き物のような「賢い」行動を見せる。脳の中で複雑な計算や認知処理などまるきりできないのに、である。

こうして分かってきたのは、動物の小さな脳でも、知覚と行動がひとつになり、身体 - 環境に脳の機能を肩代わりさせる（後述）ことによって、複雑な処理を行っていることだ。これは、私たちがイメージしがちな、司令塔としての脳が身体を動かす、という図式をひっくり返す。脳は、身体に組み込まれ、身体そのものが認知と経験の能動的なベースとなっているのである。

脳は身体に、身体は環境に組み込まれている。これらをばらばらに切り離すのではなく、一体化してとらえることによってこそ、「自然の知能（野性の知能）」が浮かび上がる。それは例えるなら、コンピュータより、ワットの蒸気機関用の調速機に近い。つまり、脳 - 身体 - 環境が、調速機のように互いに同時に変化し、刻々と影響を及ぼし合っているダイナミックな「力学系（動的カップリング）」にほかならない。こうした力学系では、「豊かな時間構造」が重要になる。脳 - 身体 - 環境のリズムが同期することによって、生き物というシステムは作動しているからだ（それも「表象」無しで！）。このことは、人間のベーシックな認知でも変わらない。第10章の「赤ちゃんと身体」で詳しく紹介されているように、私たちの根源的な認知もしっかり「身体化」されているからである。

では、大きな脳はなぜあるのだろう？　どんな役に立っているのだろうか？　それはまず、変化する環境や出来事に柔軟に対処できる融通性・独立性を持たせるためだという。また、ヒトを含む霊長類の場合、複雑な社会集団を営むために大きな脳が発達したと言われる（本書ではとくに顔の表情などのシグナルを読み取るために発達したとする説に注目）。また、言語・概念を駆使できるのも、大きな脳があってこそ。言語は情報伝達の道具であるばかりではなく、思考を産出し、環境を変化させる「行為」でもあり、それによって脳の負担を軽減できる。

　興味深いのは、大きな脳のない動物やロボットでも、身体‐環境に役割を「肩代わり《オフロード》」させることで、融通性を増していることだ（ハエトリグモの眼、アメリカカケスの貯食行動、マウス・ロボットの赤い壁などで検証）。このことは、「記憶」は脳に貯蔵されていない、という驚くべき知見を導く。記憶は、身体‐環境に分散しているというのだ（記憶とは身体‐環境との相互作用から創発する持続的なプロセス）。人間の潜在的な記憶も同様で、記憶が自己同一性《アイデンティティ》のベースであることを考えると、「自己（私）」そのものが分散されていることになる。だから、記憶は思い出す度に変化し、場所が記憶をよみがえらせもする。

　こうした分散・創発型の認知システムは、思いがけない事態（環境の多様性）における対応力にも優れている。本書では、「ロング・リーシュ型」「ソフト・アセンブリ（柔らかな集積・組み立て）」という概念などによって、そのことを実証していく。とりわけ赤ちゃんの歩行についての考察は、説得力もあり面白い。さらに著者は、「形態による計算」「カオス・アトラクター（のベイスン）」「並列緩結合」「後成的エンジニア」などの概念を駆使しながら、生きた動的な知能の謎に迫っていく。読み進むうちに、動物を見る目や、脳についての思い込みが大きく変わっていくにちがいない。そして、「人間の目線」を超えて、動物たちとともにある生き生きとした「あるがままの世界」に開かれる手応えを感じるのではなかろうか。

プロの棋士とコンピュータが対戦して勝ったというニュースなどを聞くと、人工知能の進化にはめざましいものがあると感じる。ところが、すでに数十年以上も前から閉じた記号的計算による人工知能の進展には、限界があるという主張がなされていた（これはコンピュータが意識を持つようになるか否か、といった論争にまでつながる）。たとえば、本書にも登場するロドニー・ブルックス（ロボット工学）や、ヒューバート・ドレイファス（哲学者）などによる批判はよく知られる。実際、ブルックスの環境に開かれた昆虫のような簡易ロボットは、高価な人工知能を搭載したロボットより遥かに複雑で融通の利く能力を示した！　こうして、旧来の人工知能の限界（端的には人工知能では対処できない「フレーム問題」が浮上）が明らかになるにつれ、「身体‐環境」を軸とした認知研究が、いまやひじょうに活発になってきている。ところが、その動向の核心を伝える一般向きの書籍はなかなか現れなかった（やや専門的な本としては、アンディ・クラーク『現れる存在』、アルヴァ・ノエ『知覚のなかの行為』、土井利忠ほか編『脳・身体性・ロボット』など）。本書はこの分野の最新動向を踏まえつつ、親しみやすい事例によって読者を案内してくれる、まさに打ってつけの入門書といえる（なお、サンドラ＆マシュー・ブレイクスリー『脳の中の身体地図』は、脳と身体とのかかわりについて「脳」の側から解き明かしている好著だ。また、マイケル・S・ガザニガ『人間らしさとはなにか？』は、脳・身体と人工知能を含め、人間らしさの根源に迫った科学書として薦めたい）。

最後になったが、噛み応えのある原著をわかりやすく的確な日本語に訳していただいた小松淳子さん、翻訳エージェンシーＩＤ（アイディ）の高松有美子さんに多大の感謝を！

本書出版プロデューサー　真柴隆弘

著者
ルイーズ・バレット　Louise Barrett
レスブリッジ大学の心理学教授。主な研究テーマは、動物の認知と行動。とくに霊長類の行動と環境・認知のかかわりについて調査研究を進めている。また、「身体化された認知」をテーマとする講座も開催。２冊の単著（本書を含む）と３冊の共著がある。

訳者
小松 淳子（こまつ じゅんこ）
翻訳家。訳書に『脳の中の身体地図』『プルーストとイカ』『死と神秘と夢のボーダーランド』『喜びはどれほど深い？』『スーパーセンス』『なぜ直感のほうが上手くいくのか？』『間違いだらけの子育て』（インターシフト）など。

野性の知能

裸の脳から、身体・環境とのつながりへ

2013年7月20日　第1刷発行

著　者　ルイーズ・バレット
訳　者　小松 淳子
発行者　宮野尾 充晴
発　行　株式会社 インターシフト
〒156-0042　東京都世田谷区羽根木1-19-6
電話 03-3325-8637　FAX 03-3325-8307
www.intershift.jp/
発　売　合同出版 株式会社
〒101-0051　東京都千代田区神田神保町1-28
電話 03-3294-3506　FAX 03-3294-3509
www.godo-shuppan.co.jp/
印刷・製本　シナノ印刷
装丁　織沢 綾

ISBN 978-4-7726-9536-7　C0040　NDC401 188x130

脳の中の身体地図　ボディ・マップのおかげで、たいていのことがうまくいくわけ

サンドラ&マシュー・ブレイクスリー　小松淳子訳　二二〇〇円＋税

『脳のなかの幽霊』の共著者による超話題作。ワシントンポスト紙による「ベスト科学・医学書」！

「驚嘆すべき本。ボディ・イメージと脳の可塑性に関する最近の画期的な発見についての素晴らしい展望とともに、多くの洞察にあふれている」――V・S・ラマチャンドラン

動物たちの喜びの王国

ジョナサン・バルコム　土屋晶子訳　二三〇〇円＋税

従来の動物観をくつがえし、ひとと動物とのかかわりを「喜び」から問い直す快楽行動学を提唱。

「動物たちも人間と同じように生活をエンジョイしていることを、沢山の具体例を挙げながら論じた好著である」――池田清彦『東京新聞・中日新聞』

奇妙でセクシーな海の生きものたち

ユージン・カプラン　土屋晶子訳　二二〇〇円＋税

ハーマン・メルヴィル賞を受賞した海洋生物学者による、海の生きものたちの摩訶不思議な生態。

「内容の面白いことは保証つきと言っていい」――海部宣男『毎日新聞』

「興味深いトピックが尽きない本書は、最大級の賞賛に値する」――『Nature』

ひとの目、驚異の進化

4つの凄い視覚能力があるわけ

マーク・チャンギージー　柴田裕之訳　一九〇〇円+税

視覚・進化・脳をめぐり、ひとの目の驚くべき能力を解き明かす!

「見ることに関心がある人だけでなく、〝自らを知りたい〟人に、ぜひ読んでもらいたい本」――養老孟司『毎日新聞』

「サイエンス本が持つべき美点の全てを兼ね備えている……2012年のナンバーワン!」――村上浩『HONZ』

人間らしさとはなにか?

人間のユニークさを明かす科学の最前線

マイケル・S・ガザニガ　柴田裕之訳　三六〇〇円+税

脳神経科学のスーパースター、ガザニガが人間の謎に挑む。脳・身体と人工知能についても詳述。

「奇跡の特異点たるヒトの深厚な意味を知れば、誰でもしばし呆然とするだろう。そして、ヒトに生まれたことを心から感謝するはずだ」――池谷裕二『日経新聞』

「脳と心の謎を追うベテランの科学者が、自分自身の専門にとらわれず、さまざまな新知見を全編にちりばめた」――尾関章『朝日新聞』

友達の数は何人？　ダンバー数とつながりの進化心理学

ロビン・ダンバー　藤井留美訳　一六〇〇円＋税

つながりは〈脳ｘ進化〉で見えてくる。なぜ、上手くいく仲間の数は一五〇人までなのか？

「おそらくボクにとって今年の科学読み物ナンバーワンだろう」――成毛眞『ＨＯＮＺ』

「進化人類学の視点から眺めると、人間の行動がいちいち納得できる！」――竹内薫『日経新聞』

プルーストとイカ　読書は脳をどのように変えるのか？

メアリアン・ウルフ　小松淳子訳　二四〇〇円＋税

脳と文字の関係を、古代からネットエイジまで、読字障害から読書の達人までを巡り、明かす。

「読み終わるまでに、感動のあまり三度涙した……名著である」――佐倉統『文藝春秋』

「非常に面白い……文章を読んでその意味を取るという行為は、全脳をフルに使う驚くべく複雑な知的作業である。そのプロセスがミリ秒単位で明かされていく」――立花隆『週刊文春』

「大プッシュ……これはすごい本」――山形浩生『ビジネス スタンダード ニュース』

「言葉に関心を持つ人には必読の書である」――養老孟司『日経ビジネス』

思い違いの法則　じぶんの脳にだまされない20の法則

レイ・ハーバート　渡会圭子訳　一九〇〇円＋税

心の錯覚、バイアスを解明した決定版！　気づかぬうちにしている思い違いを防ぐために。

「本書は数多くの不合理な性向についてのガイド役となって、だれもが日々おかす失敗を見つける手助けをしてくれる」――ダン・アリエリー（『予想通りに不合理』の著者）

死と神秘と夢のボーダーランド　死ぬとき、脳はなにを感じるか

ケヴィン・ネルソン　小松淳子訳　二三〇〇円＋税

臨死脳研究の国際的リーダーが、聖なる体験には原始的な脳が関わっていることを明かす。V・S・ラマチャンドラン、アラン・ホブソン絶賛！

「最新の生理学や脳科学の知見を動員し、謎の最奥に挑む」――石川幹人『図書新聞』

喜びはどれほど深い？　心の根源にあるもの

ポール・ブルーム　小松淳子訳　二二〇〇円＋税

苦痛にすら喜びを感じ、空想と現実を行き来する超ヘンな生き物＝ヒト。その心の深層を、数々の賞を受賞している心理学の旗手が解き明かす。

「ポール・ブルームは、今日、心の科学において最も深く、最も明晰な思索家である」――スティーブン・ピンカー